三十六計

中國第一奇謀

兵家的三十六策

【三十六計】歷代兵家韜略、詭道之大成的謀略奇書。

【三十六計】貫穿老莊之學、陰陽之理、剛柔並濟、攻防思辨。

《南齊書・王敬則傳》記載：南齊大司馬王敬則起兵造反，齊明帝父子在宮中聽說叛軍即將殺到，倉皇欲逃。敬則得報說道：「檀公，三十六策，走是上計，汝父子唯應急走耳。」

本書將三十六種軍事謀略歸納成六套戰法，即勝戰計、敵戰計、攻戰計、混戰計、並戰計和敗戰計，系統介紹了無論在優勢、均勢還是劣勢的情況下都能克敵或避敵致勝的智慧。

時至今日，三十六計已遠遠超出了軍事戰爭的範疇，被廣泛用於各種領域。無論是變幻莫測的商海，還是複雜紛紜的人際關係，都可以從中得到借鑑。

雅瑟 編著

序言

《三十六計》是中華文明孕育出的智慧精粹，以「謀略奇書」飲譽世界，與《孫子兵法》一起，並稱世界軍事史上的「雙璧」。在實際生活中，如果提起「三十六計」，相信大多數人都能列舉出其中的幾個計謀，如打草驚蛇、聲東擊西、圍魏救趙、調虎離山、混水摸魚、借刀殺人等等。但倘若系統而準確地指出三十六計的來龍去脈及其蘊含的智慧精髓，且在為人處事過程中恰如其分地加以應用，並非人人所能及也。

「三十六計」的說法，先於著書之年，語源可考自南朝宋將檀道濟（？——西元四三六年）。相傳，此人以多智善謀而聞名，曾與北魏軍作戰，在糧草不繼的困境中，以「唱籌量沙」的逼真表演迷惑對手，最後全軍而退，因而「雄名大振」。據《南齊書‧王敬則傳》記載：南齊大司馬王敬則起兵造反，齊明帝父子在宮中聽說叛軍即將殺到，倉皇欲逃。敬則得報說道：「檀公（檀道濟）三十六策，走是上計，汝父子唯應急走耳。」此乃首次提出「三十六計」。由此推知，至遲在一千五百年以前，「三十六計」已經形成，後經補充、完善，終於明清之時定本成書。但具體到《三十六計》的成書年代和作者已難確考。

基於史料所載「檀公三十六策」，故有人將《三十六計》編成口訣以助記憶時，便用「金玉檀公策」開頭。

《三十六計》的口訣為：「**金玉檀公策，藉以擒劫賊。魚蛇海間笑，羊虎桃桑隔。樹暗走癡故，釜空苦遠客。屋梁有美屍，擊魏連伐虢。**」口訣中除了「檀公策」三個字外，每個字（最後一句「伐虢」被看作一字）都包含了一條妙計。

按照口訣的順序依次是：金蟬脫殼、拋磚引玉、借刀殺人、以逸待勞、擒賊擒王、趁火打劫、關門捉賊、混水摸魚、打草驚蛇、瞞天過海、反間計、笑裡藏刀、順手牽羊、調虎離山、李代桃僵、指桑罵槐、隔岸觀火、樹上開花、暗渡陳倉、走為上計、假癡不癲、欲擒故縱、釜底抽薪、空城計、苦肉計、遠交近攻、反客為主、上屋抽梯、偷梁換柱、無中生有、美人計、借屍還魂、聲東擊西、圍魏救趙、連環計、假道伐虢。

這部集歷代兵家「韜略」、「詭道」之大成的謀略奇書，廣引《易經》語辭，貫穿老莊之學、陰陽之理、剛柔並濟、攻防思辨。含千般變化，萬般計謀。以辯證法思想論述了戰爭中諸如虛實、勞逸、剛柔、攻防等關係，做到「數中有術，術中有數」。為此，法國海軍上將拉科斯特曾稱讚《三十六計》是「小百科全書」，系統形象地描繪了「詭道的迷宮」。

從行文線索上說，本書將三十六種軍事謀略歸納成六套戰法，即勝戰計、敵戰計、攻戰計、混戰計、並戰計和敗戰計，系統介紹了無論在優勢、均勢還是劣勢的情況下都能克敵或避敵致勝的智慧。斗轉星移、山河變遷，如今，三十六計已遠遠超出了軍事爭鬥的範疇，卻仍被廣泛用於各種領域。

目錄

序言

第一套：勝戰計

勝戰計，是指在敵強我弱的條件下，根據對手的具體情況採取相應的行動。此計要求在戰前要具備勝利的條件、方案和把握，而後在戰鬥中透過計謀的運用，將我方的優勢發揮得淋漓盡致，從而戰勝敵人，獲得更大的利益。

第一計：瞞天過海……12

第二計：圍魏救趙……21

第三計：借刀殺人……29

第二套：敵戰計

敵戰計，即指己方與敵人進行面對面的對抗作戰。在大敵當前之時，在與敵人對陣的場面上，既要有膽識，又要能審時度勢。戰爭是敵我雙方力量的對比與較量，要想勝券在握，不僅要提高自己軍隊的戰鬥力，而且還要想方設法削弱敵方的戰鬥力。

第三套：攻戰計

攻戰計，其核心是：「攻，即攻心為上，攻城為下；心戰為上，兵戰為下，以求得戰而勝之。《孫子兵法・謀攻篇》中說：故上兵伐謀，其次伐交，其次伐兵，其下攻城，攻城之法，為不得已。」

第四套：混戰計

混戰計，顧名思義，就是利用混亂的局勢奪取最大的利益。在實際運用中，「示人以渾而實則清」，讓對手摸不著頭腦，亂其心志，而後引誘其按自己的意圖行事，從而實現自己的企圖，乃混戰計的奧妙所在。

第五套：並戰計

並戰計，是指敵我雙方勢均力敵、軍備相當、相持不下的一種對立狀態。在這種形勢下，其中任何一方都不存在速戰速決的可能性，也不可能出現混水摸魚、亂中取勝的機會，因此，妙施攻守之計實屬上策。

第六套：敗戰計

敗戰計，就是在己方陷入危局，而敵人又恰恰無比強大部署十分周密的情勢下，我方不得不採取的一些藉以自保的手段；抑或是己方已經戰敗，為圖報仇復興而施用的顛覆勝利一方，將優勢轉到己方的辦法。

第一套：勝戰計

勝戰計，是指在敵強我弱的條件下，根據對手的具體情況採取相應的行動。此計要求在戰前要具備勝利的條件、方案和把握，而後在戰鬥中透過計謀的運用，將我方的優勢發揮得淋漓盡致，從而戰勝敵人，獲得更大的利益。

第一計：瞞天過海

【原典】

備周則意怠[一]，常見則不疑。陰在陽之內，不在陽之對[二]。太陽，太陰[三]。

【注釋】

一、備：防備。周：周全、周密。意：思想、義識。怠：懈怠、大意。防備很周密，戒備心反而容易鬆懈。

二、陰：在這裡指隱祕的策略。陽：指公開的行動。對：相對、相反。隱祕的策略藏匿在公開的行動中，而非在公開事物的對立面。

三、太：極、極大。陰、陽是古代哲學思想中矛盾對立的雙方。陰中有陽，陽中有陰；陰的極端是陽，陽的極端是陰。全句的意思是非常公開的事物裡，往往蘊藏著非常機密的計謀。

【譯文】

守備嚴密，常常容易導致思想和意志麻痺；對平時常見的事情就不會產生疑惑以致喪失警惕。奇謀往往隱藏在公開的行動之中，並不和公開行動相矛盾。最公開的行動中常常隱藏著更大的陰謀。

【解讀】

「瞞天過海」的「瞞」並非此計的最終訴求，而只是達成「過海」目的所用的必要手段罷了。此計的原意是指瞞著「真龍天子」唐太宗，利用船造的房屋做掩飾，讓其在不知不覺中渡海，攻打高麗，無形中化解了唐太宗渡海的恐懼。

「天」指代對實施者有危險的所有對象，因此「瞞天過海」的引申意是用方法、計謀隱蔽真實的目的和意圖，製造公開的假象，使對方失去警戒之心。寓言於明，寓真於假，避開麻煩，度過難關，進而達到出其不意、出奇制勝的效果。

需要注意的是，這裡的隱瞞完全是為了實現某種善意的目的，因此絕對不可以使用惡劣的陰謀。它是計謀，而非小人的伎倆，更不能與那些雞鳴狗盜之徒的做法相等同。

「瞞天過海」的成功決定於它所採取的戰略、方針，這乃是有鴻鵠大志之士的謀事之道，稱得上妙計。

此計的精妙之處在於「瞞」，並被廣泛地應用於諸如軍事、政治、商業及職場等不同領域。或將不可告人的政治目的藏匿於公之於眾的政治主張中，或將具有實際意義的外交行動遮蔽於華麗的外交辭令裡面，或透過繁瑣的工作實現人生的遠大抱負。

在戰爭中，「瞞天過海」是一種示假隱真的疑兵之計。它意在利用人們常見不疑的心理狀態進行戰役偽裝，隱藏軍隊的集結和進攻企圖，從而把握時機，實現預期結果。

「瞞天過海」如果應用到商場，可以達到進退自如、左右逢源的境界。然而，以假示真並不意味著商家可以拿假冒偽劣商品欺騙消費者，而是提醒商家，可以在戰略部署和策略上多做文章，擠掉別人，搶佔商機。生活中使用「瞞天過海」，則出發點也一定要合理、客觀。總之，瞞天過海拒絕各種頑劣行徑，否則使用者不僅得不到此計所帶來的真實價值，還會反受其害。

當然，一旦有敵人使用瞞天過海之計，我們也要採取一些防範措施來應對，以免自己陷入被動。首先，對任何事物都要透過現象挖掘它的本質。所有的隱藏都不會是完美無缺的。我們完全可以透過敵人的異常表現，提高自己的警覺，並順著身邊的一切反常情況追尋可能隱匿在公開事物裡的陰謀。凡事要盡可能「見微知著」，尤其不放過習以為常的人或事，才不會被表面的假象和敵人的假面具所誤導，進而努力確定別人的真實意圖，防備別人的蒙蔽。其次，要儘早地針對敵人的企圖做出反應，制定有效的遏制對策。尤其當敵人的謀劃和行動方向有所變化時，一定要及時做出完備的資訊回饋。防微杜漸，切不可視而不見，聽而不聞，做到在有利的時機給敵人以反擊，以免造成不必要的損失。

【兵家活用】

日本偷襲珍珠港

一九四一年十月，日本法西斯甲級戰犯東條英機就任日本第四十任首相，同時兼任陸軍大臣和內務大臣，集軍政大權於一身。東條英機上臺後的戰略意圖是：加速南侵。他一方面促成了與德、義兩國的同盟條約；一方面又抓緊籌劃進攻美國珍珠港，希望透過集中打擊這個美國最大的軍事基地，讓美國在軍事上的地位很快趨於被動。

其時，美國的全球戰略方針重點設立為集中對付德國法西斯，暫不希望與太平洋地區的國家發生戰事。日本為成功實施偷襲珍珠港這一計畫，充分利用美國此時的戰略心理，製造各種與美國和平友好的假象：一九四一年八月七日，日本主動建議日美首腦在火奴魯魯直接會談，以解決兩國的爭端。隨後，日本內閣又很快於八月二十六日致信給美國總統羅斯福，表達日本與美國一樣渴望維持太平洋和平的意願，並再次懇請美方能與日方會晤，以闡明雙方見解，消除彼此的誤會和猜疑。不僅如此，日本特使來栖還在十一月四日被派往華盛頓，協助日本駐美國大使野村與美國政府周旋。日方的「努力」很快見效，美國總統羅斯福致電日本天皇：「希望美國總統和日皇共同驅散天空的烏雲。」然而令美方萬萬沒有料到的是，日本的特遣部隊、機動部隊在這時其實已經離珍珠港所在地——歐胡島不遠了。美國人民永遠不會忘記這一天，一九四一年十二月八日，日軍用一八三架從航空母艦起飛的攻擊機拉開了偷襲珍珠港的序幕，之後又有一七一架水平轟炸機和俯衝轟炸機輪番對珍珠港進行猛烈轟炸。駐島美軍在心理上的毫無防備讓他們遭受了極其慘重的損失：四艘主力艦有一艘遭到重創，其餘三艘被炸傷；十餘艘巡洋艦、驅逐艦以及其他艦艇被炸沉或炸傷；二百餘架飛機被炸毀；陸海軍官兵死傷多達四千五百餘人，美國太平洋艦隊幾乎全軍覆沒。

之前，成功地應用了中國古人的「瞞天過海」之計，表面與美方努力達成友好和解，其實暗中做著各種充分的襲擊準備，很好地麻痺了美方，並大大減弱了對方的還擊力度。這是美國戰爭史上極為慘痛的一次經歷，其所遭遇的損失比第一次世界大戰中所受損失的總和還要多。

英國「餡餅行動」

一九四三年，盟軍決定以最快的速度從北非進入納粹德國控制的歐洲。因此他們計劃在歐洲南部的西西里島登陸，然後迅速席捲整個義大利。但是令盟軍困擾的是，希特勒在歐洲南部駐有重兵，一旦他們在登陸之際就遭到希特勒軍隊的強火力壓制，損失將難以預料。於是，英國情報部門精心設計了一個代號為「餡餅行動」的瞞天過海之計，用來分散納粹在歐洲南部的兵力部署。在此次行動中，被選中實施任務的人是時年二十九歲、「六翼天使號」潛艇的艇長朱奧。

四月三十日凌晨四時三十分，行動開始。朱奧和他的手下將在西班牙卡迪斯海灣逡巡許久的「六翼天使號」浮出水面，並把一個神祕的金屬箱投入海中，同時將金屬箱上的鎖悄悄打開。據朱奧稱，這是一個先進的氣象設施，根據上級指示需要放入海中進行氣象觀測。而真實情況是，金屬箱裡裝的正是這次「餡餅行動」的重要角色：英國皇家海軍軍官「馬丁少校」的屍體和他使用過的一個公事包。

公事包裡有兩張劇院演出的戲票票根，一封來自「未婚妻」的情書，幾張戰略地圖。當然，這其中還有一件更為重要的物品——皇家海軍統帥蒙巴頓將軍致陸軍元帥蒙哥馬利的信函。信中提到，盟軍計畫不久從義大利西部的薩丁尼亞島和希臘南部登陸歐洲。而事實上這一切都是英國情報部門設計來迷惑納粹德國的，金屬箱裡的皇家海軍軍官只是太平間裡隨便搞到的一具屍體，而非馬丁少校本人。盟軍計劃登陸的地點，也不是薩丁尼亞島和希臘南部，而是義大利南部的西西里島！

一切皆如英國情報部門所料，「馬丁少校」的屍體被大海的潮汐沖到了西班牙海岸。西班牙漁民發現後，立即報告給了政府。很快，倫敦的報紙就發出了英國皇家海軍少校馬丁在一次空難事故中不幸罹難的訃告。

幾天後，西班牙政府把「馬丁少校」的公事包完好無損地交還給英國軍方，並在西班牙海濱小鎮韋瓦爾為馬丁舉行了一次隆重的葬禮。但因為當時西班牙實際上已經完全被納粹德國控制，在將公事包歸還英國之前，他們複製了蒙巴頓將軍致蒙哥馬利元帥的信，並祕密交給了德國。

因為蒙巴頓和蒙哥馬利這兩個關鍵身份，希特勒一收到情報就結結實實地吞下了英國人送來的整個「誘餌」。他堅信，盟軍真的要從薩丁尼亞島和南希臘登陸了！於是按照希特勒的指示，德軍總指揮部下令加緊修築科西嘉島，並增派兩個黨衛軍旅前往薩丁尼亞島駐防。德軍大將「沙漠之狐」隆美爾也被派到雅典督查希臘的防禦計劃。更為致命的是，希特勒不顧當時的庫斯克坦克戰正處在最緊張的時刻，緊急下令兩個裝甲師撤出蘇聯戰場調防希臘。此次錯誤使得納粹軍隊在義大利南部的防禦陷入空虛。

一切都已無法挽回，一九四三年七月十日，英軍發起了代號為「愛斯基摩人」的作戰行動，最終於八月十日成功佔領西西里島全境。德軍共損失十艘潛艇、七百四十架飛機，另有八千餘人喪生，一萬三千餘人受傷，五千五百餘人被俘。

至此，英國情報部門的「餡餅行動」完美實施！用虛假的資訊騙過敵人，將敵人引到錯誤的進攻方向上，為盟軍的正面行動爭取到了十分有利的時機。對盟軍來說，此次戰役積累的寶貴登陸戰略經驗，為他們後來的成功起到了不可或缺的作用。

【職場活用】

「一無所長」助成功

維斯卡亞公司是美國一九八〇年代最為著名的機械製造公司，其產品銷往全世界，並代表著當今重型機械製造業的最高水準。許多人畢業後到該公司求職遭拒絕，原因很簡單，該公司的高技術人員爆滿，不再需要各種高技術人才。但是令人垂涎的待遇和足以自豪、炫耀的地位仍然向那些有志的求職者閃爍著誘人的光環。

詹姆斯和許多人的命運一樣，在該公司每年一次的用人測試會上被拒絕申請，其實這時的用人測試會已經是徒有虛名了。詹姆斯並沒有死心，他發誓一定要進入維斯卡亞重型機械製造公司。於是他採取了一個特殊的策略——假裝自己一無所長。

他先找到公司人事部，提出為該公司無償提供勞動力，請求公司分派給他任何工作，他都不計任何報酬來完成。公司起初覺得這簡直不可思議，但考慮到不用任何花費，也用不著操心，於是便分派他去打掃工廠裡的廢鐵屑。

這一年以來，詹姆斯勤勤懇懇地重複著這種簡單但是勞累的工作。為了糊口，下班後他還要去酒吧打工。

這樣雖然得到了老闆及工人們的好感，但是仍然沒有一個人提到錄用他的問題。

一九九〇年初，公司的許多訂單被退回，理由均是產品品質有問題，為此公司將蒙受巨大的損失。公司董事會為了挽救頹勢，緊急召開會議商議解決，當會議進行一大半卻尚未見眉目時，詹姆斯闖入會議室，提出要直接見總經理。在會上，詹姆斯把對這一問題出現的原因作了令人信服的解釋，並且就工程技術上的問題提出了自己的看法，隨後拿出了自己對產品的改造設計圖。這個設計非常先進，恰到好處地保留了原來機械的優點，同時克服了已出現的弊病。總經理及董事會的董事見這個編外清潔工如此精明在行，便詢問他的背景以及現狀。詹姆斯面對公司的最高決策者們，將自己的意圖和盤托出，經董事會舉手表決，詹姆斯當即被聘為公司負責生產技術問題的副總經理。

原來，詹姆斯在做清掃工時，利用清掃工到處走動的特點，細心察看了整個公司各部門的生產情況，並一一作了詳細記錄，發現了所存在的技術性問題並想出解決的辦法。

這個故事中，詹姆斯在外人看來是毫無所長的清潔工，而實際上，他對自己的職業生涯有著清晰的認識和規劃，因此，他利用各種便利為自己的「破繭成蝶」做著準備。

第二計：圍魏救趙

【原典】

共敵不如分敵[一]，敵陽不如敵陰[二]。

【注釋】

一、共敵：兵力集中的強敵。分，分散：使分散。

二、敵陽：古代兵法中指先發制人、正面進攻的戰略。敵陰：古代兵法中伺機出擊、後發制人的戰略。

【譯文】

進軍兵力集中、實力強大的敵軍，不如把這樣的敵軍分散減弱了之後再攻打。與其從正面攻擊敵軍的強盛部位，不如從防守相對薄弱的部分進攻更有效。

【解讀】

此計適用於敵我力量懸殊之戰，對於軍事實力幾倍、幾十倍於自己的敵人，如果採用莽撞、強硬的方式與其一決高下，一定會頭破血流、傷亡慘重。在己方處於軍力劣勢的情況下，最好的方法就是分導引流，找準敵人的薄弱環節、要害部位，避實就虛，全力攻擊，或是繞到敵軍的後方攻其不備，對其造成威脅和牽制，用最少的代價取得最大的勝利。這是一個可以很好地轉換敵我軍事地位的迂迴戰略。

對「圍魏救趙」的應用，重在對強大的對手實行避其鋒芒的策略，在避免與其發生正面衝突的同時，繞道或者從側面對其進行巧妙出擊，乘虛而入，勢在必得。

但應用此計時要嚴格區分因果及目的，「圍魏」是因，「救趙」是果。

「圍魏」是為了讓敵人放棄原來的目標「趙」，返身解救自己「魏」國的危難，「趙」就得救了。不論採取什麼方式，如果不能實現「救趙」的結果，「圍魏」就沒有意義。

「圍魏救趙」被廣泛應用於軍事、政治、經濟、職場、處世等領域，為人們解決諸多難題提供了實用、便利的指導方針，效果顯著。而要充分挖掘此計的潛在智慧，為我們所用，需要注意以下一些問題。首先是突破口的選擇。比「趙」容易進攻的突破口，不僅能鼓舞士氣，而且能形成節節勝利之勢。如果有多個難易程度相當的突破口，則應選擇對全域影響最大的那個入手，往往可以事半功倍。當然也要確定「魏」一定是敵人的必救之地，否則將徒勞無功，無法救「趙」。其次，採取迂迴進攻的策略很重要。不是所有的事情都能一步到位，增加一些中間環節或者轉一些彎，就可以將困難化解或者避開困難。最後，一定要繞開敵人的強勢之處，直擊要害。向強大的敵人橫衝直撞，往往會落得慘敗下場，不如巧妙地進攻敵人的薄弱環節，不僅可以給敵人以重擊，而且可以讓自己免受重創，保全實力。

相反地，當敵人運用此計時，我們又該如何應對呢？

第一，要迅速佔領已經確定的目標，不受其他因素影響。猶豫或者中途轉變策略，往往容易陷入敵人的精心算計之中，貽誤大事。

第二，要審時度勢，分清輕重緩急。要準確把握首要及重要的事情，不被次要及不緊要的事情迷惑或耽誤。抓住重點，明確目標，不被敵人的伎倆左右。

【兵家活用】

美軍「絞殺後勤」

一九四三年秋天，為取得第二次世界大戰的全面勝利，美國人將戰略重點定為如何有效地抑制日本的侵略。執行這一任務的太平洋艦隊司令麥克阿瑟提出，美國距日本較遠，大舉進攻很難取勝。盲目發動戰爭，美國的各種消耗也會很大，必須採取更切實際的辦法。經過一番討論和詳細研究，麥克瑟意識到：日本是沿海國家，維持戰爭的資源並不豐富。要持續作戰，日軍勢必會想方設法掠奪別國資源，並由海上運輸提供給前線，同時，日本的兵源也是經過海上運輸送往世界各地的。由此看來，日本的大動脈在海上，如果切斷它的海上運輸線，就很容易致日本於死地。

於是麥克阿瑟制定了縝密的「絞殺後勤戰略」計畫，並且後來一直將此戰略作為攻擊日本的首要策略。

特魯克島是日軍在太平洋海上的主要海軍基地和後勤補給基地，但日軍對這個重要島嶼的看守並不嚴密，只有一支基地部隊擔任地面警戒，六名高炮手擔任對空警戒，陸海空指揮模式既簡陋又混亂。美軍在獲知這一情況後，很快向第五艦隊司令斯普魯恩斯中將建議：用飛機轟炸特魯克島碼頭、港口、運輸船艦及倉庫，讓日方海軍軍艦無法靠岸補給，陸軍運輸也難以發揮優勢，由此可以一舉攻佔該島。斯普魯恩斯採納了這個建議。

一九四四年二月十八日凌晨，美軍太平洋前進基地空軍指揮官胡佛少將指揮一百多架飛機飛至特魯克上空，對準停在港內的二十多艘艦艇、三十四艘運輸船隻，投下了幾百噸炸彈。日軍的所有艦艇、船隻瞬間沉入海底。沒有物資供給，駐守特魯克島的日軍彈盡糧絕，全軍覆滅。

隨後在對付駐菲律賓日軍時，麥克阿瑟採用了同樣的後勤戰略。強攻，需要大量兵力。採用「後勤戰略」，不僅出兵減半，還可以減少一半的人員傷亡。

一九四四年九月的一天，當麥克阿瑟獲知日軍將派遣駐菲律賓宿霧港基地的所有飛機參加萊特大會戰，其後方防備必定薄弱的情報後，立即命令第三艦隊的航空母艦全面出擊，對宿霧港基地進行轟炸。此時日軍正美美地在艦上午休，當二百多架美軍飛機飛抵時，許多日軍還誤以為是參加萊特大會戰的日軍飛機凱旋歸來呢。還沒來得及勝利歡呼，美軍的槍彈、炸彈已經傾盆而下。剎那間，宿霧港基地一片火海，叫聲連天，血流成河。在港的十三艘日軍艦艇和十一艘大型運輸船隻全部沉入海底。宿霧港的遭襲，使得日本後勤補給能力受到了致命打擊，日軍在第二天便組織了兩支運輸艦隊，分別用三十架飛機護航，載著必備的作戰物資向宿霧港基地火速趕來。然而，此次所有的救援部隊及物資又被麥克阿瑟指揮的二百架戰機一舉摧毀。至此，日軍的海上運輸線已經被美軍破壞得支離破碎。

此後，為全面推行「絞殺後勤」戰略，徹底切斷日軍的後勤補給，美軍第二十航空隊開始了長達四個半月的「空中布雷行動」，試圖對日軍進行更徹底的全方位後勤絞殺。美軍第二十航空隊先後派出一千八百餘架次戰機實施轟炸，投水雷一萬二千多枚，擊沉擊傷日軍運輸船、艦數百艘。日軍守島司令官牛島中將與十一萬官兵無計可施，最後橫屍荒島。

軍事上有句俗語「兵馬未動，糧草先行」，可見後勤裝備在軍隊作戰中的「咽喉」地位。麥克阿瑟認准「後勤戰略」，巧妙地避開與敵人正面交鋒，以「斷絕軍資」代替強攻，不僅扼制住了敵人的「咽喉」，讓其無法動彈，而且成功地避免了諸多無謂犧牲，保全了實力，用以再戰，可謂深得「圍魏救趙」計謀的精髓。

【商場活用】

柯達「圍日救美」

進攻敵人的強勢部位，不如攻擊敵軍的弱處有效。把這個思想運用到商業競爭中，也同樣奏效。直接與對手最厲害的部分交手，即便能取得勝利，也要興師動眾，勞民傷財，而採取迂迴的方式，往往可能事半功倍。

長久以來，美國和日本在經濟領域裡的競爭都十分激烈。正當日本將資金大肆注入美國市場時，美國的柯達公司已經暗中打進日本，爭奪實力雄厚的日本富士公司的市場。其實遠在一八九九年，具有一百多年歷史的柯達公司已經開始壟斷日本市場，但第二次世界大戰後，為使滿目瘡痍的日本儘早恢復經濟、重振民族產業，柯達公司和許多外國企業一樣被迫遷出日本，回到本土。此後四十年中，在日本振興民族產業的保護政策下，富士公司發展迅猛，佔據了日本七九%的市場，並積極向海外拓展。很快，富士公司開始在包括美國在內的世界各地顯示出咄咄逼人之勢。

一九八五年，當意識到富士熊熊燃燒的凶猛攻勢已經威脅到自己的生存時，柯達公司總部決定採取有效行動予以反擊。柯達的戰略是「以其人之道還治其人之身」，像當年富士站在美國的底片市場中對其進行「挑釁」一樣，柯達決定將產業打入日本本土。於是，柯達公司赴東京成立了第一家分公司，並進行大規模投資。銷售方面，它借助日本本土優勢，把銷售業務外包給大阪一家大商業公司，結果推銷工作極為順利；柯達的駐日分公司還進行多方投資，合併或吞併與自己業務有關的企業，充分利用日本的人力和財力，擴充自己的實力。除此之外，柯達還廣泛地推行了促銷戰略，以兩倍於富士海外宣傳的廣告費在日本各地投放廣告。特別是一九八八年漢城奧運會時，柯達重金贊助了日本體育代表團，贏得了日本民眾的一致好感。

經過五年多的努力，柯達產品在日本的銷量上升了六倍。柯達經受住了強大的地頭蛇富士公司的重重排擠，終於在日本底片市場站穩了腳。不久，發現「大意失荊州」的富士公司不得不把海外的一部分骨幹人員調回日本，準備與柯達進行長久的爭奪戰。正是這一舉，使得日本富士公司在美國及其他世界各地的市場佔有額大大減少，充分緩解了柯達公司在美國市場的壓力，為柯達重振並鞏固美國市場提供了有利條件。

柯達公司「圍魏救趙」，「圍」的是日本市場，卻意在「救」美國市場。利用此計，避開了富士公司的強勢所在，而進軍其所忽略的本土市場，等到實力強大的時候，勢必會引起對方失去本土的恐慌。當富士公司被蒙在鼓裡，匆匆將注意力轉到本土市場時，柯達的「報仇」時機也就到了。當然，要成功地運用「圍魏救趙」的計策，除了計畫精確、運籌帷幄之外，還一定要像柯達一樣積蓄力量，耐心等待時機，這樣才能緊緊地抓住機遇。

利用「圍魏救趙」，不強攻市場的飽和區，挖掘有潛力的空缺之處，趁勝追擊，往往容易達到預期效果。

第三計：借刀殺人

【原典】

敵已明，友未定[一]，引友殺敵[二]，不自出力。以損推演。

【注釋】

一、友：盟友，可以結盟而借力的人、國家或他物。

二、引：引誘。引友殺敵：引誘友軍，借助盟友的力量消滅敵人。

【譯文】

敵軍的基本情況已經摸清楚了，而盟友卻還處在猶豫觀望之中。當務之急是設法促使盟友堅定進攻敵軍的決心，這樣就可以不用我軍出兵，保全我軍實力。這是從《易經》的「損」卦裡推導出來的，盟軍在攻戰中可能會有損失，這對我軍是極為有利的形勢。

【解讀】

戰爭中，「借刀殺人」是為了保存自己的實力而巧妙利用矛盾的謀略。當敵方動向已明，就要千方百計誘導態度不明朗的友方迅速出兵攻打敵方，以實現自己的意圖。如果戰勝，自己不用付任何代價；若是戰敗，自己也不需要承擔任何責任。

其中的「殺人」不能僅理解為損人利己之事，而且可以引申為想要達到的任何目的。

「借刀殺人」，巧在一個「借」字，即利用、借用。所謂「借」，就是借用外部力量來幫助自己。自己缺兵少將，就多借用盟軍的力量；直接殺敵有困難，就要設法使用他人的刀槍；資金不足，就要想法利用別人的金錢；缺乏物資，就千方百計奪取別人的物資為己所用；自己的謀略行不通，就試著採納他人的智謀。總之，自己難以做到的事情，可以借助他人之手去做，無須親自動手，便可坐得其利，這便是「借刀殺人」之計的妙用。

要深刻理解此計，不能忽略以下幾個重要因素：一是如上所說，巧用外力為己所用。借用別人的手和力量，自己不用動手不用出力，不花任何代價，便順利實現自己的目標。二是爭取有利可圖的協力廠商加入。借其之刀去殺人，即使對方不是心甘情願入夥，也必然難逃干係。最後要注意此計的絕妙之處在於，避免自己拋頭露面，做到不留任何痕跡，也就可以不承擔任何責任。既落得置身事外，又達到了自己的目的。

因此，此計的主要特點在於：抓住主要核心後，借敵方內部力量或盟友力量，削弱或消滅敵對勢力。而關鍵要善於捕捉和利用矛盾，包括敵方內部以及敵方與盟友間的衝突，並想方設法將這些問題擴大、激化，直至引起敵方內部爭鬥，或是敵方與盟友的爭鬥，以達到削弱或消滅敵方兵力的目的。在軍事上，此計的運用多與利用間諜計相聯繫。而現代商戰中，有些商家為謀取私利故意造成他人過失來掩蓋自身失誤的例子也比比皆是，其所用策略都可稱為「借刀殺人」。

那麼，當敵人使用「借刀殺人」之計時，我們可以採取什麼樣的對策加以防範呢？首先，一定要時刻提高「防刀」警惕性，以免成為敵人的進攻對象。防患於未然，警覺來自各方面的攻擊。一旦發現自己成為目標時，一定要及時揭露「借刀之人」的險惡用心，極力勸解被利用的一方儘早醒悟。如果敵人已經形成同盟，要想方設法將他們拆散，不讓他們的計謀達成。必要的時候可以對別人的遏制進行果斷有利的還擊，削弱其氣勢。其次，要謹防為敵人做「刀」。杜絕盲目跟風，善辨是非，才不容易被人利用。一旦有攻擊別人的想法和計畫時，也要仔細揣摩行動的理由和目的，不給別人下手的機會。更重要的是，要善於分析行動給敵我雙方帶來的各自利益，如果認識到「殺人」對自己意義不大，而對敵人卻事關重大時，就說明已經被敵人利用了，此時應及早醒悟回頭，以免造成不可挽回的損失。

【兵家活用】

盟軍智除德國女間諜

一九四四年，盟軍開始悄悄醞釀反攻歐洲大陸的諾曼第登陸計畫，意在給德國最後一擊，全面贏取第二次世界大戰的勝利。為配合這次大規模行動，盟軍各個情報部門各顯身手，利用各種方法隱藏此次登陸計畫，使德國放鬆對這一地區的防禦警惕。駐紮英國的美國情報局特別情報小組組長史蒂夫接到任務：務必想盡各種辦法，讓德軍誤信盟軍將在荷蘭登陸，使其從其他防線調兵力增強荷蘭防禦，以減弱諾曼第登陸點德國的兵力。

史蒂夫成立了掩人耳目的「愛麗斯電影公司」來完成這項任務。正當他絞盡腦汁尋找任務突破口時，德國一位同事提供了一條極好的密報：德國最美豔的女間諜漢妮・哈露德突然離開柏林，前往英國。史蒂夫頓時計上心來：德國女間諜來英，無非是想竊取有利情報，我們正好可以將計就計，把盟軍登陸荷蘭的假情報借女間諜之手傳達給德國。於是史蒂夫決定埋下陷阱，讓這位貌美迷人的德國女間諜為盟軍做一次「諜報員」。

四月，美國軍方出人意料地以犒勞海外駐軍名義舉辦了一次盛大空前的招待會。

招待會上，史蒂夫故意將漢妮・哈露德介紹給特勤隊的英俊少尉狄恩羅斯。

不出所料，接下來的事情完全按照史蒂夫的設計發展著：漢妮和狄恩羅斯花前月下，甚是甜蜜。這位讓德國情報部深信不疑的美女間諜，成功地落入盟軍的圈套。時機已到，史蒂夫開始實施他的計畫。他先是派遣狄恩羅斯以「公司」副主管的名義去荷蘭執行任務，臨行前吩咐他務必和中斷已久的荷蘭地下工作者取得聯繫，把盟軍登陸荷蘭的消息傳達到荷蘭，並即刻斷絕與特別情報組其他人員的一切聯繫，直到任務完成。最後，史蒂夫還故作煩惱：「現在就缺一個會荷蘭語的人配合你的工作了。」狄恩羅斯立即回答：「漢妮可以做翻譯的！」史蒂夫爽快地答應了。

整間「愛麗斯電影公司」裡，只有史蒂夫和他的得力幹將、特勤部英籍少校軍官霍華知道，此次盟軍進攻的真正目標並非荷蘭。為了順利完成此次掩人耳目的行動，史蒂夫向公司其他「員工」隱瞞真相，並在狄恩羅斯的幫助下，用一艘魚雷快艇將一位名叫漢克的荷蘭游擊隊領袖偷載到倫敦。史蒂夫向他說明了盟軍進攻荷蘭的意向，兩天後，漢克飛返荷蘭，第三天即被蓋世太保逮捕。這位荷蘭人在八小時酷刑之後，被迫招出了盟軍攻擊荷蘭的軍事計畫。漢克遇難後第四天，史蒂夫又用同樣的方法接待了另一位荷蘭地下工作者，他的被捕使盟軍的軍事預謀被證實，史蒂夫的反間諜計畫開始奏效。

為了讓德國人深信盟軍登陸點在荷蘭，五月中旬的一個下午，史蒂夫和霍華出席了英美高層聯席會議，策劃擴大假情報的效力。會議結束不久，麥西島四周就如雨後春筍般冒出了大批潛艇，陸地上成百上千的坦克車並肩而列，天地間霎時槍林彈雨。其實，這只是些偵查道具而已，盟軍如此造勢，是為了將拍攝的空中照片傳給德軍，以讓其堅信盟軍登陸荷蘭的軍事計畫。盟軍的蒙蔽很快奏效，德國的陸軍和空軍開始陸續向荷蘭境內集中。五月底，抵達荷蘭的德軍已近十萬人。

然而，希特勒卻始終對盟軍登陸荷蘭一事心存疑慮，因為他派機飛往肯特群島上空偵察時發現英國東南部好似有重兵雲集。最後，史蒂夫決定打出最後一記重拳，借德國女特務漢妮之手把盟軍精心偽造的荷蘭戰略圖，送到德國人手中。

霍華將登陸圖放進保險櫃，並故意三次把鑰匙落在辦公桌上，可狡猾的漢妮始終沒有動鑰匙。最後，霍華只得藉故讓狄恩羅斯將鑰匙帶回寓所保管，給漢妮從容地印取蠟模的機會。為了確認漢妮已經拿到密件，史蒂夫故意讓霍華在密件信封的印花上，套了一枚迴紋針，信封只要稍微一打開，它就會滑落下來。六月二日下午，霍華邀請「愛麗斯電影公司」全體員工用晚餐，並約好九點鐘回「公司」繼續工作。為了給漢妮留出充足的作案時間，霍華故意將狄恩羅斯安排到自己身邊，好讓他和漢妮分開。就在大家盡情享受美味佳餚之時，在「愛麗斯電影公司」的辦公室裡，漢妮用蠟模配好的鑰匙打開了保險櫃。很快，她用隨身攜帶的火柴盒照相機把登陸荷蘭的戰略圖拍了下來。晚上九點整，所有人回到辦公室，唯獨不見漢妮的蹤影。霍華檢查完保險櫃，便打電話向史蒂夫彙報：「套在信封上的迴紋針已經脫落，反間諜計畫已經完成。」「現在我們做什麼？」霍華請示。

「幫助她脫身回國。」史蒂夫答道。在美英情報人員的暗中尾隨下，漢妮順利地登上了德軍潛艇，於六月四日趕回德國境內，並透過德軍情報機構迅速將偷拍的偽造密件轉交給了希特勒。

不出所料，德軍在一天之內紛紛奉命調往荷蘭。六月六日，盟軍在諾曼第登陸，順利反攻。面對如此敗績，名噪一時的女間諜漢妮・哈露德啞口無言，憤怒至極的德軍情報負責人下令將她處死。而盟軍妙用「借刀殺人」之計，多次利用德國女情報員和荷蘭地下黨為其傳遞虛假情報，迷惑德軍，隱藏其真正的軍事計畫，不僅給敵軍以重重一擊，而且保全了自己的寶貴兵力。

【處世活用】

朱元璋巧除敵將

一三五七年冬，陳友諒手下的勇將趙普勝將朱元璋的愛將俞廷玉殺害。朱元璋心痛萬分，決定借陳友諒的手除掉趙普勝。於是，他派出一名說客，潛入安興城，故意結交趙普勝的門客趙盟。說客竭盡全力，漸漸與趙盟拉近了關係。一天，說客故意將一封朱元璋寫給趙盟的信交給趙普勝，讓趙普勝心生疑惑，很快疏遠了趙盟。趙盟此後坐臥不安，無奈，只能和說客一起逃到應天歸順了朱元璋。朱元璋格外優待趙盟，賜給他重金，並讓他回陳友諒軍中散布謠言，將趙普勝的逆反之舉大肆宣傳。

陳友諒聽到傳聞後，將信將疑，於是派使臣去趙普勝營中探聽虛實。趙普勝是一個武將，自恃戰功，素來對使臣傲慢無禮，對陳友諒也不是很尊重。使臣回到營中，把趙普勝的狂妄自大都彙報給了陳友諒，陳友諒得知勃然大怒，於是親自率領重兵來到安興城。趙普勝慌忙前去迎接，卻被陳友諒的親兵一舉拿下，趙普勝還沒有來得及辯解，就已經身首異處。

朱元璋能夠順利除去趙普勝，得力於他兩次妙用「借刀殺人」一計。先是巧妙地借用計謀破壞了趙普勝對門客趙盟的信任，利用趙盟的失意，用謠言中傷趙普勝，成功破壞了陳友諒和趙普勝的關係，然後借陳友諒之手，殺死了毫無防備的趙普勝。趙普勝在毫不知情的狀況下屈死，陳友諒還在為自己及時剷除了叛逆而暗自慶幸！這兩個人，一個失去了性命，一個失去了大將，損失慘重，而幕後的策劃者朱元璋卻在一邊坐收漁翁之利，甚是歡喜。

張居正借勢秉政

明神宗即位時，年僅十歲，因此由太監馮保幫助佐政。當時的大學士張居正一心為國家社稷擔憂，但苦於沒有大權，便決定私下和馮保密切往來，建立親密無間的關係，希望有朝一日可以在馮保的幫助下奪得實權。

這時，獨攬朝政的是內閣大學士高拱，張居正總想找機會取代高拱的位置。

一天，神宗皇帝早朝後走出大殿時，突然一個男子朝自己徑直走來。左右隨扈急忙上去把他捉住，並在他身上搜出一把利刃。見此人明顯想行刺，神宗不禁嚇出一身冷汗，急忙命令馮保對其審問。這人供出自己叫王大臣，從南方戚繼光營中來。馮保聞言大驚，立即停審，親自前往張居正的住所，詢問該怎麼處理此事。張居正眼珠一轉，計上心頭，對馮保說：「馮公啊，高拱屢次想把你逐出宮門，如今怎麼不乘此良機把他除掉呢？你只要這樣做……」馮保聽後連連稱妙，立刻派親信對王大臣說：「下次審問你時，只要你一口咬定是高拱派你來的，我便赦你無罪，並重重有賞，你要是不從，就重棒把你打死。」王大臣只得答應了下來。

審問開始後，馮保一臉嚴肅地斥問王大臣：「大膽刺客，竟然敢行刺當今聖上，還不趕緊交待是誰指使你來的？」王大臣吃盡了皮肉之苦，竟答道：「是你讓我說是受高拱主使來的。」馮保聽後頓時大受震驚，旁聽者一片譁然。馮保連忙宣布退庭。次日再審時，王大臣已中了啞毒，不能說話，馮保不等細問就朱筆一揮，把他推出午門斬首了。

儘管事情最終出乎張居正所料，弄巧成拙，讓馮保很是難堪，但張居正順利地達到了他的目的。高拱看出有人想陷害自己，心裡很害怕，於是立刻向神宗請求告老還鄉，讓出了職位。不久，張居正便如願拿到了執守朝政的實權。

「借刀殺人」之計，或借敵或借友。張居正借友，其實是利用第三者對自己的信任，幫助自己扶搖直上。

第四計：以逸待勞

【原典】

困敵[一]之勢[二]，不以戰；損剛益柔[三]。

【注釋】

一、困敵：迫使敵人處於困頓。

二、勢：即兵勢。

三、損剛益柔：在敵我雙方力量不變時，敵人由優勢變劣勢，由主動變被動，我方自然也就由劣勢變優勢，由被動變主動了。

【譯文】

對敵人造成圍困的形勢，不一定要用直接進攻的方式，完全可以採用靜守不戰的戰略，積極防禦，因勢利導，逐漸消耗敵人的再生力量，最後用敵方力量發展的命脈來扼殺它，可使「強敵」受損失而使「弱己」有所增益，使自己變被動為主動。這就是「損剛益柔」原理的運用。

【解讀】

「以逸待勞」，是指當敵方氣焰高漲時，為了避開敵人的鋒芒，有力地增強自己的兵力，首先應該主動採取守勢，進行積極防禦的同時，養精蓄銳，有效地控制敵人，巧妙周旋，調動其在預設的戰場上四處奔命，待敵人疲勞混亂、銳氣減退、敵我態勢發生變化時，迅速轉守為攻，乘機出擊取勝。此計強調：要想讓敵方處於困難的境地，不一定只有進攻之法。關鍵在於適時地掌握主動權，伺機而動，以不變應萬變，以靜制動，積極調動敵人，努力牽著敵人的鼻子走，創造決勝機會。所以，此計中的「待」切不可理解為消極被動的等待，相反，它是積極主動的反擊準備。

戰爭是一種「力」的較量，要運用智慧，削弱、限制敵方的力量，增強己方力量的發揮，才有取勝的把握。

「以逸待勞」之計，就是實現「力」轉化的有效方法。以我方的嚴整來對待敵人的混亂，以我方的冷靜來對待敵人的惶恐。總之，想方設法讓敵人長途跋涉，疲於奔命！以自己的從容休整，來對待敵人的筋疲力盡；以自己的物資豐盈來對待敵人的彈盡糧絕。這樣，才能戰勝敵人。

而在現代商戰中，「以逸待勞」是一種以不變應萬變，以小變贏大變的策略。

此計有以下幾種含義：首先為積蓄力量、等待時機。要戰勝對手，自己首先要有充足的力量儲備，而當自己的力量還不足以擊敗對手時，一定不要過早地和對手直接交鋒，而應該積極退守，有效利用時機，擴充力量，使自己由弱變強。總之，時機不成熟時要善於等待時機，可以採取虛於應付、故意拖延等辦法與對手周旋，時機一到，一鼓作氣消滅對手。其次，與對手周旋時要以守為攻。在對手氣勢凶猛時，為了減少自己不必要的犧牲，想方設法讓對手「活蹦亂跳」，以至於體力疲憊，士氣低落，達到削弱其力量的目的。有時候，防守是為了準備更大的進攻，防守本身就是一種特殊的進攻方式，這時的「不戰」好過於戰。積極主動自守的不戰策略，比打鬥更能消耗對手的力量，消磨對手的士氣。

當對手運用此計時，我們也應該積極採取一些防範措施來應對：首先，先行進入戰場，爭得有利地位。先於敵人進入戰場，才有充分的時間進行調整，做戰前準備，並全面熟悉環境，控制戰爭的主動權，緊緊抓住戰爭取勝的關鍵要素。其次，靈活多變，以簡勝繁。在戰爭中要捨棄不必要的行動，集中力量完成關鍵步驟，避免多餘消耗。此外還要機動靈活，以不變應萬變、以小變應大變，用較少的代價引發敵人的巨大代價。最後，養精蓄銳，削弱敵力。利用疲勞戰術，削弱敵人的力量，並暗中積聚自身力量，佔據絕對優勢。

如果此計運用得當，在軍事上便可以寡敵眾、以弱勝強。在商戰及政治生活中，凡事先做好充分準備，便可從容應對外界的變化。而為人處世中，遇到問題時，要避開矛盾，稍事拖延，待各方面都冷靜下來，時機成熟後再做處理，則更為穩妥。此時的「拖」，並不是懈怠，也不是逃避，而是一種積極主動的解決方式，靜觀事物發展變化，抓住有利時機，將難題徹底解決。

【兵家活用】

重耳「退」滅楚軍

西元前六五五年，晉國發生王位繼承權爭奪內亂，太子申生被逼死，他的弟弟重耳被迫逃亡國外。西元前六三七年，重耳流亡到了楚國。楚王覺得重耳以後有可能重回晉國奪取王位，因此對重耳非常熱情。

一天，楚成王舉行宴會招待重耳，氣氛十分熱烈。席間，成王見重耳有些醉意，便乘機試探：「公子，如果將來能返回晉國執政，您將怎麼報答我呢？」重耳沒想到楚成王會在這種場合提出這樣的問題，一時不知道該怎麼回答。但憑他的政治經驗，他還是很快回答道：「大王，楚國美女如雲，金玉珠寶成山，美麗鮮豔的羽毛、潔白細潤的象牙、堅固耐用的皮革應有盡有。傾晉國所有，都比不上貴國一個零頭。」重耳面帶慚愧，稍事停歇又說：「托您的福，重耳如能返回晉國奪得王位，一定不忘您的大恩大德。將來如晉、楚發生戰爭，我一定下令晉軍後撤九十里，以期大王諒解。」楚成王聽了，雖然心裡不怎麼滿意，也不好說什麼。大將成子玉有點氣不過，悄悄對楚成王說：「重耳說話如此囂張，日後一定忘恩負義，大王應該及早鏟除他，不留後患。」楚成王並沒有採納他的意見。

之後，重耳歷經磨難，終於回到晉國，登上了國君寶座。他優先改革內政，擴充軍隊，國力迅速加強。西元前六三五年，楚國大將成子玉率兵進攻宋國。宋國一面抵抗，一面與晉國商討派兵救援一事。重耳和眾臣商量之後，決定派兵攻打剛剛投降楚國的曹、衛兩國，如果楚軍前往救援，宋國便可以逃過一劫。楚成王聽說晉軍接連攻下了曹、衛兩國，慌忙命令成子玉撤離宋國。成子玉不自量力，私自發兵向晉軍進攻。重耳命令晉軍向後撤退，將士們都強烈反對，「堂堂晉軍在楚軍面前打退堂鼓，這是莫大的恥辱，會讓諸侯嘲笑的。我們應該攻其不備，讓他們措手不及。」大臣狐偃解釋道：「當年國君曾向楚王許諾，如果同楚軍發生衝突，當『退避三舍』以報大恩。今日我軍暫退三舍，不僅兌現了當年國君的諾言，還可以避開楚軍鋒芒，待其鬥志鬆懈再與之交戰，這樣就可以勝券在握。」晉軍將士一退九十里，在城濮（今山東省濮縣南）停下後，列陣等待楚軍。重耳坐臥不安，既擔心晉軍從未與強大的楚軍交鋒過，又害怕諸侯會怪罪他的忘恩負義。忽然，帳篷外歌聲大作，將士們個個士氣飽滿，積極準備迎敵，重耳頓時堅定了與楚國決一死戰的信心。決戰開始，重耳派出一隊精兵強將，駕著戰車猛力衝擊楚軍的薄弱環節。同時，他又指揮一部分主力部隊，假裝繼續退兵，引誘楚軍主力追擊，將其帶入晉軍的埋伏圈，全部殲滅。晉軍取得了全面勝利。

重耳借「退避三舍」從容布陣，正是妙用了「以逸待勞」之計，以靜對動，掌握了主動權，積極調動敵人，待機而動，不僅在敵人疲憊不堪、無以應對時將其一舉攻下，而且因為捨棄了諸多不必要的盲目行動，為晉軍減少了許多無謂犧牲。

「以逸待勞」，不僅己方省時省力，還能給對方以有力的打擊，是戰爭中實用性很強的謀略。

【處世活用】

羅斯福巧救英國

一九四〇年十二月九日，美國總統羅斯福正在「塔斯卡羅薩號」驅逐艦上悠閒地欣賞加勒比海秀麗的風光，而此時的大洋彼岸，英國軍隊和德國法西斯已經奮戰得不可開交。由於德軍備戰充分，裝備精良，很快，英國軍隊就無力反抗了。正在度假的羅斯福不久便收到英國首相邱吉爾寫來的一封求救信。信中說，英國財政資源枯竭，他們已無法購買作戰的必需品。邱吉爾懇請羅斯福為英國提供幾千架飛機和幾百萬噸船隻。

英國和美國的利益息息相關，榮辱與共，這一點羅斯福心裡很清楚。但是美國的中立法規定，交戰國一定要用現款購買武器裝備。而且，美國是不允許向沒有償還第一次世界大戰債務的國家提供貸款。如果救助英國，無疑會違反中立法的這兩項規定，如何說服議會裡的那幫人呢？羅斯福為此大傷腦筋。

十二月十七日，羅斯福為此事專門在華盛頓舉行了一場記者招待會。會上，他向與會者介紹：

「保衛美國最好的辦法是讓英國打敗德國。但是，現在英國沒有資金，讓他們拿什麼去幫助我們打敗德國呢？」臺下鴉雀無聲。羅斯福知道他們也毫無辦法，便接著說道：「如果有一天，我的鄰居家裡失火了。我們兩家只有一百公尺遠，我這裡有個水龍頭，只要將水接過去，就能幫他把火撲滅。

可是，我總不能在救火之前對他說：『夥計，這條管子值十五美元，你得先給錢啊。』」臺下一陣哄笑。「你們說我該怎麼辦呢？」羅斯福問道。有人說：「才十五塊錢，給他好了，救火要緊。」羅斯福說：「如果我給他，那今天是水管，明天就有可能是汽車，日子久了，我們家的東西可就全沒了。」臺下又是一陣笑聲。有人說：「還是要給錢，這才是解決問題的根本辦法！」「我可以借給他管子，他用完了再還給我。假如用壞了，他就得照賠不誤。」「這是個好辦法，是聰明人的辦法！」臺下有人喊道。經過這次會議，羅斯福認識到他所推崇的租借法案很有可能在國會通過，這讓他信心大增。不出所料，國會透過辯論，最終以多數壓倒少數的優勢通過了租借法案。

一九四一年三月十一日，當羅斯福總統將它簽署為法律時，他極其激動地說：「我們總算有了一個能夠幫助鄰居的好法律。」邱吉爾聽到這個消息，欣喜萬分：「這太妙了，羅斯福所做的一切真是太完美了。」羅斯福的租借法案在二戰中發揮了巨大作用。蘇德戰爭爆發後，也是利用這一法案，美國向蘇聯提供了坦克、飛機。羅斯福的這一舉動，不但挽救了英國，也挽救了蘇聯。但因為當時美國人十分抵觸戰爭，羅斯福明白他還必須喚起民眾的鬥志。於是，在一次講話中，羅斯福慷慨陳詞：「誰也不能預言敵人何時向我們進攻。我們不應該靜靜地等敵人走進我們的院子時，才予以反抗，那樣無異於自殺。在你的敵人乘坐一輛坦克，或開著一架飛機向你進攻的時候，如果你一定要等到看到他們的眼睛時再開槍，那你就永遠也不會明白自己是怎麼死的。」羅斯福極具智慧的講話，在美國公眾中引起了強烈的反響。人們紛紛打電話給白宮，表示大力支持羅斯福。

羅斯福「以逸待勞」，盡可能地避免與公眾的消極衝突，因勢利導，用智慧和幽默巧妙地化解了爭端，為法案的通過做了充分的鋪墊，最終成功地變被動為主動，變劣勢為優勢，在獲得公眾支持的同時，維繫了與別國的友好外交關係。

第五計：趁火打劫

【原典】

敵之害大[一]，就勢取利，剛決柔也[二]。

【注釋】

一、害：指敵人遇到的嚴重災難，使之處在困難、危險的境地。

二、剛決柔也：陽剛必須用決斷性的氣魄制裁陰柔。也就是說，「君子」應該消滅「小人」，「正氣」應當壓倒「邪惡」。此計用「剛」比喻自己，用「柔」比喻敵方，強調趁敵之危，就勢取勝。

【譯文】

當敵方處於危機的時候，要趁機對其發動進攻以便奪取勝利。敵方有內憂，可搶佔他的地盤；敵方有外患，可掠奪他的民財；敵方內憂外患交加，就吞併他的國家。這就是強者趁勢取利，適時把握戰機，一舉打敗陷於厄境之敵的戰略。

【解讀】

無論多麼強大的對手，都會有軟弱的地方，看似無懈可擊的防禦，也會出現有機可乘的時候。當競爭對手遇到麻煩或陷入危機時，往往是制服對手的最佳機會。

高明的決策者往往會充分利用這種機會，果斷出擊，獲取最大利益。這就是我們平時所說的「趁火打劫」。

「趁火打劫」，有以下兩種情形。一是乘人之危，抱薪救火。對方後院「起火」，我方可以偽裝「救火」的姿態前去湊熱鬧，這樣既不會被對方拒絕，也不會引起對方注意。在「救火」過程中，便可以暗中撈取好處，或在暗角再點一把「新火」，給敵方製造更多的麻煩，這樣就可以輕易地將其置於死地。在敵人發生危難之時，採用這種方式向敵人發起主動進攻，往往很容易取得成功，為自己謀得利益，也可稱為乘間取利，乘人之隙。第二種情形為助紂為虐，入夥分利。火是別人放的，別人趁火打劫時，我方乘機插手，助對方一臂之力，事成之後，獲得部分利益。兩種方法都極為巧妙。

「趁火打劫」這一計策雖然看似不甚光明磊落，但著實是屢試不爽的破敵良策，往往能達到扭轉戰局、變被動為主動的奇效。其要義在於，當對手處在危難之中自顧不暇時，趁機迫其接受正常情況下難以接受的苛刻條件。運用這一計謀的關鍵，在於對「打劫」時機的正確把握。這就要求決策者掌握對手的動態，透過分析，確認對手已經「失火」，正處在危難之中或是有求於己時，果斷出手，於亂中獲利。

需要注意的是，「趁火打劫」，一方面要求決策者反應敏銳，出手果斷，因為有利時機往往稍縱即逝，若是等到「火」滅了再行劫，效果就會大打折扣；另一方面，也要注意不可盲動，既要避免中了對手引蛇出洞的圈套，又要注意「劫」之有度，不要引火焚身。

「趁火打劫」的運用非常廣泛。用在軍事上，是選擇戰機的慣用謀略。所謂「敵有昏亂，可以乘而取之」，講的也是這個意思。此計的應用需要有機可趁，以及敵對雙方實力上的懸殊。矛盾雙方的對峙，爭鬥力量的大小，決定了各自的內部矛盾狀態。只有當敵方內部衝突激烈、尖銳，力量隨之由強變弱的時候，己方才有機會突進。而運用到現代生活中，也是乘著對手之危謀取利益，達到各種目的的一種良計。商戰中，「趁火打劫」可引申為：當競爭對手陷入困難和危機，或者市場發生變化時，趁勢出擊，憑藉自己的優勢戰勝對方或奪取市場，以削弱對方實力，壯大自己。在西方世界，一旦某個企業瀕臨破產，其他財團、企業往往會蜂擁而至，以各種手段千方百計地搶奪它的有用設備和技術人員，就是對「趁火打劫」策略的有效利用。總之，此計在社會生活的各個領域，都可以收到極好的效果。

當然，一旦有人對我們實施「趁火打劫」之計時，我們也應該採取一些防範措施進行應對。首先，要時刻關好門戶，不給敵人可乘之機。趁火打劫者一般都是乘隙取利，乘亂謀益，如果我們總是提高警惕，關好門戶，以防外人乘虛而入，敵人就不太容易發現可乘之「隙」了。退一步講，即使哪天我們身處困境，也一定要做到臨危不亂，秩序井然。敵人的可乘之機無非就是我們「家裡失火」後的混亂，如果我們沉著冷靜，面面俱到，妥善處理問題，並且對外界保持高度的警覺，敵人也就無可乘之「亂」了，這是最根本的防範措施。其次，一旦陷入困境時要全力防衛，一致對外，讓敵人無利可圖。遇到危難，損失在所難免，但也要盡可能減少較大的損失。如果敵人乘我們內亂之時來進攻的話，那麼，內部發生矛盾的雙方要清醒地認識到，「鷸蚌相爭」，得利的是漁翁。要立即摒棄前嫌，聯合對外，這樣不僅對雙方有利，對整體也有利。

【兵家活用】

田單「巧攻心後打劫」

西元前二八四年，燕、趙、韓、魏、秦五國曾共同出兵攻打當時強大的齊國。燕國派出大將樂毅統率五國軍馬，接連將齊國七十二城攻下。最後，齊國只剩下莒州和即墨兩座城市沒有被佔領，樂毅沒有攻取這兩個地方，是為了對民眾施以仁政，收買人心，為日後做長遠打算。

五年後，齊國即墨城守將田單派人向齊王建議：讓莒州與即墨互為犄角，共同對付燕軍。這五年，燕國發生了很大的變化。樂毅在朝中受人嫉妒，飽受謠言攻擊。於是田單乘機派人去燕國散布謠言，說樂毅和田單正在密謀稱王。燕王聞訊，立刻招樂毅回燕國。樂毅見情況不妙，馬上就投奔趙國做官去了。燕王無奈，便派出騎劫代替樂毅統領燕軍，下令即刻進攻即墨城。不料，城中軍民在守將田單的率領下，萬眾一心，拚命反抗，堅守城池。但由於燕軍擁有眾多精兵強將，即墨城還是很快就被圍了個水泄不通。田單在城中冥思苦想，希望能有一良策巧妙破敵。一天，他忽然計上心來。

第二天清晨，田單對全體軍民聲稱：昨晚他夢見天神要派神師助自己對付燕國。不久，一名身著神師服飾的士卒，就被即墨城的百姓拜為「神師」，據說他就是田單夢中的神師模樣。從此田單便透過「神師」發號施令。一日，「神師」發布命令說，三餐之前務必要在庭院中祭祖。於是田單連忙讓手下精心準備祭祀活動。祭祀中，百鳥見庭院中有食物，便每日雲集即墨城上空。燕軍見此情景，本來就很詫異，又聽說齊軍得到了神師幫助，很快，軍中便人心浮動。

田單知道情況後，心生歡喜，便就勢用大紅綢布和彩色顏料將城中一千多頭牛打扮起來，牛角綁上尖刀，牛尾捆上塗有膏油的麻葦，再讓選出的五千精兵，穿上五彩怪衣，臉部塗上各色顏料，儼然一副天兵天將的模樣。天色一黑，田單就命令「神兵神將」們用火點燃牛尾上的麻葦，趕著數千頭裝扮怪異的牛從早已挖好的洞穴中一起衝出。牛一被火燒，便衝出城門蜂擁向燕國的營地狂奔而去。五千「神兵神將」也手持鋼刀，緊跟其後。一時間，景象很是壯觀：驚慌失措的燕軍以為真的是神兵天將降臨，一個個嚇得魂飛魄散，奪命而逃。而此時，千頭「怪」牛帶著團團火光，就像騰雲駕霧、從天而降一樣，在燕營中橫衝直撞，凶猛無比。燕軍一片混亂，潰不成軍。田單「趁火打劫」，把燕軍殺了個一敗塗地，並趁勢接連攻克了十多座城池。最終，不僅將燕軍趕出齊國，還一鼓作氣，收復了全部的疆土。由於戰功赫赫，齊襄王把田單任命為燕國的相國，封其為安平君。

田單在收復疆土時，面對敵眾我寡、敵強我弱的情形並沒有畏敵，而是聰明地運用心理戰術和「火牛陣」，先造成了燕王對大將樂毅的不信任，導致樂毅逃走，然後用「神師」和「天兵天將」的表演蒙蔽敵軍，促使其人心慌亂，然後趁火打劫，在敵我交鋒中迅速佔據上風，一舉取得了戰爭的勝利。由此看來，「趁火打劫」一計在敵我懸殊的戰勢中，無疑是打擊對手、保全自我的有效手段。

【商場活用】

摩根漁利白宮

在商戰中，「趁火打劫」是經營高手的慣用計謀。有兩種方式可循：一是「趁火打劫」，即利用有利的客觀條件獲益。二是「縱火打劫」，即以更為高超和嚴密的計畫，在法律許可的範圍內，透過讓對手陷入困境，逼其就範，從而達到自己的目的。世界上許多著名的財閥都是「趁火打劫」的高手。他們「打劫」的對象不僅限於大公司，有時甚至連政府都被列入他們的謀算名單。

約翰·摩根是十九世紀末美國著名的債券投資天才。一八七三年，他與幾位大銀行家聯手，購買了美國政府三十三億國庫券的一半。很快，德雷克塞爾——摩根公司便成為美國實力最雄厚的投資銀行，將美國政府的債券市場控制在自己手中。一八八四年，美國金融危機爆發。年底，市場上掀起了搶購黃金的風潮，美國財政部的黃金開始大量外流。當時華爾街盛傳，美國政府計畫放棄以黃金支付貨幣的做法，以控制黃金外流。雖然格羅弗・克利夫蘭總統親自出面闢謠，但拋售美國證券兌換黃金的做法仍在如火如荼地進行，致使國庫告急。

為了緩解困境，避免因金庫空虛可能帶來的民眾恐慌，美國政府決定立即籌集一筆至少一億美元的巨額資金。這在當時是一筆不小的數目，一般的財團根本無力承擔。加上真正能洞悉國庫實情的人並不多，一時間，沒有人願意主動出面為政府解燃眉之急，更沒有人能看到其中可以獲取的利益。摩根是個例外。由於長期與政府打交道，他非常瞭解政府此時已經到了無計可施的地步，於是他成功說服了另一位銀行家，共同組成了一個辛迪卡（一種壟斷組織形式），用以承辦黃金公債，表面上看是解救財政危機的大義之舉，實際上是要藉機牟取暴利。由於摩根提出的條件過於苛刻，未獲得國會批准，「辛迪卡」計畫並沒有順利實施。無奈之下，財政部長卡利史爾計畫透過發行五千萬美元的公債來緩和緊急形勢，但由於全國都處於金融恐慌的狀態，各大銀行自身難保，沒有人回應財政部長的號召。卡利史爾只好使出殺手鐧，提出以超出面額的價錢，公開募集五千萬美元公債。這一做法破壞金融界的規矩，侮辱了投資銀行，於是摩根私下操作，讓這位財政部長的紐約募款之行以失敗而告終。

情急之下，總統親自召見摩根，兩人開誠布公地商討公債問題。當摩根從總統那裡得知國庫只剩下九百萬美元存金時，便更加有信心讓政府答應自己的條件。他胸有成竹地對總統說：「除非我和羅斯查爾組成辛迪卡，讓倫敦的黃金重新流入美國，不然誰都不能解救陷於破產困境的國庫。現在，我手頭就有一張一千二百萬美元的支票沒有兌現，如果我執意要兌現，國庫就連那九百萬都保不住了，如果你不同意我開出的條件，我就立刻拍電報兌現這張支票。」克利夫蘭雖貴為總統，但國家深陷危機，他還不得不對摩根笑臉相迎。

最終，總統被迫批准了摩根的「辛迪卡」計畫。當天晚上，摩根就將足夠的資金交給了財政部，幫助財政部渡過了難關。而摩根及其合夥人僅在向政府承包的公債差價中就淨賺了一千二百萬美元。摩根在與政府的交涉中，徹底摸清國庫的虛實情況，「趁火打劫」，制定高明而周密的計畫，讓自己贏得「心中有數」，這一招，為其日後的壯大打下了堅實基礎。

此後，摩根財團對政府的影響力一日千里，其聲望更是全美皆知。

第六計：聲東擊西

【原典】

敵志亂萃[一]，不虞[二]，坤下兌上之象[三]，利其不自主而取之[四]。

【注釋】

一、萃，野草叢生。敵志亂萃：敵人情志混亂，失去明確的主攻方向。

二、不虞：不加戒備，不及防備，意料不到的意思。

三、坤下兌上之象：喻指聚在一起的是一潭高出地面的死水，遲早會潰決。

四、不自主：即不能自主地把握自己的前進方向和攻擊目標。利其不自主而取之：敵人不能把握自己的前進方向，這對我方有利，應趁機進攻、打擊敵人。

【譯文】

敵人處於心迷神惑、行為紊亂、義志混沌的狀態時，就像處於高出地面的沼澤，潰決之勢已成，不能正確預料和應付突發事件。此時，應該利用他們心智混亂，無法自主把握前進方向的時機，靈活機動地運用時東時西，似進似退的戰略，造成對方的錯覺，進而出其不意地將其一舉消滅。

【解讀】

「聲東擊西」之計一般用在己方處於進攻態勢的情況下。「聲東」旨在虛晃一招，所擊之「西」才是主攻目標。因此，此計的重點在於對我方的企圖和行動絕對保密，製造假象、佯動誤敵來偽裝己方的攻擊方向，轉移敵人的目標，使其疏於防範，讓「西」成為敵方的不備或不及之地，然後乘其不備，發動突然進攻，一舉擊敗敵人，出奇制勝。

「聲東擊西」的戰例頗多，使用的方法也各異，而成敗的關鍵在於攻方的「聲東」是否能讓防御方完全相信，或迷惑其意志，或故布疑陣，使對方力量分散，使其減弱「西面」的防禦甚至完全放棄對「西面」的防範，從而達到自己的目的。總結起來，「聲東擊西」之計可以有以下幾種使用方式：一是忽東忽西牽制敵人。不固定我方的進攻方向，時而向東，時而向西，把敵方弄得暈頭轉向，無法確定我方的主攻方向和真實意圖，只好處處被動設防。時間一長必然只有招架之功，而無還手之力，我方便可利用時機大獲全勝。二是即打即離迷惑敵人。是指我方時而主動攻戰，時而遠遠離開。敵方以為我方要打時，我方不打；敵方以為我方不打，我方卻突然發動襲擊。以致敵人無法部署戰前準備，失敗也就在所難免。三是發動佯攻蒙蔽敵人。是指我方故意向甲地發動進攻，吸引敵人的注意力，等敵人把兵力全部調到甲地時，我方突然在乙地發起猛攻。敵人知道後，為時已晚。四是避強擊弱襲擊敵人。是指在我方飄忽不定的進攻下，敵人無法制定準確的進攻計畫，我方就避開了敵之鋒芒，乘機猛攻敵人的薄弱環節，讓其無力應對，妥協就範。總之，「聲東擊西」歷來受到中國兵家的重視，但是如果此計運用不好，被對方發現了自己的真實意圖，則會搬起石頭反砸到自己的腳。

祕密與主動是處事的最高手段，公開等於不設防，被動則必然受牽制。不管在戰場、商場還是政治舞臺上，「聲東擊西」之計都處處可見，時時可用，種類繁多。只不過有的利用得好，結局很成功；有的使用不當，反而弄巧成拙。而當別人對我們實施「聲東擊西」之計時，我們應該採取一些防範對策來應對。首先，要盡可能前後呼應，防備不測。為各個方向的部隊建立良好的即時聯繫，這樣一處受到攻擊時，另一處就可以立刻趕到救援，有效應對敵人的陰謀。其次，敵人偽裝得再隱蔽，也會有蛛絲馬跡露出來。勤於觀察善於分析，總可以發現破綻。最後，多換位思考，謹防被詐。經常站在敵人的立場上進行思考，設想如果自己是對方會採取怎樣的行動，然後觀察敵人的所作所為是否與自己所設想的相同，如果完全相反，就要防備敵人是否有詐了。

【兵家活用】

英軍突襲登陸

一九八二年，在與阿根廷的馬爾維納斯群島戰中，英軍就曾利用「聲東擊西」戰略並成功地突襲登陸。

馬爾維納斯群島海岸線曲折，有許多避風海灣和自然港。英軍在其中選擇的登陸地點聖卡洛斯港，其優點是入水處夠深，可供大型艦隻停靠，岸上地域開闊，便於部隊活動。但其不利之處在於海灣呈狹長狀，導致艦隊活動餘地狹小，無法對空建立大縱深的防禦警戒體系，容易被敵方戰機集中襲擊。而且，此處交通很不便利，只有一條小道和斯坦利港相通，一路泥濘不堪、行進困難，不便於登陸部隊向斯坦利港移動。因此，阿軍斷定英軍不會由此登陸，便只派出極少量的部隊進行防衛，而將防禦重點部署在海面較為寬闊、交通條件較好的斯坦利港、達爾文以及古斯格林港。

英軍在五月初，就已選定聖卡洛斯港為登陸點，但為了掩蓋這一真實目的，迷惑阿軍，英軍採取了各種「聲東擊西」的措施：首先是在英國報紙上大量登載虛假預測及分析，指出英軍將在馬爾維納斯群島的西島或東島南部登陸。在發起登陸作戰前不久，英國防部官員仍在向媒體佯稱，英軍目前只是利用小股作戰部隊對阿軍進行襲擾，消耗阿軍的武力，並不準備大規模登陸。接著，在登陸前兩天，英軍又用飛機連續轟炸駐紮東西島南部的阿軍，對馬島北部不聞不問。到了五月二十日午夜，登陸艦船向聖卡洛斯灣進發之際，英特遣艦隊的兩艘航空母艦仍從東北方向駛往馬島南端海域，假裝進攻目標為馬島南部。就在英軍登陸聖卡洛斯港時，他們仍在不停地用飛機、軍艦對斯坦利港、古斯格林港、豪沃拉港、路易士港和狐狸灣進行轟炸。同時，突擊隊還煞有介事地強行登陸達爾文港、路易士港和狐狸灣，並發起牽制性的攻擊。英軍在做了以上這些「聲東」準備後，還覺得不夠，又把阿軍的通訊設施通通摧毀，導致阿軍無從得到前線消息，不能及時實施空援。同時，還利用無線電靜默中斷向美國提供英阿雙方艦位的相關情報。這既使得阿軍無法準確判斷英軍的真正意圖，同時還將他們牽制在錯誤的地點。阿軍明知聖卡洛斯已失守，卻無法抽兵解救。

由於英軍採取了「聲東擊西」的戰略，阿軍一直被蒙在鼓裡，不斷地加強對斯坦利港和南部達爾文港的警戒與防守，卻沒有在北部的聖卡洛斯港增加一兵一卒。五月二十一日凌晨二時，英軍在猛烈的炮火掩護下，迅速上岸，輕而易舉地完成了登陸。阿軍一直到天亮後才醒悟過來，而此時，英軍已在聖卡洛斯港建立了穩固的灘頭陣地。這次成功登陸，迫使阿軍投降求和，從而結束了戰爭。

【處世活用】

唐伯虎裝傻巧脫身

唐朝書畫家唐伯虎一生的風流韻事很多，這位江南才子，不但善於在紅粉翠繡間周旋，而且能夠在險惡的政治爭鬥中，運用「聲東擊西」之計保全自己。

明孝宗弘治年間，寧王朱宸濠試圖起兵謀反。他特地在南昌城南建了座陽春書院，並且用重金到處招攬人才，打算擴大自己的勢力，為起兵篡位做準備。寧王久聞唐伯虎才名，便有意為己所用，於是特地派人帶重金到蘇州禮聘。唐伯虎不知道寧王的野心，以為對方真的器重自己，當下便受聘來到寧王府。到南昌以後，朱宸濠對他倒也不錯，處處以上賓禮節相待，並騰出一棟別墅讓他居住。不久，唐伯虎看出寧王心懷不軌，有意謀反的跡象，便一心想要逃出虎口，但是，怎樣才能脫身呢？唐伯虎想出一條妙計，他效仿孫臏裝瘋賣傻起來。

寧王派人送重禮給他，他便借酒撒潑，將東西全部打翻在地，並對前來侍候他的幾個婢女大發淫威，又是暴打又是蹂躪，嚇得婢女們誰都不敢靠近他。寧王聽說他一會兒哭，一會兒笑，以為他是在裝瘋，就與王妃一起前去探個虛實。唐伯虎老遠見他們來，就脫光衣服赤身裸體地開始跳舞。朱宸濠大為震驚，惱羞成怒地說：「誰說唐伯虎是賢士，我看他不過是一個瘋子而已！」於是立即下令把唐伯虎趕出寧王府，永不敘用。唐伯虎終於平平安安地回到了蘇州老家。很快，寧王起兵謀反，巡撫王守仁將其鎮壓後，將那些被寧王禮待過的名士們都作為逆黨進行誅殺，只有唐伯虎佯裝癲狂脫身而去，才沒有受到株連，得以在蘇州城安享晚年。

唐伯虎表面上狂放灑脫，放蕩不羈，其實一生聰慧而有才能，當洞察到寧王將有異志時，巧妙地設計脫身，保全了自己。他知道如果辭官回鄉，寧王說不定會懷疑自己，招來殺身之禍。於是借酒裝傻，見東西就砸，見女人就追，採用這些表面上「聲東」的假象，招致寧王的反感，直至被下逐客令，實現了自己避免成為政治爭鬥犧牲品的「擊西」目的。

小哈利巧攬觀眾

十五歲的小哈利是一家馬戲團的童工，他的任務是在門口招攬觀眾。哈利勤快好學，深得團長喜歡，但他並不滿足於現狀，一心想靠自己的聰明才智做出點成績來。有一天，他終於想出了一個好辦法。

這天，他向團長請求允許他在場內出售飲料。團長告訴哈利，賣飲料可以，但不能影響演出收入。哈利神祕一笑：「您放心吧！團長您瞧著吧，馬上會有更多的觀眾。」哈利很快買來了花生和檸檬水，然後在花生中加了一些鹽，炒了炒，最後用紙把花生米包成了一個個小包，來到了售票處。

「買一張馬戲票，贈一包花生米，精彩的馬戲，噴香的花生米，邊吃邊看，快來啊！」哈利扯開嗓門吆喝起來。

「贈一包花生米？你不是要虧了嗎？」賣票員驚訝地看著哈利，哈利對他一笑，不說話。果然，花生的香味吸引了很多人，許多本不打算看馬戲的人也因為這贈送的花生米而動心了。「給我一張票，當然，還有花生米。」「我也要一張……」「還有我……」很快，馬戲票就賣完了。觀眾們邊看著精彩的馬戲，邊吃著香噴噴的花生米，一會兒，許多人就口渴難耐了。這時哈利又帶著他的檸檬水出現了。「有人要檸檬水嗎？」哈利輕輕地問道。不等話音落下，人們紛紛喊道：「我要！」轉眼間，哈利的檸檬水也賣完了，他的口袋裡裝滿了鼓鼓的鈔票。這一天，哈利穩賺了一大筆。

名義上是贈花生米，實則推銷檸檬水，哈利的聰明之處在於「聲東擊西」，不僅幫老闆招來了大量觀眾，還填滿了自己的口袋。

【職場活用】

實用的推銷戰術

一位推銷員去拜訪某公司的董事長，試圖推銷一批產品，不料碰了一鼻子灰。

推銷員苦思冥想，突然記起當他走進董事長辦公室時，女祕書突然探進頭來說：「真抱歉董事長，今天沒有收到信件，所以沒弄到好看的郵票給您！」推銷員一打聽，原來是董事長十二歲的兒子正在集郵，女祕書每天都要從各地的來信中挑一些特別的郵票送給他。

推銷員心想，好，有方法了。

第二天下午，推銷員又去找董事長，告訴他是專程給他兒子送幾張精美郵票來的。一聽是精美郵票，董事長馬上站起來熱情相迎，推銷員很恭敬地將郵票遞給董事長。董事長接過郵票，連連稱讚：「多有價值！我從來沒見過這樣的郵票，我兒子一定喜歡！」興奮之餘，他還主動把兒子的照片拿給推銷員看，推銷員趁機大加誇獎董事長的兒子聰明可愛。兩人見彼此很投機，便又談起集郵的心得和趣聞，足足談了半個多小時。最後，沒等推銷員開口，董事長便主動訂購了一大批產品。

推銷員明著是給兒子送郵票，其實是迎合董事長的心意；明著是誇獎兒子，實則稱讚董事長；看起來是投父親和兒子所好，其實是想要董事長手裡的鈔票。此種「聲東擊西」法，的確是職場中常用的有效計策。

第二套：敵戰計

敵戰計，即指己方與敵人進行面對面的對抗作戰。在大敵當前之時，在與敵人對陣的場面上，既要有膽識，又要能審時度勢。

戰爭是敵我雙方力量的對比與較量，要想勝券在握，不僅要提高自己軍隊的戰鬥力，而且還要想方設法削弱敵方的戰鬥力。

第七計：無中生有

【原典】

誑也，非誑也[一]，實其所誑也[二]。少陰、太陰、太陽[三]。

【注釋】

一、誑：欺騙，迷惑。句意為：虛假之事，又非虛假之事。

二、實：實在，真實。句意為：把真實的東西隱藏到假象中。

三、少陰，太陰，太陽：此「陰」指假象，「陽」指真象。句意為：大大小小的假象逐漸轉化為真實。

【譯文】

用虛假情況迷惑敵人，但又不完全是虛假情況，因為在虛假情況中又有真實的行動。在稍微隱蔽的軍事行動中，隱藏著大的軍事行動；大的隱蔽的軍事行動，又常常在非常公開的、大的軍事行動中進行。總之，是以假象來掩蓋真實，最終把虛假態勢發展到極端，巧妙地轉化為真實，而非虛假到底。

【解讀】

「無中生有」之計，不是真實意義上的瞞騙，而是將某些假象示於對手，使對方相信它的真實性，然後把這些假象突然變為現實，讓對方毫無心理準備，措手不及，從而擊敗對手。

此計謀可以理解為以下幾種含義：一是憑空捏造事實，處處散布謠言，把本來不存在的東西說成存在的，讓對方思想混亂。其目的是乘機消滅敵人，獲取利益。

二是以假亂真，把假的東西裝扮成真的，最後再將其巧妙地轉換成真的。以此來迷惑敵人，使敵人掉以輕心，從而趁勢將其打敗。

在具體運用「無中生有」之計時，我們應該注意把握以下一些問題：第一，它只是競爭上慣用的一種策略。運用在軍事上，屬於誘敵之計。而在經營管理上，只能使用它的引申意，用不真實或虛無的東西去迷惑競爭對手，讓對方在不清楚你的真實意圖情況下無以應對。絕非真的造假騙人，更不能長期以假示人。

第二，運用「無中生有」之計，要把握好可能瞬間而逝的絕佳時機。在對方覺察並改變行動策略之前，快速出擊，將對手制服。

第三，「無中生有」，並非真正的以無做有，而是示「無」藏「有」，其關鍵在「有」而不在「無」。空虛是不可以戰勝對手的，而被對手忽視和誤解的實在，才是真正可以戰勝對手的力量。因此，運用此計，核心在「有」。同時，「無中生有」所利用的「無」，也絕不是長久的虛無和欺瞞。要看準時機，及時地變假為真，轉虛為實，露出真相，達到目的。

當然，如果別人使用此計，我們可以採取以下防範措施來應對：

首先不要輕信敵人。勤於觀察、思考，必要時還要做深入的分析和判斷，及時揭穿敵人的陰謀。

其次要提高警惕。對於敵人反覆做的事，尤其應該加以提防，特別謹防敵人被我們拆穿的假象再一次出現，陰謀往往就隱藏在這些假象背後。最後，要積極抵制流言蜚語。敵人施用「無中生有」的一種常用形式就是散布謠言，面對流言，我們應該沉著冷靜，分析源頭，找出真相。這樣敵人的陰謀就會不攻自破，我方的利益也才能得以保障。

【兵家活用】

彼得大帝假信退敵

「無中生有」講的是「無」中孕育著「有」，而「有」和「無」有時候並非實存，只是作用於敵人心理上的結果不同而有所區別罷了。

十八世紀初，俄國與瑞典為爭奪波羅的海的領海權發生了大規模的戰爭。瑞典在進攻失利之後，心有不甘，充分休整一番，便再一次糾集強大的海軍和陸軍，向俄國發動了第二次進攻。

瑞典軍隊來勢凶猛，很快便在俄國沿海登陸。俄軍當時在沿海地區部署的少量兵力，被瑞典人逼得一再後退，俄國軍民人心惶惶，國內一片混亂。事態緊急的情況下，俄國統治集團內部意見分歧也十分嚴重，有不少人建議俄軍放棄沿海要地和正在修建的防禦工程，退回到俄國腹地。

在國家面臨危難，眾人焦慮之時，彼得大帝卻異常鎮定。他十分瞭解瑞典國王查理十二和軍隊將領們的做事風格，於是決定利用他們一向小心謹慎、優柔寡斷、不夠勇敢和堅定的弱點，幫助俄國轉危為安。

很快，彼得大帝便派出一大批信使攜帶著他的親筆旨令奔赴全國各地，傳達他要求各地指揮官即刻派援軍支援沿海地區的命令。

當然，彼得大帝信中所提到的這些援軍根本就不存在，即便有些軍隊情況屬實，也是遠水解不了近渴。負責傳送命令的信使們故意在各地遊走，粗心大意地暴露身份，最後如他們所願地被瑞典人俘虜，身上的密信也被人搜出。瑞典將領對彼得大帝的密令十分重視，心想原來俄國人刻意隱瞞了自己的軍事實力，他們之所以不加以頑抗，而退出沿海地區，估計是有著更深遠的陰謀。在這種思想的支配下，瑞典軍隊趕緊放棄了已佔領的俄國沿海地區，迅速後撤回國。

彼得大帝在敵軍勇猛強大、節節進逼的攻勢下，俄軍一再潰退，加上國內人心浮動，似乎只有敗退這一條路了。但彼得大帝深知瑞典雖兵力強盛，其領導層卻多疑而優柔寡斷，攻其指揮層遠比硬碰精兵良將來得容易而有效，於是故意使出「無中生有」之計，用一紙假書信便嚇退了凶猛的敵人，成功地左右了瑞典軍隊的行動，沒有浪費一槍一彈便順利解除了其對俄國沿海地區的圍困，保住了新都彼得堡和戰略設施工程，幫助俄國渡過了難關。

【商場活用】

種樹生財

商戰中，因為缺乏有利的地理優勢，以致面臨關門噩運的情況時有發生。看看下面這位小旅館老闆是如何運用「無中生有」的智慧成功避免破產，而且還將生意越做越大！

木本旅館地處偏僻，因此自開業以來一直經營慘澹，形勢很不好。

一天，旅館主人無奈地望著後面的荒山禿嶺發呆。人常說：「天時、地利、人和。」主人心想，我這裡既沒有舉世文明的文物古蹟，又缺少奇特誘人的風景，要怎樣才能把顧客吸引來呢？看著，看著，主人便計上心來。

不久，該城的大街小巷便出現了一份與眾不同的海報，落款為「木本旅店」。

海報上寫道：「親愛的旅客：您好！本旅館擁有常流的清泉，後山有大片空地，寬闊無垠。滿山的青草一望無際，浩瀚的原野上，又點綴了無數奇花異草，絢爛紛繁。這個美妙的地方，專門留作投宿本店的旅客植樹之用。您若有雅興，歡迎前來種下小樹一棵，本店可免費為您拍照留念。除此之外，您還可以在專用木牌上刻下您的名字及植樹日期。這樣，如果您再度光臨，還能看到您親手栽下的小樹已枝繁葉茂，生機勃發。本店只收取樹苗費二千日圓，便將永久代管您的樹。」這張小小的海報很快便在街頭巷尾傳開了。

人們議論紛紛，相互轉告：「嘿，我看在旅館後面植樹留念，倒真是一件挺有意義的事呢！」「對呀，我的小孩剛好今年出生，要是去那裡給他種棵同齡樹，該多有價值啊！」

很快，海報為小旅館帶來了很好的宣傳效果。木本旅館不再為客源發愁了，種植紀念樹的人紛至沓來，小旅館頓時一派熱鬧非凡的景象。這些客人中，有天真爛漫的孩童，舞墨吟詩的文人，腰纏萬貫的富人，專心學業的學子，治國安邦、日理萬機的政界要人，也有忙忙碌碌的尋常百姓。總之，各種身份的人都為心中嚮往的那片鬱鬱綠洲而來。結果，因為顧客太多了，木本旅館不僅全部留下了原本因經營慘澹而準備辭退的店員，還擴大規模，招進了一批新員工。幾年後，木本旅館的後山上已是一派林木蔥蘢、風景如畫的景象。

當然，旅館的主人也因此賺足了錢，將原本已有些陳舊的館舍改造成了極為氣派的木本賓館。一個巧妙的說法，竟能在吸引顧客注意力的同時，成功地掩蓋商家「無中生有」的善意謊言。牢牢抓住顧客的心理，做出一個小小的改變，最終卻能獲得一個大大的商機，正可謂商戰中，成功總是垂青於那些有準備的人。

三萬美元建希爾頓旅店

如果有白手起家的理想與決心，那麼，請相信並研讀猶太人「無中生有」的商業法則。

希爾頓就是憑藉這一法則，用區區三萬美元起步，逐步成為全球有名的酒店大王，並最終以億萬財富躋身於美國十大財閥之列。

一九二三年的一天，一心想要致富的希爾頓來到繁華的達拉斯商業區大街上尋找機會，原本打算先找個地方落腳，結果竟然發現當地沒有一家像樣的旅店。一個念頭油然而生，「我如果在這裡建一座高級的旅店，生意一定不錯。」經過一番考察，希爾頓看中了一塊地，認為那裡最適合興建旅店。

這塊地位於達拉斯商業區大街的轉角地段，所有權是一個被稱為「老德米克」的房地產商人。在和老德米克協商之前，希爾頓先悄悄邀請建築設計師和房地產評估師對自己的規劃做了評估，按他目前的構思，建起一座旅店至少需要一百萬美元，而希爾頓已經籌措的三十萬美元只能將這塊地皮買下。於是希爾頓先和老德米克簽訂了買賣地皮協議，剩下的費用決定另想計策。

轉眼到了給付土地出讓費的日期。這天，希爾頓只帶了三萬美元去見老德米克。他一臉無奈地說：「我買你的地，是想建一座大型旅店，但算來算去，我的錢只夠建一個普通的旅店，看來，我只能租你的地了。」老德米克擺擺手，正準備拒絕的時候，希爾頓又誠懇地說道：「我租你的地九十年，分期付款，每年租金三萬美元。如果我不能按期付款，你就收回你的土地和土地上面的旅店。你看怎麼樣？」老德米克一聽，不由得喜上眉梢：三十萬美元的土地出讓費一下子變成二百七十萬美元的租金，土地還是自己的，土地上的飯店也有可能是自己的，這簡直是白撿的便宜。

於是他爽快地答應了，希爾頓便付給了老德米克第一年的土地租金。

希爾頓用三萬美元拿到了三十萬美元土地的第一年使用權，便把一個實力雄厚的房地產開發商與自己緊緊地捆在了一起。口袋裡剩下的二十七萬美元仍然不能建起一座一百萬美元的旅店，於是，希爾頓再一次找到老德米克，商量用土地作為抵押去貸款建店。為了將二百七十萬美元全部拿到手，老德米克答應了。一切如希爾頓所願，銀行依照土地的現值貸給了希爾頓三十萬美元，希爾頓手頭可利用的資金變成了五十七萬美元。

一九二四年五月，希爾頓旅店終於開工了。旅店建設很快把五十七萬美元用完了，希爾頓於是又找到老德米克，如實說出了資金不足的情況，希望老德米克把已建到一半的建築接收過去，出資將其順利完工。他還承諾說：「旅店一完工，你就可以租賃給我來經營，年租金最低十萬美元。」被套牢的老德米克想想自己並不吃虧，土地是自己的，土地上的飯店是自己的，每年還有十萬美元的純租金收入，於是立即補足了工程建設的資金缺口。

一九二五年八月四日，用希爾頓名字命名的希爾頓旅店建成開業。希爾頓僅用三萬美元，便在兩年時間內完成了自己的致富夢想，這一切，都緣於他擁有無價的商業智慧。

希爾頓的成功道出了商界一條鐵的定律：把有實力的利益最大化者與自己捆綁在一起，讓彼此成為一個不可分割的利益共同體，把最大的風險不露痕跡地轉嫁給對方，財富就可以滾滾而來。正因為希爾頓深信「無中生有」法則中的玄妙，因此他為合作者規劃了許多讓對方無法拒絕的美麗前景，將其逐步引入自己的規劃，用對方的資金為自己的事業圓夢，成功地實現了自己追逐財富的夢想。

【處世活用】

張儀度難關

「無中生有」之計，曾經幫助戰國時期著名的謀略家張儀，度過了窮困潦倒的難關。

張儀早年在楚國逗留期間，沒有受到楚懷王重用。因此，長期的閒居讓他的日常開銷都成了問題，隨從們更是對他埋怨不已。張儀卻慢條斯理地告訴大家，很快就可以擺脫窘境。

幾天後，張儀向楚懷王辭行，到鄭國去尋求發展。楚懷王原本就不喜歡他，便很痛快地答應了。張儀對楚懷王說：「這些日子，大王待我很好。下次我再來楚國，一定要給您帶點鄭國的土特產。」楚懷王大笑：「楚國應有盡有，鄭國能有什麼稀奇東西，你用不著給我帶什麼。」張儀說：「是呀，鄭國是沒什麼稀奇東西，但鄭國的美女卻是聞名天下。聽說那裡的美人個個都像仙女下凡，大王您對這樣的土特產也不感興趣嗎？」生性好色的楚懷王聽了心花怒放，立刻就賞賜了張儀許多金銀珠寶，讓他到鄭國去多置辦些「土特產」回來。

張儀回到住處，馬上就讓隨從們到處大肆宣揚他要到鄭國幫楚懷王選美女的消息。很快，這件事就如張儀所料，傳到了南后鄭袖和寵妃的耳朵裡。她們怕失寵，趕緊找來張儀，求他不要去鄭國給楚懷王選女。張儀卻藉口答應了楚懷王，不好失言。南后鄭袖和寵妃見狀，立即送給張儀一大堆金銀財寶，張儀想了想便對她們說：「這樣吧，等我離開楚國，向大王辭行時，兩位如果親自來送我，我就有計策讓大王打消尋找鄭國美女的念頭。」南后鄭袖和寵妃紛紛點頭。

過了兩天，楚懷王為給張儀餞行而大擺酒宴，南后鄭袖和寵妃也主動要求陪同。當南后鄭袖和寵妃給張儀敬酒時，張儀馬上跪倒在楚懷王面前，拚命磕頭求饒：「我罪該萬死。請大王治罪！」楚懷王一頭霧水，於是問道：「你犯了什麼罪？」張儀說：「我犯了欺君之罪啊。大王，我原本以為鄭國的美女無人能比，可今天見到您的兩位愛姬，才知道，原來天下最美的女人就在大王您的身邊。所以我說犯了欺君之罪，請大王治我的罪吧！」

聽了這話，楚懷王才明白自己被張儀騙了，但因為兩個愛姬在場，又不能辯解，只好順勢給自己找臺階：「寡人早就說過兩個愛姬才是天下最美的美人，鄭國的土特產不過是寡人和你開個玩笑罷了，念你平日一片忠心，就饒你無罪吧。」

落魄的張儀利用楚懷王好色和寵妃嫉妒的弱點，以「無中生有」之計，一箭三鵰。

一方面透過讓楚懷王嚮往鄭國的美女，從其身上騙得了大量的財物；另一方面又經由散布消息激起了寵妃的嫉妒之心，讓她們心甘情願地送上錢財，解決了自己的生活困難；最後還巧妙地促成寵妃參加酒宴，讓楚懷王礙於形勢，無法責怪自己，最終逃過殺頭之禍。

第八計：暗渡陳倉

【原典】

示之以動[一]，利其靜而有主[二]，益動而巽[三]。

【注釋】

一、動：行動，動作。示之以動：故意把佯攻的行動暴露在敵人面前。

二、靜：平靜。主：主張。利其靜而有主：利用敵人已經決定固守的時機。

三、益：增長。巽：八卦之一。象徵風，無孔不入、有隙即鑽。益動而巽：暗地裡主動迂迴進攻敵人，必能有所增益。

【譯文】

故意暴露自己的行動吸引敵人，讓敵人因不明就裡被牽制在某地集結固守，然後我方則利用這個時機，偷偷迂迴到敵人的背後發動突襲，攻敵不備，出奇制勝。

事物的增益，因為變動而順達。

【解讀】

「暗渡陳倉」根據歷史故事「明修棧道，暗渡陳倉」而來，前提即「明修棧道」。意思是指在雙方對峙的時候，公開地展示一個讓敵人覺得愚蠢或者無害的戰略行動，以使敵人鬆懈警示。而在公開行動的背後，我方卻有真正的行動，趁敵人被假象蒙蔽而放鬆警惕時，悄悄地迂迴到另一處偷襲，給敵人措手不及的致命打擊，自己則在沒有遭到任何抵抗或防備的情況下，出奇制勝。

出奇制勝，產生於正常的用兵之法。只有誘使敵人按照正常的用兵原則來判斷我方的行動意圖，才能達到此目的。所以，「暗渡陳倉」，必須先用「明修棧道」來吸引，並轉移敵人的注意力。

「暗渡陳倉」和「聲東擊西」有相似及不同的地方。相似之處在於：兩者都是虛張聲勢，先製造一種假象迷惑敵人，然後在假象的掩蓋下，採取真實行動。不同之處在於：「暗渡陳倉」是同時採取真假兩個行動，表面上採取一個對敵方無礙的行動或採取讓敵方覺得可笑的行動，比如「明修棧道」，來麻痺敵人；暗中卻施行一個給敵人致命打擊或有力擴張我方的行動，比如「暗渡陳倉」。而「聲東擊西」則是同一個打擊行動背後有真假兩個目標。有意用假目標把敵人引開，以實現那個真目標。

「暗渡陳倉」的計謀，不僅可以用於兵事，在現代經營活動中，它同樣是商家常用的妙計。精明的商家藉此製造假象，迷惑對手或消費者，使其購買自己的產品或者接受該企業所提供的服務，擴大企業的知名度及美譽度，從而拓寬產品銷路，提高市場佔有率。而創業者要用好此計，也應該事先做好部署，另立目標以轉移競爭對手的注意力，為順利「暗渡」做好鋪墊。

而要用好「暗渡陳倉」之計，需要重視和把握以下幾點：

第一，「暗渡陳倉」是雙管齊下的策略。因此，要求「雙管」缺一不可，鼎力配合。一明一暗，要呼應得十分適宜。這一點很重要，應該成為運用此計的基本思路。同時，我們也恰好可以利用這一點來辨別一些商家的伎倆，比如那些喊聲震天的廣告，多是「明修棧道」之舉，而「暗渡陳倉」的真實意圖，就靠我們自己去理解了。

第二，「暗渡陳倉」之計，關鍵在「暗」。能暗中行事，擁有競爭取勝的主動權。在實施此計時，不僅要有清晰而明確的意圖和目的，更要巧妙地將自己的真正意圖和目的隱藏起來，而且隱蔽得越深、越好，就越可能攻對方於不備，使之措手不及而取勝。

第三，「暗渡陳倉」需要「明修棧道」做鋪墊。用故意暴露行動的辦法，掩蓋暗中進行的大行動，更有效果。這個「明」是假象，是迷惑和引誘對手的示形示弱。因此，做得越好，就越能讓對方相信這是真實，從而產生錯覺，導致決策和方略的失誤。對方錯覺越多，對實現謀略一方就越有利。

第四，運用「暗渡陳倉」計策的一方，要有相應的實力作後盾，否則效果未必很好。如戰爭上，如果用計一方兵力太弱，即使暗渡成功，也會因為兵力不濟，極有可能面臨被殲的結局。而現代商戰中，同樣會因為規模過小，實力過弱，既沒有優良的產品，也沒有高品質、高水準的服務，被對手迅速壯大將你打敗。

第五，運用「暗渡陳倉」計策時，一定要隨時提防被對手識破。競爭是殘酷的，雙方都會竭盡全力。而競爭的結局，不僅是兩強相遇勇者勝，更是技高一籌者為王。因此運用此計時，不僅要計畫周全、縝密，而且要有被識破的思想準備，要有被識破之後的應對之策。只有這樣，才能保全自己。

第六，在用計的整個過程中，要時刻注意觀察對方，有效收集競爭對手的行動資訊，重視分析、研究對手的動向，然後根據對手的變化調整自己的思路，同時還要不斷思考自己的行動和修正自己的策略，方能步步為贏。

【兵家活用】

煙霧下的閃電戰

在戰事中，「明修棧道，暗渡陳倉」經常被用以蒙蔽敵軍，幫助己方順利展開真實的軍事行動，效果往往立竿見影。

一九六七年六月五日，以色列在美國支持下，閃電般地向阿拉伯國家發動了大規模的侵略戰爭。為了達到此次的突襲目的，以色列「明修棧道，暗渡陳倉」，在行動之前使用了一些迷惑對方的措施。

第一個行動是在六月三日（星期六）夜裡。以色列鷹派首領戴揚在就任國防部長後發表第一次公開講話。他的講話馬上便傳向了全世界的各個角落。第二天清晨，《耶路撒冷郵報》發表報導：「戴揚國防部長稱，對於埃及封鎖蒂朗海峽的問題，以軍事手段來對付為時已晚，而採取外交行動，下結論又為時過早。『政府在我上任之前就採取了外交手段，我們一定要從外交方面為解決此問題提供幫助。』」

戴揚為了讓人們相信他所發表的言論其真實性，並讓阿拉伯國家將注意力轉移到兩國的外交行動，很好地隱藏以軍的戰爭行動，第二天，便命令若干名以色列官兵休假到週末熱鬧繁華的場所去遊玩，讓人感覺不到即將開戰的氣氛。很快，星期天的各大晨報上，便以大幅照片的形式大肆報導了這些官兵在海灘和酒吧間遊玩的情況。不僅以色列人，就連埃及的高級將領們都鬆了一口氣，在開羅的網球場上開心地過起週末。以色列的記者、埃及的記者和從世界各地雲集到以色列搜集戰爭情報的各類人，也都像往常一樣平平安安地度過了週末。

為了與以色列政府上層的這些欺騙活動相呼應，以軍在戰術上也採取了欺瞞措施。為了把埃及海軍的注意力從地中海吸引到紅海方面來，在開戰前幾天，以海軍裝扮成準備在以紅海的亞喀巴灣為中心的地區實施登陸作戰的樣子，在白天威風凜凜地從陸路將四艘魚雷快艇運往艾拉特，到了晚上，再偷偷地掩護好運回原地。第二天，再這樣來回運送，以製造在紅海設置重兵的假象。以色列海軍的這一欺騙行動，迫使埃及的兩艘驅逐艦從地中海調出，而這兩艘驅逐艦佔據了埃及海軍兵力的三成。

而以色列陸軍的南線軍隊，為了不讓埃及方面掌握到在西奈地區行動的地面部隊的真實情況，派出小規模的坦克部隊在後方地域上來回移動，並且在其周圍堆砌許多土堆，看上去就像有大規模的坦克部隊在進行集結。

開戰前，夏隆將軍為了讓敵人誤認為以色列西奈中部軍隊的進攻方向是西奈南部，配備了假坦克，並且利用這種假象，成功地給埃及方面一種錯誤印象，即他的主力部隊一旦發生危險便可透過孔蒂拉向亞喀巴進攻。與此同時，以色列的空軍也與海軍呼應，增加了對亞喀巴灣和紅海地區的空中巡邏。埃及方面信以為真，迅速將第一線的戰鬥機從北部基地轉移到了南部基地。

以色列在此次戰爭中使用了種種惑敵戰術，「明修棧道，暗渡陳倉」，成功地將埃及人蒙蔽。因此，以色列在發動第一次空中攻擊時，便順利地摧毀了埃及第一線空中力量，為六天戰爭的最後勝利奠定了基礎。

希臘人巧計攻城

戰場上，有時候一個小小的計謀遠比強硬的盲目進攻更有力量，著名的特洛伊戰爭就是一個經典的案例。

特洛伊城是小亞細亞西北部的一座古城。西元前十二世紀末，古希臘人曾經遠征到這裡，和特洛伊人進行了長達十年的戰爭，這期間，發生了有名的木馬計的故事。

斯巴達王和他的哥哥——邁錫尼國王阿伽門農商定，由阿伽門農擔任希臘聯軍統帥，率軍攻打特洛伊。但特洛伊是一座很堅固的城市，希臘人圍攻了九年，仍無法攻下特洛伊城。第十年，希臘將領奧德修斯終於想出一條妙計。

有一天，希臘聯軍突然起帆從特洛伊附近的海面撤軍，只在海灘上留下了一匹巨大的木馬。特洛伊人以為希臘人已經放棄攻城，撤退回國了，就跑到城外看熱鬧。他們驚訝地圍在大木馬周圍，不知道這是幹什麼用的。於是便有人主張把它當成戰利品拉進城去，有人則建議把它燒掉或者推到海裡。

正當人們議論紛紛的時候，幾個牧人押來一個希臘俘虜。他對特洛伊人坦白說：「這匹木馬是希臘人獻給雅典娜女神的。他們故意把它留下來，猜到你們大概會毀掉它。這樣一來，就會引起天神的憤怒。可是如果把木馬拉進城，神一開心，就會保護特洛伊城。希臘人為了防止你們把木馬拉進城，得到神的保護，就故意把馬造得很大。」這一番話說動了特洛伊王。他立即吩咐放了這個希臘人，並且下令想方設法把木馬弄進城去。

「你們發瘋了嗎？為什麼要相信這個騙子的話？」祭司拉奧孔從山上飛奔下來，邊跑邊喊：「快把木馬燒掉，趕快燒掉！」拉奧孔跑到木馬跟前，舉起長矛對準木馬便投了過去，木馬裡立即發出了可怕的聲音。沒等人們反應過來，忽然，從大海裡竄出兩條巨蛇，徑直向拉奧孔的兩個兒子撲去。拉奧孔狂奔過去救他們，結果父子三人都被兩條蛇緊緊地纏住了。拉奧孔和他的兒子拚命反抗，但是很快就窒息而死了。巨蛇緩緩地鑽到雅典娜女神雕像腳下，不見了。

眾人嚇得魂飛魄散，都離得遠遠的，只有那個希臘俘虜在一旁暗自冷笑。原來，他是希臘人故意留下來的間諜。見時機成熟，他便乘機煽動眾人：「看吧，誰想毀掉獻給女神的禮物，就會得到應有的懲罰。」有人也開始附和：「可不是，神懲罰了玷汙他的拉奧孔。」於是，人們不再猶豫，趕緊在木馬下面裝上輪子，高興地往城裡拉。可是木馬太大，被城門擋住了，人們只好推倒一段城牆，恭恭敬敬地把木馬安置在雅典娜神廟附近。

特洛伊城不僅突然間解了圍，還得到了獻神的寶物，滿城的人都覺得從此太平無事了。他們像慶祝節日一樣唱啊、跳啊，喝光了一桶桶的酒，最後才戀戀不捨地踉踉蹌蹌回家，只留下幾個人守衛那段拆毀的城牆缺口。

夜幕降臨，茫茫的大海在夜霧中現出斑斑亮光，這是希臘人的戰艦。他們突然離開，只是迷惑特洛伊人的詭計，在木馬禮物進城之後，他們又向特洛伊城駛回來了。那個被釋放的間諜看到燈光，便偷偷溜到了木馬旁邊，在木馬身上輕輕敲了三下。聽到暗號，全副武裝躲藏在木馬中的戰士一個接一個地跳了出來。他們悄悄地摸到城門邊，消滅了睡夢中的守軍，大開城門。從戰艦上登陸的希臘人便如潮水般地湧了進來，十年都沒有攻下的特洛伊城就這樣輕而易舉地被希臘人佔領了。特洛伊城很快被掠奪一空，變成了一片灰燼。

特洛伊人為自己的輕敵和麻痺大意付出了沉重的代價。從此以後，許多國家都開始流行一句口頭禪：「當心希臘人送的禮物。」意在提醒人們要提高警惕，防止敵人喬裝打扮，鑽進自己的營壘。

即使經過長期而艱難的戰爭，希臘人都沒有進入特洛伊城。而他們利用一個看似不起眼的「暗渡陳倉」之計，以神的名義給特洛伊城送去巨大木馬，迷惑對手的同時，卻在木馬裡安排了精兵強將，讓對方防不勝防，最終結束了長達十年之久的特洛伊戰爭。在戰場上，有時候巧計比強攻更有效。

【商場活用】

猶太人的賺錢術

猶太人的賺錢術向來五花八門。猶太人羅芬坦就曾經用「明修棧道，暗渡陳倉」一計，明著助人，實則堂而皇之地為自己謀取了巨額利潤。

羅芬坦是個頭腦非常靈活的生意人，早先的國籍是美國。在紐約州大廈前的一棟辦公樓裡，他每天和世界各地的商人們互通資訊，洽談生意，將自己的美國國籍應用得淋漓盡致。

第二次世界大戰後，法國軍隊曾著手沒收奧地利斯瓦羅斯基公司。斯瓦羅斯基家族在奧地利可謂聲名顯赫，是當地有名的富商家族，他們所經營的公司專門生產玻璃仿鑽石裝飾品，資產雄厚，實力不菲。法軍沒收公司的理由似乎也很正當——該公司曾接受納粹的命令，為德軍生產並提供了望遠鏡等軍用品。

一時間，斯瓦羅斯基家族開始苦惱找不到合適的理由為自己開脫。而居住在美國的羅芬坦得到這一消息後，立即前往奧地利與斯瓦羅斯基家族談判，聲稱願意替他們與法軍交涉，以避免公司被沒收。而開出的條件是將公司的銷售權利讓給羅芬坦，而且在他有生之年，都有權獲得銷售額的一〇%作為交涉的報酬。斯瓦羅斯基家族雖然認為羅芬坦的條件簡直就是空手搶劫，太過苛刻，但公司現在面臨絕境，退一步就可能掉入萬丈深淵。

萬般無奈之下，斯瓦羅斯基家族答應了羅芬坦的條件。羅芬坦隨即來到法國司令部，與法軍交涉道：「從今天起，斯瓦羅斯基公司將歸到我的名下，我是美國人，公司的財產也就變成了美國財產，美國從來都拒絕法軍沒收自己國家的公司。」

羅芬坦說罷，還向法軍出示了美國的相關法律文件。法軍看後無言以對，只好放棄沒收斯瓦羅斯基公司的計畫。羅芬坦心滿意足地回到美國，斯瓦羅斯基公司忍痛信守合約，幫助他免費設立了斯瓦羅斯基公司的銷售代理公司，利潤如潮水般注入了羅芬坦的公司裡。

吃到甜頭的羅芬坦並沒有就此止步，他隨後又花不超過十萬美元的價格購買了小國家列支敦斯登的國籍。羅芬坦靈機一動，「明修棧道，暗渡陳倉」，用國籍賺來了巨額利潤，悠閒中穩賺大錢，再次印證了「智商高於金錢」的商界定律。

第九計：隔岸觀火

【原典】

陽乖序亂，陰以待逆一。暴戾恣睢二，其勢自斃。順以動豫，豫順以動三。

【注釋】

一、陽、陰：指敵我雙方兩種勢力。乖：分崩離析。待：等待。逆：混亂、暴亂。全句意為：敵方眾叛親離，混亂一團，我方應靜觀其變待其發生大的變亂。

二、暴戾：橫暴凶殘、窮凶極惡。恣睢：怒目相視、反目仇殺。

三、順以動豫，豫順以動：採取順應的態度，不逼迫敵人，讓其內部自相殘殺，我方順勢取利。即陰陽相應，天地之間任你縱橫，何況建諸侯國、出兵打仗呢？

【譯文】

敵人內部矛盾趨於激化和表面化，秩序混亂。我方表面上迴避敵人的暴亂，暗地裡則等待其內部爭鬥的發生。等敵人反目成仇，勢必自取滅亡，不攻自破，我方順其自然，自然有所得。

【解讀】

「隔岸觀火」之計在運用上可能有兩種情況：一是首先坐觀敵方因內部衝突而出現自相攻擊和殘殺的混亂局面，然後選擇有利的時機，對敵實施毀滅性的打擊；二是坐待敵人內部出現矛盾，利用其一方消滅另一方，然後再消滅或收服剩下的一方。

雖然是乘敵人遭遇天災、內亂，或內憂外患交加的困境之際，給予打擊，從而撈取軍事、政治、經濟等方面的好處，但是這種招法，玩不好就會惹火上身，以致自焚。如果一個國家或一個集團遭遇天災或內亂之火，而它的整體力量又沒有在火中燒光，來自外部的打擊，就會使國家或集團內部的矛盾勢力結成一個整體，同仇敵愾，一致對外，抵抗與反擊打劫者，消滅打劫者。

因此，如果要打擊並消滅敵人，不能盲目地趁火打劫，要先袖手觀望，看火勢發展，等待火勢蔓延，從內部燒垮敵人的有生力量，坐收漁利，這才是隔岸觀火的精髓。

另外，運用本計謀必須有兩個必要條件，一是要有「火」可觀，即敵方內部發生混亂；二是要有

「岸」可隔，因為在無「岸」的情況下必然會引火焚身。而「觀火」的方式多種多樣，其主要的方式有：袖手旁觀、靜而暗觀、退而遠觀、順而動觀。

在現代經營活動中，利用此計主要是在國內外市場激烈的競爭之中，採取靜觀其變的態度，等待有利的時機一舉加入，趁機佔領市場。可見，運用隔岸觀火之計不應是消極等待、觀望，而是要充分掌握競爭對手的矛盾，加速對策兩極轉化，取得成功。

而當敵人運用「隔岸觀火」之計時，我們應該採取以下對策進行防範：首先，要以大局為重，維持好內部團結。不考慮全域的共同利益，而只是為了一點個人或小團體的利益同室操戈，這就等於把屠刀交給敵人，讓親者痛、仇者樂。即便內部發生了矛盾，也務必要及時反省，不能讓問題發展到不可收拾的程度，以免敵人坐收漁翁之利。其次，要對敵人封鎖內部矛盾。內部發生矛盾和分歧是難免的，最重要的是不能把這些情報透露給敵人，讓敵人有隙可乘。內部的問題要及時在內部解決，切記不要到處宣揚。在敵人面前就要表現出團結一致、堅不可摧的氣勢和決心，才有可能奪取勝利。

【兵家活用】

美國伺機參戰

美國曾在第一次世界大戰中「隔岸觀火」，不僅成功地避免了無謂的損失，還藉機大撈了一筆，可謂一舉兩得。

為了爭奪世界霸權，並重新瓜分世界，同盟國和協約國兩大帝國主義集團發動了規模空前的第一次世界大戰。英、法、比、德、奧、日、義、羅等國相繼投入戰爭，戰火迅速從歐洲蔓延到中東、遠東和非洲。

而美國這樣一個日益強大的帝國在開戰後相當長一段時間內，卻一直靜觀其變。直到一九一七年四月，才被迫對德宣戰。大戰爆發後，美國曾對形勢做出如下分析：如果協約國方面取得勝利，那就意味著沙皇俄國將統治歐洲大陸大部分國家；如果德國勝利，那將給美國帶來禍患。於是，美國決定不輕舉妄動，而是坐山觀虎鬥，從中漁利。

大戰頭幾年裡，美國不參與戰爭，反而乘機搶佔國外市場。當時的美國總統威爾遜說：「和平而體面地征服外國市場，是美國合理的雄心壯志。」在出口大幅度增加的刺激下，美國的鋼鐵、汽車、化學和造船工業飛速發展。從一九一四年到一九一六年，它的工業總產值由二百四十二億美元猛增到六百二十四億美元。由於英國對德國海港實行封鎖政策，從一九一四年到一九一六年，美國對德、奧出口額減少了九九％以上，而對協約國的出口則增加了三倍。經濟關係的變化，使美國和協約國各國的利益變得戚戚相關。

德國實行的「無限制潛艇戰」使美國商船遭受了重大損失，成為美國表明其反德立場的導火線。一九一七年一月，德國外交部指示其駐墨西哥公使，唆使墨西哥同德國結盟反美。不料，這份電報被英國破譯，並由美國報紙公布，更在美國掀起了一股轟轟烈烈的反德浪潮。加上一九一七年的俄國二月革命後，俄國已經內外交困，美國政府深怕俄國在革命後期退出戰爭，讓德國得以集中兵力，加強西線，打敗英法。美國借給英、法的億萬貸款，就將無法收回。綜合以上因素，美國於一九一七年六月四日正式對德宣戰。

美國對德宣戰後，便迅速大規模地擴充軍隊，先後派遣二百萬人奔赴歐洲戰場。美國海軍還協助英國海軍參加對德軍的封鎖和反潛艇戰，大大降低了協約國商船的損失。除此之外，美國對協約國的軍火和其他物資的供應量，也迅猛增加。

而作為償付手段，協約國的黃金則源源不斷地流入美國，導致美國的黃金儲量由戰前的十九億美元一下子增加到四十五億美元，佔據了世界黃金總儲存量的二分之一；而戰前，美國欠外債六十億美元，大戰結束時，不僅還清了全部外債，還對外放債一百多億美元。

美國利用第一次世界大戰，先是「隔岸觀火」，趁機快速發展經濟，然後擇良機參戰，與協約國建立了良好的經濟與軍事關係，坐收漁利，一躍成為執世界經濟之牛耳的大國。

【商場活用】

戈登・懷特審時度勢

「隔岸觀火」的智慧不僅在於觀望，還在於適時地審時度勢，為我所用。

一九七三年，漢森公司在美國創立。雖然只有短短十多年的歷史，它的迅猛發展卻引起了消費者的極大關注。

漢森公司的創始人戈登・懷特曾經在英國謀生，與一位叫詹姆斯・漢森的人合作經營名片印刷。後來，戈登・懷特感到英國的經濟環境不盡如人意，便獨自到美國創業。初到美國時，戈登・懷特腰包裡只剩三千美元。然而，十幾年後，白手起家的懷特在美國成立的漢森公司已經擁有了一百二十五個分公司，總資產達一百二十五億美元。

有人說，懷特的成功，主要得力於三板斧。

這第一板斧就是察風頭，看趨勢，緊扣市場行情。懷特深知國際市場是瞬息萬變的，諸如世界經濟局勢的變化，政治因素的影響，氣候情況的變幻，投機因素的出現等，都會對市場行情產生影響。掌握的程度不同，效果也大不一樣。

一九七四年初，他得知有一家漁業公司由於內部原因經營不下去，準備出賣。於是馬上找到該公司的老闆大衛・克拉克進行商談。一番討價還價過後，懷特用銀行貸款買下了這家漁業公司。懷特靠著這家漁業公司賺到了一大筆錢，第一筆生意便獲得成功。

而這並非是懷特碰上了好運氣，而是他在對市場行情進行認真觀察和分析後預測到，一九七四年後世界會出現石油危機，石油價格的上漲必然會導致海鮮食品價格猛升。果然不出所料，他買下的漁業公司生意從一九七四年下半年起，變得興旺發達，盈利驟增。懷特很快便還清了收購公司的債務。

懷特的第二板斧是大刀闊斧地併購及改造面臨倒閉的公司，然後給下屬最大的工作自由度。在十五年的時間裡，漢森公司先後兼併了一百二十五家公司。這些公司到手以後，他先是仔細衡量，將那些沒有發展前途的部門，連同臃腫的機構和多餘的人員一起革除或轉手賣掉，然後對保留下來的部門進行精簡整頓。

懷特主張，企業的經營管理是決定本企業生死存亡的關鍵因素，它既可發揮積極作用，推動生產和經營的發展，也可以產生消極作用，阻礙企業的前進。管理層次越多，人員越多，效率往往會越差，勢必會影響效益。相反地，機構精簡之後，由上而下的指令就會變少，下屬生產部門的自主權就會增加，便於發揮下屬人員的積極性，效率和效益也會隨之提高。因此，懷特很重視下屬公司的自主權，除了過問管理目標和效率外，從不干涉他們的具體生產。

除此之外，懷特還為新企業添置先進的現代生產設備，透過人員調整和技術擴張為企業發展注入活力，讓這些公司開始盈利。長此以往，漢森公司每兼併一個公司就多了一個財源。

漢森公司成長的第三板斧是知己知彼，未戰先勝。作為企業的指揮者和決策者，懷特在經營謀略上總是先謀算後行動，反覆掂量每筆生意是否合算，是否值得做，怎樣做勝算更大，然後才做相應的決策，以確保成功。

漢森公司使出的每一把斧頭都含有「隔岸觀火」的智慧，退而遠觀，順而動觀，以靜待動，冷靜觀察，尋找自己發展的突破口，最終讓漢森公司的品牌迅速崛起。

第十計：笑裡藏刀

【原典】

信而安之一，陰以圖之二，備而後動，勿使有變三。剛中柔外也四。

【注釋】

一、信：使相信。安：使安然，不生疑心。信而安之：讓對方深信不疑，安定身心。

二、陰：暗地裡。圖：圖謀。陰以圖之：暗地裡對其有所圖謀。

三、備：這裡指充分準備。變：發生意外的變化。

四、剛中柔外：表面軟弱，內裡卻強硬。

【譯文】

讓對方相信自己，並使其麻痺鬆懈，我方則暗中策劃，充分準備，一有機會，立即動手，不要引發對方的意外變故。這就是內藏殺機、外示柔和的謀略。

【解讀】

「笑裡藏刀」原意是指表面和氣，內心陰險狡猾的兩面派。它的同義詞是「口蜜腹劍」、「兩面三刀」、「陽奉陰違」等。玩弄奸計的人，往往口甜如蜜，心毒如毒蠍。表面上笑口常開，暗地裡磨刀霍霍。

因此，此計的含義可以從以下幾個特徵進行理解：首先是口蜜腹劍。即嘴裡說的話比蜜還甜，心裡卻藏著一把殺人的利劍，時刻準備趁對方不備時下手。其次是假裝柔弱和順從。表面上對敵人謙恭和善、溫柔順從、心悅誠服，骨子裡卻陰毒無比，心懷異志。

運用此計的關鍵在於一個「笑」字。笑必須自然真實，掌握好分寸，才能使敵人產生信任而安定身心。如果笑得做作，笑得過火，反而會適得其反，引起對方的警覺。運用這一謀略的人，笑的方式多種多樣，有的曲意求和，有的阿諛奉承，有的故意示弱。無論何種方法，「笑」的最終目的是為了「藏刀」。不論何時何地，「刀」要盡可能隱藏得深，一旦暴露，就很容易被敵人識破。而「刀」終是要殺敵的，可以明出，也可以暗出。但一定要迅速果斷，乾淨俐落，這樣「笑」才不是浪費。

古今中外，在敵對雙方的爭鬥中，這一謀略常常被普遍使用。一般是指透過政治、外交上的偽裝手段，欺瞞麻痺對方，以掩蓋軍事企圖。而一些政客也經常將其運用在政治爭鬥中。至於在商戰中，特別是國際商戰，更有不少人因此而大大獲利。

而當別人對我們運用此計時，我們應該採取什麼樣的防範措施來應對呢？首先當然是對敵人毫無緣由的主動親近時刻保持警惕。敵人無緣無故的親近，可能是一種非常危險的信號，表明敵人要向我們發起進攻了。其次，當敵人的言辭突然謙卑時，實際上很有可能是在加緊備戰。要注意，沒有事先約定而突然來議和的，其中往往會有陰謀。對於這樣的敵人，我們不能完全相信，要察言觀色，看透其本質。

最後，儘早克服自身的弱點，因為敵人常常會利用我們驕傲自滿、剛愎自用、急躁浮動以及喜歡被奉承等心理弱點對我們進行攻擊。戒掉了這些毛病，敵人便無可利用之處，也就拿我們沒有辦法了。

【兵家活用】

「大白艦隊」耀武揚威

每一個海上強權的興起，幾乎都離不開一場轟轟烈烈的海戰。然而在二十世紀初，美國人卻利用

「笑裡藏刀」之計打破了這個成規，只做了一次耀武揚威的環球航行，便確定了自己海上強權的位置。

一九〇五年三月四日，西奧多・羅斯福成功連任美國總統。在就職演說中他向全國人民呼籲：「美國已經成為一個偉大的國家。因此，與世界其他國家交往時，我們的所作所為必須與美國這個偉大的民族相稱。」羅斯福是這麼說的，也是這麼做的。

在他的堅持和積極努力下，到一九〇七年，美國海軍的戰列艦已經達到二十艘，形成了兩支強大的艦隊：由八艘戰列艦和一些小型戰艦組成的大西洋艦隊，以及主力是三艘戰列艦的太平洋艦隊。同時，美國在亞洲還保留了一支小規模艦隊執行任務。在實力上，美國海軍此時已經緊追英國皇家海軍和德國海軍之後，位居世界第三。精心的籌備為美軍後來組建「大白艦隊」奠定了堅實的基礎。

一九〇五年，日本在對俄戰爭中大獲全勝，進一步擴大了其在遠東和太平洋地區的影響。美國海軍認為日本的咄咄逼人之勢嚴重威脅到他們的利益，但苦於美國海軍的主力大都集結在大西洋，在亞洲的艦隊部署非常薄弱，實在無法與日本相抗衡，一向大膽張揚的羅斯福也不得不暫時採取退讓政策，極力避免與日本在亞洲發生公開衝突。

久而久之，美日兩國在太平洋地區的對峙局面越來越明顯，雙方的敵對情緒也越來越嚴重。面對日本一次次的挑戰，羅斯福始終為是否開戰而苦惱。如果貿然出擊日本，自己苦心經營的海軍會不會重蹈一九〇五年俄國艦隊的覆轍——在環繞半個地球後慘遭日本海軍殲滅？有沒有一個兩全其美的方法，既能向猖狂的日本人顯示自己的實力，又能避免挑起戰爭呢？反覆考慮之後，羅斯福最終決定：派出一支龐大艦隊環遊世界，向日本和其他國家展示一下美國海軍的強大實力，以打消別國垂涎美國的念頭。

為了讓整個艦隊看起來更加顯眼，羅斯福特意下令所有艦隻一律漆成華麗而莊重的白色，世人因而稱之為「大白艦隊」。

一九〇七年十二月十六日，「大白艦隊」從維吉尼亞州的漢普敦海軍基地起航。羅斯福總統親自帶領高官到現場送行。

「大白艦隊」浩浩蕩蕩出發後，便沿著大西洋一路南下，先後在巴西、阿根廷駐留，然後穿越麥哲倫海峽北上，經過智利、祕魯、墨西哥，最後來到了美國西海岸城市舊金山。經過兩個月的休整，「大白艦隊」又從舊金山出發，先後抵達紐西蘭、澳洲和菲律賓。一九〇八年十月十八日，經過近一年的長途跋涉，「大白艦隊」終於抵達了此行的目的地——日本橫濱港。

美國在全球佯裝進行友好的軍事訪問，實則耀武揚威之時，精明的日本人也並沒有閒著。早在「大白艦隊」停靠舊金山港口時，日本政府就動員了上千名在舊金山的日本留學生夾道歡迎，高唱美國國歌，對美國大獻殷勤。同時，日本駐美官員還熱情邀請美國艦隊訪問橫濱，意在進一步查清美國人的底細。當「大白艦隊」抵達日本著名軍港橫濱時，幾乎所有的日本人都對美國海軍的龐大陣容驚愕不已。日軍高官經過商討，一致決定謹慎對待這個對手。隨後，包括天皇在內的全體日本民眾給美國軍官和士兵以最友好的歡迎和款待，慶祝活動整整持續了一週。

實際上，日本人心裡並不那麼「歡迎」自己在太平洋的對手前來做客。艦隊未來之前，日本輿論還在一致「反美」。如今，美國海軍的強大實力擺在眼前，日本政府只能一改往日的瘋狂蠻橫，同意在太平洋地區維持現狀，尊重美國的「門戶開放」政策。

不久，「大白艦隊」跨越大西洋，並經過加勒比海返航，於一九〇九年二月二十二日回到美國的漢普敦海軍基地。

美國人利用「笑裡藏刀」妙計，成功地促成此次「大白艦隊」環球航行，不僅為羅斯福政府大添光彩，也讓美國從此樹立起海上強權的霸主形象。為此，羅斯福還洋洋得意地宣稱：此次環球航行是他「對和平事業做出的重大貢獻」。

暗殺希特勒

「聰明反被聰明誤」，生性奸詐的希特勒可能怎麼都沒有料到，有一天竟然會被自己的軍官用「笑裡藏刀」之計暗算。

二戰期間，盟軍諾曼第戰役的勝利，為希特勒鎖定了敗局。德軍內部厭戰、反戰的情緒急劇蔓延，就連為希特勒立過汗馬功勞的「沙漠之狐」隆美爾元帥也主張早日退戰，避免無謂犧牲。可是，希特勒卻一意孤行，試圖垂死掙扎。

一名軍官施陶芬貝格在戰爭中失去了一隻眼睛和一隻胳膊，他極其渴望著和平。於是，趁著職務之便，施陶芬貝格聯絡了一批渴望早日結束戰爭的軍官，一起謀劃暗殺希特勒，並全面接管德國政府。

然而，希特勒一向狡詐多疑，他所居住的元首山莊平時總是戒備森嚴，崗哨林立，一般人連進去的機會都沒有，更不用說下手行刺了。不過，施陶芬貝格很快就發現，有時候機會真是說來就來。此時，關在集中營裡的外國勞工集體鬧事，發動了一場大暴動。

而希特勒為此大傷腦筋，束手無策。施陶芬貝格認為這是接近希特勒的大好時機。於是，一行人連夜制定出了一個用以鎮壓外國勞工的龐大計畫綱要，代號為「女武神」，並立即上報希特勒。他相信，以這個重要的計畫為誘餌，希特勒一定會召見他。不出所料，一天，元首山莊打來電話，要他立即帶著計畫書前往山莊。

「元首閣下，全部計畫綱要都在這裡，我相信按我的計畫處理此事，那些外國豬玀個個都會馬上比綿羊還老實。」說著，施陶芬貝格急忙遞上他的「傑作」。

「太妙了，出色極了！」希特勒一邊用放大鏡看著，一邊忍不住激動起來。施陶芬貝格見狀，立即接上話題：「元首閣下，這個計畫還不太完善。我會做進一步的修改後再向您彙報。」「很好，你儘快去修改，務必在一個月之內，拿出具體的操作方案。」希特勒看著這個為德國戰爭獻出一隻眼睛和一隻胳膊，現在又在為他如此分憂解難的年輕軍官，心中不免生出幾分喜歡。出師順利，施陶芬貝格便加緊實施謀殺計畫。一個月之後，他再次來到山莊向希特勒彙報工作。這一次，施陶芬貝格的公事包裡，除了「女武神」計畫的詳細方案之外，還裝上了一枚英國製造的大威力定時炸彈。

然而，突然進入施陶芬貝格腦中的一個想法，讓他暫時放棄了行動。原來，希特勒的兩個死黨戈林和希姆萊都是十足的好戰分子，三個人經常在一起策劃戰爭陰謀。希特勒之所以頑固堅持不結束戰爭，一大部分原因在這兩個部下身上。施陶芬貝格想把他們三人同時炸死，以徹底剷除希特勒的主戰派勢力。很不湊巧，另外兩人此時卻不在場，因此，施陶芬貝格這次沒有引爆炸彈。

半個月之後，機會再一次到來。希特勒召見了「女武神」計畫的全體人員，可惜，因為會議時間太短，前後一共只有半個小時，施陶芬貝格沒有足夠的時間打開炸彈引信。

不久，他又被通知去元首大本營參加由希特勒主持的軍事會議。這次施陶芬貝格做了充分的準備：他先到廁所，從早已等候在那裡的自己人手中拿走裝有炸彈的公事包。然後，對希特勒的副官說：「我的襯衣髒了，你知道，元首閣下是最不願意看到他的部下衣冠不整的。請你帶我找個地方，我想換一下襯衣。」副官把他領到一間臥室，他從容地打開了炸彈引信。然後，故意與兩名上校一邊談笑著，一邊並排走進會議室。

希特勒正在聽取一位軍官的彙報，見他進來，便很客氣地招呼他坐下。他立即坐在向希特勒彙報情況的那位軍官身邊，同時，很自然地把公事包放在了桌子下，並順勢向希特勒一邊推了推。炸彈距希特勒不足兩公尺，此時距爆炸時間還有五分鐘。眼看大功就要告成了，施陶芬貝格抑制住內心的緊張和激動，趁希特勒專心聽彙報而不注意他的時候，悄悄離開了會議室，按照事先預定的路線，順利地撤出了大本營。

五分鐘後，一聲巨響，炸彈準時爆炸。遺憾的是，由於那位彙報情況的軍官無意中把公事包挪到了桌子的另一邊，希特勒只被炸傷了雙腿。

雖然因為偶然的因素沒能達到預期目的，但施陶芬貝格的「笑裡藏刀」之計還是取得了極為成功的效果。希特勒被炸之後，始終不相信炸彈是「忠心耿耿」為他賣命的施陶芬貝格放的，而是另有其人。可見，施陶芬貝格真是將這一計謀用到了極致。

第十一計：李代桃僵

【原典】

勢必有損[一]，損陰以益陽[二]。

【注釋】

一、勢：局勢。損：損失。

二、陰：指某些細微而局部的事物。陽：指整體而全域性的事物。損陰以益陽：當戰局發展到自己必須要以某種損失、失利為代價才能取得最終勝利時，指揮者應當機立斷，犧牲某些局部或暫時的利益，以保全或爭取全域的、整體性的勝利。這是古代陰陽學說中陰陽相生相剋、相互轉化的智慧。

【譯文】

當局勢發展到不得不遭受損失時，就捨棄次要利益，以保全重要利益的增值。

【解讀】

「李代桃僵」原意是指：李樹代替桃樹受蟲蛀而枯死，用優等的代替劣等的，用有用的代替無用的。用以諷刺兄弟間不能互助互愛。

後來引申為相互替代、代人受過等行為。此計中「李」是犧牲方，「桃」指受保全方。「桃」、「李」能相互替代，而「桃」比「李」更具重要性。

作為敵戰計，是一計借助某種手段，以一種事物的損失、犧牲，換取另一種事物的安全、成功的謀略。兩軍對敵，各有長短、優劣，相持不下。而長短、優劣有可能不斷交叉突現。無論是哪一方，都很難取得全勝。決定勝負的條件，雖在於長短之比較，但也不全然。自古以來，就有以弱勝強、以短克長、以劣取優的戰例，其勝之祕訣，在用謀設計。

而政治舞臺或商業競爭中兩軍對壘時，想絕對地獲益往往也不現實，很多時候需要付出一定的代價。此時的原則是：兩利相權取其重，兩害相權取其輕。顧大局，看長遠，保大利。指揮者要胸懷全域，善於用小的代價，換取大的勝利。

而在理解、實施「李代桃僵」計策的過程中，應當注意和善於把握幾個方面：

第一，高瞻遠矚，有敏銳的眼光和敢於決斷的魄力，這是運用此計的先決條件。不懂得取捨，被優柔寡斷、目光短淺所累，往往難以做出正確的決策，從而失去許多大好時機。

第二，「李代桃僵」之計，其深意在捨小取大，吃小虧占大便宜。是為了透過某種人為轉換，取得優勢和勝利而設的策略。因此，「捨」要真捨，「吃小虧」也須是真吃，要能忍痛割愛，才能引對方上鉤。捨不了小，吃不了小虧，是取不了「大」，占不了「便宜」的。

第三，「李代桃僵」之計，其真諦在「代」上。因而運用此計時，必須對「代」的問題深思熟慮：誰代，誰能代，用誰去代最好，如何代等等。對這些問題都要周全謀劃，做出策略。如田忌賽馬，精心籌劃才能穩操勝券。

第四，「李代桃僵」之計，一般都運用於局勢發展到必然有損失時。不失小，便失大，不能捨棄局部，就得全盤皆輸。對方瞄準的本身就是你的全域，目的就是要從根本上搞垮你、殲滅你，讓你無法保全。在這種情況之下，如果你還不能認清局勢，猶猶豫豫，瞻前顧後，就正中對方下懷了。這說明欲用此計，核心是「捨」，要會捨，善捨，以「捨」保平安。

第五，要謹防對方對我運用此計。如果無原則地承攬別人的過錯，很容易被利用，成為別人的擋箭牌，替罪羊。所以，在包攬罪過時，要分清對象，最好非己之過不要去攬，以防做出無謂的犧牲。同時，爭執是非之地不要久留，以防被人栽贓、嫁禍。而承受了不白之冤一定要及時申訴。因為蒙冤的背後肯定有另一個人逍遙法外，幸災樂禍。因此，一旦發現自己做了替罪羊時，要奮起反抗，不可忍耐，不必無緣無故代人受過。

【兵家活用】

邱吉爾丟卒保車

「李代桃僵」之計，被人們廣泛地運用於近代戰爭中。

「李」是能改變形勢的小利益，可以捨棄；而「桃」則是大利益，不能放棄。

一九四〇年十一月十二日上午，德國空軍接到了代號為「月光奏鳴曲」的命令——對英國考文垂市進行大規模的轟炸作戰。

十一月十四日晚上，英國考文垂市市民正在忙碌地準備晚餐，忽然空襲警報齊鳴。伴隨著嗡嗡的響聲，法西斯德國的「海因克爾」飛機已飛抵月光皎潔的城市上空。接著，長達十小時的轟炸將數千枚炸彈拋向考文垂市，人員死傷不計其數，整個城市頓時面目全非。

而其實，在考文垂市被轟炸的四十八小時前，英國情報機構的「超級機密」密碼機就已經成功地破譯了德軍的這次轟炸命令。英軍詳細掌握了德國轟炸考文垂市的具體地點和空襲時將採用的戰術及飛行路線。英國首相邱吉爾在接到這一情報後，也採取了一定的行動：立即召集軍事高官討論對策。會議討論的結果，卻是不做任何抵禦，任憑德國人轟炸。

這是為什麼呢？原來，英國情報部門為了能夠破譯德國參謀總部「啞謎」密碼機所發出的電文，以便隨時掌握德國的行動計畫，幾經周折，不惜重金收買了參與製作這一密碼機的波蘭籍工程師理查・萊溫斯頓。隨後，他仿造德國的「啞謎」密碼機，為英國研製成功了能破譯德國密碼的「超級密碼機」。英國情報部正是透過這一密碼機，獲悉了德國轟炸考文垂市的全部計畫。

而英國政府認為，如果他們根據這一情報，馬上對考文垂市採取特殊的防禦措施，德國人就會覺察他們的密碼可能已經被破譯，從而更換一種新的密碼系統。那樣，英國人就將前功盡棄。因此，邱吉爾忍痛決定，對考文垂市民不發布預告，甚至連老弱病殘都不協助撤退。

事實證明，邱吉爾這樣做是正確的。因為在隨後保衛英倫三島的持久戰中，「超級機密」截獲的情報在戰爭全域中所發揮的作用，遠遠超過了一個考文垂市。

「李代桃僵」，就是要長於規劃，敢於承受小的損失。

邱吉爾就這樣以一個小城市為代價，蒙蔽了德軍，換取了後續戰爭中的全域勝利。看來，為了最後的勝利而犧牲眼前的勝利，是值得的。

【商場活用】

洛克菲勒棄名求實

「李代桃僵」一計講，「兩利相權取其重，兩害相權取其輕」，經營美國著名財團的洛克菲勒就曾經以犧牲自己的名分為代價，救公司於水深火熱之中。事實證明，這種犧牲必要而值得。

美國國會曾經通過了限制經濟壟斷的反托拉斯法案，此後，許多大企業被迫解散。當時在美國隸屬龐大財團洛克菲勒企業的美孚石油公司自然也被起訴。幸運的是，美孚打通了政界的司法部門，成功地讓案子未能受理，逃過一劫。

然而由於美孚石油公司的名聲太大，備受人們矚目。洛克菲勒的對手對美孚石油公司僥倖未被解散耿耿於懷，於是不斷製造各種不利於洛克菲勒的輿論，並透過國會、輿論界、司法界向洛克菲勒施加壓力。在美孚石油公司頑強經營了二十年之後，美國國會終於頂不住輿論的壓力，又一次對美孚石油公司提出起訴。公司董事會多次商討研究對策，又利用各種關係進行疏通，都沒有找到好的解決辦法。這一次，連公司總裁洛克菲勒都覺得在劫難逃了。

正當洛克菲勒進退無路，準備聽從國會發落時，美孚石油御用律師事務所的一位名叫杜勒斯的青年律師提出要見洛克菲勒。洛克菲勒出於禮貌答應了。一見面杜勒斯就說：「我有一個絕妙的辦法可以挽救公司。」洛克菲勒一看對方是個年輕律師，並沒有放在心上，但看著這個年輕人一副自信滿滿的樣子，又不忍心潑冷水，於是就心不在焉地說：「把你的好辦法說來聽聽吧！」杜勒斯說：「反托拉斯法的限制對象是大公司，我們讓各分公司獨立經營不就可以了嗎？」洛克菲勒一聽有點道理，接著反問：「各分公司都獨立，這不等於架空我了嗎？」杜勒斯笑了笑說：「各分公司宣布獨立，不過是換湯不換藥而已，絲毫不影響您的權力。公司基本不會有什麼損失，唯一的損失恐怕只是您的總裁名分。」他接著說：「我們把各州的石油公司分別改為分公司，如紐約美孚石油公司、紐澤西美孚石油公司、加州美孚石油公司、印第安那美孚石油公司等等。每個公司分別設立一個名義老闆，但總體上其實還是由您操縱。這樣一來，美國美孚石油公司實際上仍然存在，對外卻不存在了。現在，只有這種丟名保實的辦法才能幫您度過難關。」洛克菲勒邊聽邊點頭稱是，連連稱讚：「好計啊！後生可畏，後生可畏。」主意打定，洛克菲勒馬上召開董事會，根據杜勒斯的建議，讓各分公司「獨立」。他親自帶領得力手下晝夜工作，一個龐大的美國美孚石油公司，很快變成了各州美孚石油公司。這一招讓參議院無話可說，此後再也沒有提起訴的事。

杜勒斯的改頭換面術，其實是一種犧牲總裁的表面名分，保全公司實際內容的做法。在商業競爭中，在必須做出部分犧牲的時候，的確應該像這樣，在不被表面問題迷惑的同時，牢牢把握住利弊關係，積極爭取主動。「李代桃僵」，巧妙地犧牲表面，保全實質。

柯達總裁冒險會談

經營企業，常常會遇到各種各樣的困境，進退無路，左右為難。這個時候，取舍和魄力就顯得尤為重要。不妨用一下「李代桃僵」之計，兩害相權取其輕，問題往往就會迎刃而解。

一九六〇年代，一則電視新聞讓美國柯達公司捲入了一場噩夢。

當時，柯達的董事長和總經理都在悠然地邊看電視邊吃晚餐。主播在新聞裡宣讀了柯達公司和一個黑人團體簽訂的一份協議書，這份子虛烏有的協議不僅牽涉到大量費用，而且其中一些種族歧視的條款，更足以引起黑人員工的不解和憤怒。董事長威廉打電話問總經理路易到底是怎麼回事，此時的路易也是完全不知道狀況。

原來，柯達公司所在的社區有個激進的黑人團體，長期不滿於柯達公司在對待少數民族，特別是黑人在雇傭和升職上的不平等。於是，柯達派出副總裁助理傑克定期與這個黑人團體進行溝通。關於雙方的溝通，當地媒體並未多加關注，全國性的新聞媒體對此事更是不屑一顧。幾個星期過去了，媒體的冷淡讓傑克很著急。於是，他未向上級彙報便擅自向媒體提供了此前提到的新聞稿，並宣稱公司領導層有意促成此協議。

這份莫名其妙的協議，讓柯達措手不及，他們一直謹慎執行的少數民族政策一下子就被打破了。無奈之下，柯達的公關經理硬著頭皮撰寫了一篇新聞稿，否認了協議的真實性。

柯達沒想到事情會因此變得更糟糕。新聞界猛撲過來，大肆報導柯達的出爾反爾，先是同意優待少數民族，很快又反悔了，而對於協議是職員私自做出的錯誤舉動，權屬無效這一點，新聞界則根本連提都不提。倒楣的柯達因為一個職員的過失，成為了眾矢之的，不僅被罵作輕諾寡信，還背上了敵視少數民族的罪名。

一時間，輿論譁然，政府只好派出公關部處理此事。此事發生後，群眾給柯達公司寫來許多發洩怒氣的信件，而柯達無力回覆這麼多信也是造成敵視升級的重要原因之一。公關部把來信作了分類，並分別做了謹慎的回覆。同時，他們還將柯達優待員工的專題報導、資料短片、照片及少數民族職工升遷的統計資料提供給新聞界，其中著重提到了柯達公司裡一位身居要職的黑人員工。

幾周後，效果初顯。部分報刊，包括黑人刊物已經轉而友好地對待柯達，許多群眾回信為自己的魯莽行為而道歉。然而，仍有棘手的問題沒有得到解決。在公眾中極具影響力的《紐約時報》的一名記者抓住此事不放，對柯達的所作所為一直持不友好態度。儘管柯達已經與此人做過交涉，但他依然我行我素，繼續撰寫柯達的負面新聞。

柯達的領導不知如何是好。公關部在無計可施的情況下，也只能鋌而走險，決定讓《紐約時報》的總編、資深編輯與柯達的總裁做一次面對面的交談。他們知道，如果領導層們能傾心而談，將事情搞清楚，這場危機就很容易化解了。成功之後，也頂多是得罪一個小記者而已。兩害相權取其輕，柯達決定盡力為之。

經過朋友的安排，柯達總裁威廉和《紐約時報》的編輯們舉行了一次午餐聚會。會上，聰明而正直的威廉贏得了編輯們的喜歡，幾位編輯在仔細閱讀過柯達的有關材料後驚訝地發現，他們以前的許多報導竟然很不屬實。這次會談之後，《紐約時報》開始對柯達公司做友好、真實而正面的報導。

當損失不可避免地發生時，就應該權衡利弊，當機立斷捨棄小的利益。患得患失不僅無助於損失的挽回，反而會使自己丟掉更大的利益。所有這些，都在於取捨和魄力。

【處世活用】

完子以身殉國

政治爭鬥十分殘酷，在不得已的情況下，靈活運用「李代桃僵」之計，可以收到「棄車保帥」的效果，從而保存實力，以換取更大的勝利。

春秋末期，齊國大夫田成子獨攬大權。當時齊國正面臨內外交困的局面，在內百姓怨聲連天，在外各諸侯國不服。田成子一直苦無良策。

禍不單行，這時，越國又以他篡權諸侯為由，準備出兵攻打齊國。田成子一下便慌了手腳，急忙召集幕僚商量對策。有人說：「越國來犯，實在欺人太甚，我國兵力雖不如越國強大，但如果動員全國軍民，共同抗敵，還是有希望的。」有人說：「時下國內人心浮動，許多臣民還沒有來得及享受到大王的恩惠，恐怕他們都不願意傾城出動。」有人建議：「大王何不效仿他國，割讓幾個城池給越國，與許可以化干戈為玉帛。」田成子在心裡琢磨：傾城出動迎敵，不僅耗費太大，而且不一定能取勝。現在自己地位還不穩定，鬧不好還會出現反戈一擊的局面。割讓城池也非上策，自己剛剛掌權，就捨城棄池，將來沒有建立威望的基礎，一定後患無窮。

正當田成子殫精竭慮時，他的哥哥完子獻出一計：「我請求大王准許我率領一批精兵強將出城迎敵。迎敵一定要真打，打一定要戰敗，不僅戰敗而且一定要全部戰死。如此，可退越兵，保全國家。」

此言一出，滿座皆驚，田成子不解地問：「出城交戰可以，可是一定要敗，敗還一定要死，我就不明白了。」完子從容地答道：「你現在佔據齊國，老百姓不瞭解你的治國本領，也沒有看到你的政績。人們私下議論紛紛，說你是竊國之賊，於是不願意為你打仗。現在越國來犯，又有不少驍勇善戰之臣，認為我們蒙受了恥辱，急於出兵迎戰。這樣混亂的齊國實在令人擔憂。」「兄長所言極是，可是為什麼非得你去主動戰死才能保全國家呢？難道沒有別的辦法嗎？」田成子面對仁愛而又勇猛的哥哥仍苦思不得其解。完子說：「越國出兵無非是要在諸侯面前顯顯威風，欲取得正義的名聲。以它現在的實力完全吞併我們還不可能。我帶領一批賢良之士，出城迎敵，戰而敗，敗而死，這叫以身殉道。

越國一看殺死了大王的兄長，教訓我國的目的已經達到了，就會退兵回城。而隨我戰死的那些人也了了為國捐軀的心願，這樣一來，國內的人心也就穩定了。所以，依我來看，這是最好的救國之道了。」田成子邊聽邊落淚，無奈，聽從了兄長的建議，哭著為他送別。完子以身殉道，最終救了齊國。

在這個故事裡，完子正是在權衡各方面利弊之後，果斷決定「李代桃僵」，以己之死，保全國家，才最終讓齊國得以安定。

第十二計：順手牽羊

【原典】

微隙[一]在所必乘；微利在所必得[二]。少陰，少陽[三]。

【注釋】

一、微隙：微不足道的小漏洞，小疏忽。

二、微利在所必得：小的勝利也非得爭到手不可，積小勝才可以成大勝。

三、少陰：此指敵方小的疏忽、過失。少陽：比喻小勝利。此句意為，我方要善於捕捉時機，伺隙搗虛，用敵方小的疏漏獲取我方小的得利。

【譯文】

敵人出現的微小的間隙也必須趁機利用；發現微小的利益也要力爭獲得。要善於利用敵人的微小疏忽和過失，為我方的微小勝利服務。

【解讀】

順手牽羊顧名思義，指趁機拿走原本屬於別人的財物。後人形象地將其比喻為，趁敵人暴露出的小間隙，向其薄弱處發展，創造和捕捉戰機，逐步消滅對方的力量，增強與壯大自己的實力。這個增強與壯大，恰恰來自於自己的敵人，而非別處。

從一般意義上說，這一計謀含有在完成任務過程中，看準對方弱點，果斷出擊，順勢「撈」一把的意思。而這種弱點是在雙方對壘的過程中突然暴露的，不是事先能預料到的。即順手牽羊的「牽」，並不是專門去取、去要，原本的目的也並不是去牽「羊」，甚至還不懂得有「羊」可牽，但在做主事之同時，卻無意中發現了「羊」這個可取之利。而至於「微隙」能否利用，是否必勝，還要從全域進行考慮，不可因小而失大。

本計謀講的雖是抓住和利用對方微小的漏洞，其實也是在告訴我們另外一個道理，做事需要從小處著眼，往往大的勝利就是從小勝開始，積小成大的。而機會的捕捉，又常常是從細緻的觀察和分析之中獲得。看似是偶遇，或是碰時機、撞運氣。其實不然。

人們在對「順手牽羊」計策的運用上，應重視掌握這樣幾點：

第一，理解好本計的內涵。「順」指無意之間的捎帶，而不是有意為之。要能順手牽到「羊」，只能靠自己的觀察、分析、尋找、捕獲，抓住對方弱點，才可能有獲勝的結果，這是最重要的。

第二，用好此計，關鍵在於主觀努力。打勝仗時可用之，打敗仗時也可用之。古今中外很多絕處逢生的戰爭，就是獲勝方在最初大敗之時還能靜下心來觀察局勢，尋找和利用對手可能出現的過失，哪怕這過失極小，都可以讓人反撲、回生取勝。因此，敗不餒極其可貴。而在商戰中，人們更要培養和加固自己的心理素質，雖敗猶榮，屢敗更要屢戰。

第三，要活用「順手牽羊」之計，更要有積極的準備，自己去創造機會，利用一切機會。

第四，不要在發生以下兩種情況時「順手」。一是在影響主要目的的實現時，不能因小失大。二是不要在不順手的情況下強行取利，要以大局為重，得之順便，獲之順勢。

而當別人對我們施於此計時，也要採取一定的有效措施給予應對。首先，盡可能避免出現漏洞，這樣敵方就無機可趁。而事先的周密計畫與事中的嚴密組織，是防止間隙出現的有效手段。其次，亡羊後要及時補牢。及時發現，及時回饋，及時彌補。當機立斷，不存有僥倖心理，以避免丟失更多的羊。最後，要提高警惕，嚴厲防範。敵人在牽羊之前，難免會神色慌張、坐立不安。要善於辨別，一旦發現與我們有利益衝突的人接近羊群，決不可不聞不問，聽之任之。要隨時嚴陣以待，保全自己的利益不受損害。

【商場活用】

辛普勞的經營術

「順手牽羊」之計在商戰中，可以表現在當創業者獲得市場訊息、制定經營策略時，腦海裡會偶然出現一些稍縱即逝的好注意、好點子。精明的創業者就應該順手「牽」住這個機會，付諸行動才能迅速創立偉業。美國馬鈴薯大王的成功便證明了這一點。

美國的馬鈴薯大王辛普勞起初不過是個普通的農民，靠養豬維持生計。第二次世界大戰爆發後，他從一位熟人那裡得知：前線部隊急需大量的脫水蔬菜。辛普勞看準了這個賺錢的好機會，於是，變賣了家裡所有的財產，又從親朋好友那裡借了一筆錢，冒險買下了一家蔬菜脫水工廠，專門加工脫水馬鈴薯，並源源不斷地供應給前方部隊。從此，他走上了靠馬鈴薯發家致富的道路。而辛普勞並不滿足於已取得的成績，他總是抓住每一個時機，積極開發新技術，不斷地推出新產品。

一九五〇年初，他不顧別人的強烈反對，不惜重金買下了一位化學師的技術，開始大量生產「凍炸馬鈴薯條」。不出辛普勞所料，這一新產品一上市便立即成了搶手貨，讓他大大獲利。一九七三年底發生世界石油危機時，辛普勞又不失時機地引進新技術，把馬鈴薯製成一種可以大大提高燃燒值的添加劑，深受用戶青睞，他自己也因此發了一筆大財。

辛普勞的馬鈴薯生意越做越大，他每年要出售十五億磅加工馬鈴薯，其中有一半用來提供給麥當勞公司。而馬鈴薯在經過去皮、切條、除斑點等工序之後，還會剩餘部分，於是，辛普勞又把剩下的「邊角料」拌上穀物做成牲口飼料，實現綜合利用。單是從馬鈴薯的合理利用中，辛普勞每年就可以取得十多億美元的巨額利潤。

他更是用馬鈴薯皮拌飼料，養活了十多萬頭牛。

現在，老年的辛普勞已經擁有不計其數的財富，但他壯心不已，又利用先進的技術，把生產乙醇時剩下的馬鈴薯渣製成優質價廉的魚飼料，用來養殖名貴魚種。為了使養魚的水被循環利用，他將養魚的水經由自己種植的一種多年生草本植物——風信子進行過濾。風信子熟成以後又是一種很好的牛飼料，同時，魚加工後的內臟及牛糞又可以用作魚飼料。熱衷於充分利用資源的優化經營，讓辛普勞成功入選世界百位富翁榜。他「順手牽羊」的經營模式也一度被許多人大加傳誦和效仿。

【處世活用】

丁寶楨智斬安德海

在政治爭鬥中，捕捉和運用有利於己方的機會，往往是在細緻的觀察與分析行動中獲得的。

安德海是慈禧的心腹太監，曾奉慈禧之命到京城外結納外臣。慈禧囑咐安德海要悄無聲息地出去，不留痕跡地回來。

哪知安德海驕奢蠻橫慣了，出京沒幾天，他就讓人在船上升起大旗，大肆宣揚。讓沿途官吏紛紛接駕、送賄，所到之處，人心浮動。船入山東德州境內，德州知府前去拜接，奉上了銀子二百兩。安德海嫌少，限他三天之內補足五千兩銀子。

上哪裡去弄這麼多銀子呢？德州知府一時沒了主意。忽然，他想到了上司山東巡撫丁寶楨。此人為官清廉，而且很有膽識。德州知府連夜奔赴濟南向丁巡撫哭訴。丁巡撫問知府見到聖旨沒有，知府說沒看到。

「好！」丁巡撫一拍巴掌，便命令德州知府立即回去把安德海一行人捉來。知府一聽嚇壞了：「大人，你這不是太歲頭上動土嗎？」丁寶楨哈哈大笑：「一切由老夫承擔。」德州知府遵命而行。

原來，清宮歷來有條祖訓：內監不許私自離京城四十里，違者由地方官就地正法。丁寶楨正是抓住了這一條，要治一治猖狂無禮的大宦官。他想，這安德海雖然沒奉明詔，但一定是得了西太后的暗許。西太后不降明旨，說明東、西太后有矛盾。安德海是西太后的人，那我就向東宮請旨發落。

主意打定，丁巡撫立刻派親信快馬進京奉上奏章。不久，東太后便下了懿旨：「令丁寶楨將安德海斬首。」而此時，聞到風聲的西太后也馬上下了懿旨，欲將安德海押解回京。

府衙裡，正跪在地上的安德海忽聽一聲：「西太后懿旨到！」頓時大喜，連忙從地上蹦起來，說：「姓丁的，這回看你小子怎麼收場！」

不料，丁寶楨卻大聲吩咐：「前門接旨，後門斬首！」安德海還沒聽到西太后叫人火速將他押解回京的命令，他就已經身首分家了。

為堵西太后的嘴，丁寶楨還命將安德海的屍體置於鬧市曝屍三日，讓天下人都知曉安德海擁有太監身份卻私自違背祖訓、離開京城的下場。

面對權力大過自己的宦官安德海，丁寶楨急中生智，順手牽住了東、西宮太后的矛盾，並巧妙地利用皇宮祖訓除去了禍患，可謂大快人心！

羅斯福智破命案

生活中，壞人的行跡總會暴露出漏洞。善於發現和看清對方的疏忽、遺漏，抓住時機，乘虛而入，將壞人繩之以法，是一種精明與智慧。

富蘭克林・羅斯福曾做過律師、私人偵探，並破例連任過四屆美國總統。這個故事發生在他擔任私人偵探期間。

某年冬天的一個夜晚，私人偵探羅斯福在家裡接到一個電話。「羅斯福先生，不好了！古代馬雅文明的黃金假面被盜了。現在已派祕書去接您，請速來研究所。」兩個小時以後，接羅斯福的車到了。他坐上車，祕書告訴羅斯福：「被盜的黃金假面，是從墨西哥的尤卡坦半島古代馬雅的金字塔裡挖掘出來的。卡因博士是為了進行研究才把它借來。」到達卡因博士的研究所，已是深夜十一時了。

「博士在二樓研究室，請您在這裡稍作休息，我去叫他。」祕書說著便上樓了。可是，羅斯福剛要坐下，就聽見樓上傳來祕書的驚叫聲：「不得了啦，博士自殺了！」羅斯福慌忙奔上二樓。只見天花板下的鐵管上繫著一根繩子，卡因博士的頭頸套在裡面，用做踏板的椅子摔倒在地上。

「他大概是覺得黃金假面被盜，責任重大才自殺的吧。」祕書面色蒼白地說道。

「屍體還熱著呢！」羅斯福摸了摸死者的面頰和手，感到很意外。這房間裡相當冷，而死者的體溫卻同生前幾乎一樣。

「可能是在我們回來之前自殺的吧。」祕書猜測。

「這樣的體溫，說明人死了還沒超過一個小時。有沒有留下遺囑呢？」羅斯福說著，便去檢查博士的白色工作服口袋，找到了半塊用錫紙包著已經溶化的巧克力。

羅斯福拿著這半塊巧克力，沉思了片刻，突然嚴厲地指著祕書說：「殺人犯原來就是你！你在來接我之前，已先將博士殺死，然後把他裝扮成上吊自殺的樣子。由此可見，盜竊黃金假面的也是你。」

「這根本不可能。我開車去接你，來回需要三個小時。如果是我殺死博士的話，那屍體早該涼了。這裡又沒有暖氣，屍體怎麼可能到現在還是熱的呢？」祕書申辯說。

羅斯福指著牆上的插頭說：「問題就在這裡。為了證明你當時不在現場。你玩弄了一個很高明的手法。」

原來，年輕的祕書先把卡因博士殺死，並製造了上吊自殺的假象，然後用電熱毯將吊著的屍體緊緊裹住。三個小時後，祕書和羅斯福回來了。祕書讓羅斯福在會客室等著，自己先上了二樓，取下屍體上的電熱毯。但是，祕書卻沒有注意到死者口袋裡的巧克力。巧克力的溶化現象說明屍體被熱的東西包裹過，同時死者房內又有電熱毯。這就讓羅斯福利用祕書微小的疏漏，「順手牽羊」地識破了他的詭計。

第三套：攻戰計

攻戰計，其核心是：「攻，即攻心為上，攻城為下；心戰為上，兵戰為下，以求得戰而勝之。《孫子兵法・謀攻篇》中說：故上兵伐謀，其次伐交，其次伐兵，其下攻城，攻城之法，為不得已。」

第十三計：打草驚蛇[一]

【原典】

疑以叩實[二]，察而後動[三]；復者，陰之媒也[四]。

【注釋】

一、打草驚蛇：原意是透過打動草，而使隱藏在草裡的蛇受到驚嚇，四處逃竄。此處指發現敵方虛實情況的一種方法。

二、叩：詢問，尋求。叩實：問清楚，查明真相。

三、察：查明情況。

四、復：反覆，一次次地。陰：此指某些隱藏著的、暫不明顯或未暴露的事物情況。媒：媒介。此處指實現計謀、目的所採用的手段或方法。

【譯文】

發現了疑點就應當考實查究清楚，情況完全掌握了才可以採取行動。要反覆偵查追究，而後採取相應的行動，這是發現隱藏之敵的重要方法。

【解讀】

蛇一般是隱藏在草叢中的，要發現蛇的前提就是打草，打草是為了驚蛇而做準備。如果地形不利，或者沒有足夠有力的工具打蛇，那麼即使蛇已經暴露在我們面前，也要暫緩行動，以防蛇跑掉，失去機會。

在「打草驚蛇」中，「草」與「蛇」是性質完全不同而聯繫又極其緊密的兩種事物。「蛇」依靠「草」進行隱蔽，「草」是「蛇」的保護傘。如果有敵情，「草」可以及時向「蛇」傳遞訊息。因此，「草」在一定程度上可以說是「蛇」這個敵人的同類。

「打草驚蛇」的目的有以下幾個方面，可以幫助我們更能理解此計：

一是驚出蛇。當前方道路不明時，可以透過打草或投石製造聲響，敵人誤以為我方已經行進到跟前，便會主動出擊，結果暴露了自己。這是一種間接的偵查方法，火力偵察時的先行試點就屬於此類應用，又稱引蛇出洞。總之，都是為了瞭解蛇的位置、力量、意圖、動向等情況，便於躲避，或將蛇引出來，將其消滅。

二是驚醒蛇。世界上的事物相互聯繫、相互影響，觸動其一，往往會牽帶許多相關的事物。可以利用此特點，打擊懲處甲，以達到警告乙的目的，是一種間接警告的策略。

三是驚走蛇。要想把行進途中危險的蛇趕跑，可以透過打擊路邊的草得以實現，是一種有效而沒有危險的計策。這種間接的驅趕方法尤其適用於不便或不願意與敵人進行直接接觸，而只需要將其趕跑的情況。

總之，當「打草驚蛇」作為謀略時，在敵方兵力沒有暴露，行跡詭祕，意向不明時，切記不可輕敵冒進，應當充分掌握對方的主力配備、行進路線等狀況後再做決定。

而在生活中，身邊的許多陰謀詭計就像草叢中埋伏已久的毒蛇一樣，經常將無辜者傷害，正直者因此而受牽連。只有將陰謀探明或揭露，才能保護無辜及正義之人。而探明陰謀最好的方法莫過於打草驚蛇。大多數心懷陰謀的人，往往都和做賊一樣，終日惶恐不安，我們將虛張聲勢和謹慎防範有機結合，就完全可以中止、暴露其陰謀，並且給陰謀者以打擊。

我們應該綜合採取以下措施來應對敵人的「打草驚蛇」之計：首先，要行為端正，避免做被打之蛇。坐得正、行得端，不與壞人為伍、不留把柄給別人，是避免成為別人攻擊目標的有效方式。

其次，需要埋伏時，要靜觀其變，不洩露機密。要花心思研究隱藏的方式，做到隱祕而巧妙。不給敵人發現我方絲毫痕跡的機會，更不能讓敵人看出我們的意圖，靜待出擊的良機，切勿自我暴露。

再者，要辨清敵方行動的真偽，切記不可盲目行動。敵人常常會採用虛張聲勢的方法來迷惑我們，以試探我們的行動意圖及目標軌跡。我們完全可以從敵方的攻擊力度來判別我方是否已暴露。如果敵方的攻擊集中、猛烈而準確，那麼敵人很有可能已經識破我們的行動計畫；如果打擊是分散、間斷，且不時變換方向的，說明對方只是在做各種試探，這時我們就要沉得住氣了。

最後，要給自己留好後路。為避免敵人打草後傷害到我們，隱蔽時就要規劃好退路，以便主動而悄無聲息地退走。

【兵家活用】

「S」之謎

古人在解釋「打草驚蛇」之計時曾經指出：戰爭中，敵人的主力沒有暴露出來，必然是隱藏著很大很深的陰謀。這時，決不可貿然前進，應當做的是查明敵人隱藏在哪裡。

眾所周知，中途島之戰是二戰史上一個以寡敵眾的成功戰例，也是太平洋戰爭的重要轉捩點，但人們對戰前一個頗有意味的小插曲卻知之甚少。

一九四二年五月下旬，日軍祕密派出大中型航空母艦八艘、戰列艦二百多艘、戰機七百餘架，由海軍大將山本率領，浩浩蕩蕩地奔赴美海軍基地，企圖一舉摧毀美國太平洋軍事力量。

美國太平洋艦隊司令尼米茲上將接到國防部的敵情通報，心中不由擔心：日軍幾乎出動了全部海軍主力，而美軍短時間內可以動用的卻只有三艘航空母艦、七十多艘戰列艦和二百多架戰鬥機。雙方勢力懸殊且不說，更要命的是，如此緊急的形勢下，美軍卻還不清楚日軍的主攻目標在哪。

狡猾的日軍為防止機密洩露，只用一個大寫字母「S」來代表主攻島嶼。美諜報部門絞盡腦汁，也沒有猜出它的真正所指。確定不了日軍的主攻點，美軍就無法把僅能派遣的戰艦布列在對自己有利的海域中。

尼米茲動員參謀們獻計獻策。參謀們有的主張，「S」應該是指塞班島，有的則說是中途島，理由是那裡的戰略位置極其重要。一時間，眾說紛紜，意見無法統一。尼米茲心煩意亂地躺在沙發上，勤務兵見狀，馬上給他端來一杯水。尼米茲心急如焚，哪還有心思喝水，草草揮手示意勤務兵離開，不料卻把滿滿一杯水打翻，灑得自己全身到處都是。

突然，尼米茲靈機一動，馬上將作戰參謀喊來，胸有成竹地命令道：「立即用掌握的日軍密碼給中途島發報：總部已經知悉你部淡水設施損毀之事。運送淡水的補給船今晚啟程，不日即達，望做好接應準備。」隨後，尼米茲緩緩站起來，抖抖身上的水，走到嚇壞了的勤務兵面前，拍著他的肩膀連說「謝謝」。

第四天早上，美軍偵察機果然發現，日軍艦隊裡多了三艘淡水補給船。尼米茲聞訊後哈哈大笑，對一旁覺得莫名其妙的參謀長說：「山本上當了。明明中途島的淡水設施沒有損壞，可他卻相信了我們

『送』給他的情報，增加了淡水補給船，這不是不言自明嗎？『S』看來就是中途島了。這次我們贏定了！」果不出所料，六月四日，日軍航空母艦上的戰機全部出動，對中途島進行了地毯式轟炸。等到日機投彈完畢，回到航空母艦加油、掛彈的空隙，早就靜等獵物主動上鉤的美軍轟炸機直撲過來，將一顆顆重磅炸彈傾瀉下去。日軍的航空母艦平時耀武揚威，此刻沒有了戰機的火力掩護，就只有乾瞪眼挨揍，毫無還手之力。

短短的幾十分鐘，日軍就有四艘航母被擊沉，兩艘受到重創，戰機損失總計過半。

自此，曾經不可一世的日本海軍步入了它的死亡之旅。尼米茲用「打草驚蛇」之計為中途島一戰立下了汗馬功勞，開創了第二次世界大戰海戰史上以少勝多的先河。

【商場活用】

維爾樂先謀而後戰

企業在設定市場的時候，應事先調查、研究、分析、預測，以掌握對手虛實及市場行情。在此過程中應用「打草驚蛇」之計時，首先必須清楚自己的「棒子」有多長，目標市場這個「草」有多密，對自己有利的條件有哪些。掌握好這些情況之後，在行銷策略上有針對性地去設計產品，在行銷戰術上，掌握好市場脈搏，才能做到真正意義上的打到「草」就會驚出「蛇」。

湯姆公司是美國一家區域性電話公司。一九七〇年代，公司在遇到嚴重的財務困難之後，轉由企業家維爾樂負責經營。

接手湯姆公司的維爾樂，對當時美國的電話通信業進行了長期而認真的研究。

他首先調查了美國所有通信公司的經營策略和經營範圍，發現湯姆公司的無效益其實緣於斯諾電話公司在業內的長期壟斷經營。雖然斯諾公司在科技上具有領先地位，但同時也為其他公司留下了許多的競爭空間。尤其是他看出斯諾公司把長途電話收費標準定得較高，是為了保持較低的電話基本租金和區域性服務成本，這無異是在「邀請」那些本無心發展地方性通信業務的公司，去參與長途通話業務的競爭。

維爾樂看到了電話通信業廣闊的市場，於是，他在聯邦通信委員會的公共閱覽室裡翻閱了幾個月的文件，找出了許多沒有被別人留意的規定。讓他格外欣喜的是，雖然地方性的電話系統在法律上允許獨佔，但聯絡各地之間的長途電話卻沒有任何規定聲稱可以獨佔。這讓維爾樂找到了與斯諾電話公司進行長途業務角逐的法律依據。而且，維爾樂還發現了一條更為重要的規定，就是聯邦通信委員會必須在接到要求建立電話線路申請後六十天內將業務處理完畢，而且只要委員會內無人反對這項申請，委員會就會很自然地按照規定對其頒發執照。而聯邦通信委員會幾乎每年都會接到數千件這樣的申請，許多還都是技術含量很高的。因此，他們並沒有時間逐件進行詳細的調查研究，這就讓維爾樂獲得申請批准變得更加容易了。於是，維爾樂設計了一個打草驚蛇的計畫。

他一面向聯邦通信委員會提交了數百件重要通信線路的申請，一面開始著手建設除斯諾電話公司之外的第二條長途電話線路。雖然後來的事情極其波折，維爾樂經歷了無數次法律訴訟、國會聽證以及聯邦通信委員會的裁決，但由於事先準備充分，早已謀劃好了應對的策略，最後維爾樂終於如願擁有了自己的長途電話線路。

一九八〇年到一八九五年之間，湯姆公司每年的營業額和利潤增長率都在一〇〇%以上，一九九〇年更一躍成為年營業額達二十億美元的大企業。

商場如戰場，不見血的商戰有時比戰爭還要激烈。因此，要做到戰無不勝，則更需要事先充分謀劃之後再出擊。先謀而後戰，是精明的經營者所採取的「打草驚蛇」之策，也是在大量的調查研究，眾多的分析比對之後做出的成功戰略。維爾樂深知「打草驚蛇」之計的精髓，因此能夠攻入市場，獲得豐厚利潤。

成功的騙局

根據「打草驚蛇」一計，創業者在不知市場深淺的時候，可以透過製造一些舉措引起競爭對手的注意，以便分析當前市場形勢，調整市場策略，佔據競爭優勢。

一九一五年七月的一個下午，驕陽似火，一輛嶄新的黑色福特車在塔爾薩泥濘的公路上飛馳。在一塊用簡陋圍欄圍住的馬鈴薯地邊，福特車停下了。從裡面走出來一位看上去極其幹練的年輕人。

他就是喬治・格蒂家族唯一的繼承人，老喬治・格蒂的兒子保羅・格蒂，去年剛從英國牛津大學回來，說是去留學，其實連張文憑也沒有撈到，多數時間都在吃喝玩樂。

由於老格蒂對格蒂的行為很不滿意，所以後來開始在經濟上對他嚴加制裁。小格蒂吃盡了沒有錢花的苦頭，於是決心要用自己賺來的錢來養活自己。突然間，小格蒂對家族的生意有了興趣，匆匆趕回老格蒂身邊，聲稱可以為父親分憂解難。可惜他的名聲太壞讓老格蒂不願意接受他，因此他一直沒能在家族事業中扮演重要的角色。

「這太委屈我了。」格蒂想。他認為自己的職業無法施展自己的能力。

此時的格蒂正站在泰勒農場的馬鈴薯地旁邊。因為盛傳泰勒農場蘊藏著豐富的石油，塔爾薩最有實力的三家石油商都開始打它的主意，暗中做著激烈的競爭。農夫泰勒想要漁翁得利，他只想看到這三家石油商不停地鬥下去，爭鬥意味著他的土地價值會越來越高。他聲稱，他已經把土地交給拍賣行，哪家出的價錢高就賣給哪家。三家石油商中殼牌公司實力最強，格蒂家最弱。因此，格蒂非常擔心。格蒂靜靜看了泰勒幾分鐘，轉身上了車，向東邊直駛一個多小時後，來到了別墅區。

在一棟豪華的別墅前，格蒂停了下來。他敲開了門，見到了他想要見的人，塔爾薩地區最有名望的地質學家，艾默·克利斯。

「泰勒農場能產多少桶油？」格蒂直切話題。

「你代表哪一家？」克利斯兜圈子。

格蒂取出了一疊鈔票邊數邊說：「我代表我自己。」

克利斯：「我的觀點你可以在《塔爾薩世界報》上看到。」

格蒂又問：「《塔爾薩世界報》給你多少報酬？」

克利斯猶豫了一會兒，說：「十二美元。」

格蒂：「十二美元買了你三〇%的真話，我出這個價錢的十倍能不能買另外七〇%的真話？」克利斯暗自盤算，一百多美元在當時可算得上是一大筆錢。

於是，克利斯說：「對尊重科學的人，我一貫抱敬仰的態度。好吧，我保守估計它的儲油量比殼牌公司最大的油田都多三倍，可以達十萬桶以上。按時價每桶〇・四美元計算的話，它值四萬美元。」

格蒂站起來，付了六十美元預付款給格蒂。

福特車又開始在泥濘的公路上奔駛。經過一間路邊酒吧時，高大肥胖的店主正把一個中年人趕了出來，嘴裡還一邊罵著。這個人一定是喝過酒，沒有錢付給店主才被轟出來的。

格蒂在中年人身邊停下來，從車窗伸出頭來問道：「喂，想不想做個有錢人？」中年人一臉的莫名其妙，半信半疑地點點頭。

「上車吧，我請你去別的地方喝一杯。」中年人慌忙爬上了車。他叫米露斯克里，是一個普通的掘井工人。

第二天，一輛豪華的四輪馬車駛進了塔爾薩，車裡坐著一位傲慢的中年紳士。馬車所到之處，人們紛紛圍觀。那個中年紳士，將大把大把的硬幣向圍觀人群撒去。

隔天，《塔爾薩世界報》頭版刊登了一篇報導，說一個叫巴布的大富翁，揮金如土……巴布看中了塔爾薩的泰勒農場，決定在那裡投資一筆錢開採石油。他還到農場探望那個老泰勒，許諾將用二萬美元買下農場，可泰勒並不滿足，還想釣到更大的魚。

幾天後，一輛福特車又來到了泰勒農場。因為泰勒農場早已經成為當地的新聞焦點，埋伏了一大群新聞記者。記者們一見福特車駛來，便跑過去看個究竟。車上下來一個頭髮黝黑、兩撇鬍子高翹的年輕人。此人自稱是大銀行家克里特的私人祕書伽爾曼。伽爾曼找到了泰勒，請求以二・五萬美元的價錢買下泰勒農場。如此高價，泰勒有些心動了。可是他老婆踢了他一腳，他忙說：「老兄，你只能在拍賣會上碰運氣了。」

第二天，《塔爾薩世界報》又刊登了一篇文章。一時間，塔爾薩當地傳遍了紳士巴布和銀行家克里特買農場的事。大家都迫切地想知道，在這場競爭中，他們兩個最後到底誰能取勝。

報紙及雜誌評論員更是紛紛出擊，對巴布和克里特品頭論足：巴布只是一個大富翁，並不足畏懼。克里特是大銀行家，他準備在塔爾薩大做文章，塔爾薩的資金遲早會被他壟斷。史格達家族、殼牌石油公司和格蒂家族都不得不退出競爭，因為他們沒有足夠的實力和克里特競爭。

果然，一個星期後泰勒農場拍賣會如期召開時，原來的三家石油商不得不退出競爭，只剩下巴布和克里特的代理人伽爾曼一爭高低。會場圍滿了等著看好戲的觀眾。拍賣師的錘聲響了。

「五百美元。」

「六百」

「七百」

……

競價升到一千一百美元時，巴布突然不出聲了。拍賣師叫了三聲後，仍沒有人應價。錘聲響了，克里特以一千一百美元獲得了這塊珍貴的土地。

在場的人都很驚訝，怎麼都沒想到泰勒農場竟只賣得了一千一百美元。泰勒更是急得「哇」地大聲哭了起來，可是一切都沒用了。

直到許多年之後，人們才得知：原來那個中年紳士巴布就是窮掘井工米露斯克里，那個銀行家的代理人伽爾曼，當然就是化了妝的保羅・格蒂。泰勒農場這塊寶地，就這樣順利落到了格蒂的手裡。

格蒂的這次成功，讓他的父親改變了看法，同意他經營家族的石油業。而格蒂也青雲直上，最終成為擁有六十多億美元的巨富。

格蒂的這個手段也許在道德上並不太光彩，但也不得不承認這是一個非常巧妙的計謀。他利用「打草驚蛇」一計，偽裝並大造輿論，打了輿論的「草」，嚇跑了塔爾薩兩家石油開採商之「蛇」，從而輕而易舉地獲得了價格低廉的戰利品。

【處世活用】

劉備巧計保性命

「打草驚蛇」是沉著的較量。暴露與被暴露，相對的最後關鍵常常就是意志沉著。諸葛亮就曾利用自己的沉著穩健與聰明智慧，幫助劉備成功倖免了一次關乎性命的災難。

劉備聯合孫權在赤壁一戰中打敗了曹操。但是，劉備乘勢奪取了孫權的荊州，讓孫權的都督周瑜很生氣，想伺機收回荊州。

就在此時，周瑜忽聞劉備的夫人死了，正在辦理喪事。他眉頭一皺，計上心來，便對魯肅說：「這次我們可以順利取回荊州了！」魯肅問：「何以見得？」周瑜回答：「劉備喪妻，一定會續娶。我主公有一個妹子極其剛勇，侍婢數百，房裡刀劍林立，像一個兵營，連男人見了都會魂飛魄散。我今上書主公，派人去和劉備說親，把他騙到這裡來，然後將其軟禁，再派人去討荊州換劉備。」魯肅一聽便覺是好計，連忙去見孫權，送上周瑜的親筆信，順便將計畫說了。孫權也點頭稱讚，於是派呂範去做媒，吩咐務必要「招郎入宅」。

劉備一見使者，心裡立刻明白，這分明是給我設好圈套讓我鑽呢，哪裡是什麼和親好事啊？但是，鑑於當時孫權和劉備在表面上仍是盟友，如果劉備無緣無故拒絕這門親事，孫權便有充分理由發動攻擊，奪回荊州了。如果是這樣，劉備兵弱將少，勢必不堪一擊，失地喪身。真是兩難呀！劉備忙叫來諸葛亮商量，說擔心入贅東吳，難以歸返。

諸葛亮一聽，竟立刻誇劉備豔福飛來，為其大講聯姻的好處。劉備便決定帶了伴郎趙雲一起前往。臨行時，諸葛亮交給趙雲三個錦囊，並仔細教給他如何使用。

到了東吳，趙雲打開第一個錦囊。看了計策，喚來隨行的五百軍士，一一吩咐要怎麼做，眾軍便領命去了。然後，趙雲又按照錦囊指示讓劉備去拜謁孫策和周瑜的岳父喬國老。劉備送了喬國老一份厚禮，並稱蒙孫權看重，來這裡做個「入門郎」。那五百軍士這時都披紅掛綠的，在城裡買辦喜事用的東西。劉孫聯姻的揚言，頃刻間便傳遍了全城。

喬國老見過劉備後，立刻入宮向吳國太也就是孫權的母親賀喜。國太愕然，問喜從何來？喬老笑著說：「還想瞞了我這杯喜酒？令愛孫小姐已被許配了劉備。新郎都已到這裡來了。」國太大驚說：「真的嗎？怎麼連我也不知道？」國太立即派人去打聽，全城果然都已經知道孫劉聯姻。

國太知道後怒氣衝天，隨即把孫權召來，大加訓斥了一番。孫權密告國太，說這不是真的聯姻，是騙劉備來換取荊州。

「什麼？」國太大發雷霆，厲聲罵道：「你和周瑜統領六郡八十一州，竟然無計策去取荊州，開始拿我的女兒去擺美人計，殺害劉備。日後，我女兒豈不是做了望門寡嗎？」孫權在一旁面紅耳赤，呆若木雞。喬國老也在一旁建議說：「用此計取荊州，也會被人恥笑。不如將錯就錯，真個把劉備招做女婿吧！劉備好歹也算得上英雄呢！」

「那怎麼行？」孫權說：「劉備已年過半百，而我妹妹正二八年華，黃花閨女。」

「我可不管。」國太說：「我明天要見見劉備，如不合意，隨你處置；若是合意了，就是我的女婿！」

第二天，國太約劉備在甘露寺相見，一見便中意了。劉備年紀雖然大些，卻神采奕奕。國太隨即吩咐孫權說：「劉備既然成了我的女婿，便是我的兒女，今後你不許加害於他！」

諸葛亮使用「打草驚蛇」之計，幫助劉備成功破解了孫權的陰謀，不僅保住了荊州，保全了劉備的性命，還賺回了一個年輕貌美、如花似玉的夫人。

此例中，「草」是喬國老及全城百姓，「蛇」是國太。諸葛亮利用喬國老及全城百姓的輿論造勢，讓國太掌控了整個事件，最終使得劉備招親一事在民間流傳極廣，經久不衰。

第十四計：借屍還魂[一]

【原典】

有用者，不可借[二]；不能用者，求借[三]。借不能用者而用之，匪我求童蒙，童蒙求我[四]。

【注釋】

一、屍：代指死亡了的東西。魂：古時指代人的精神靈氣。借屍還魂的原意是，借用別人的屍首，還原自己本來的面目。

二、有用者，不可借：許多看上去是可以利用的事物，但是卻往往難以駕馭和控制，因此不適宜取用。

三、不能用者，求借：有些看上去似乎沒有什麼幫助的事物，卻不妨利用它為己發揮作用。

四、童蒙：幼稚而蒙昧的小孩。匪我求童蒙，童蒙求我：不是我求教於幼稚的愚昧者，而是他們求教於我。此處有己方支配他人的意思。

【譯文】

凡是朝氣蓬勃、有作為的事物，往往都難以操控，不可加以利用；而腐朽、無作為的事物卻常常要依附別人而存在，我們要利用它。利用看似不可用的事物，並不表示是我求助於愚昧之人，而實際上是愚昧之人向我求助。

【解讀】

此計意在要想獲取成功，可以求助於微茫，求助於日暮途窮的事物。是一種比喻已經死亡了的東西，又藉著另一種形式出現。其實質是利用已經處於衰亡事物中的某些有利形勢，增添進生機勃勃、強而有力的新內容，從而改變原有，使其出現新的面貌。也就是利用別人看來無用但又可以接受的東西，來個與「換湯不換藥」相反的辦法——「換藥不換湯」。

這種轉換，有時對成功、對達到某種目的具有難以替代的積極作用。這種策略看來似乎是匪夷所思，讓人難以置信，卻是真真實實地存在著，而且是實實在在地獲得了成功。化腐朽為神奇，其實際意義就是這樣。

歷史上，每當改朝換代之時，新一代的崛起者，紛紛扶植亡國君主的後代，打著他們的旗號來號召天下，為自己的行為鋪墊和張目，達到奪取天下的目的。這就是「借屍還魂」的謀略。

人但凡失敗之後，會有兩種態度：一是一蹶不振，自暴自棄；二是尋找機會，重振旗鼓。借屍還魂便屬於後者。在軍事上，「借屍還魂」主張：在已經喪失戰爭主動權的情況下，也應該利用一切可以利用的機會，轉敗為勝。因此，指揮官一定要善於觀察和分析戰爭中各種力量的變化，善於利用一切可以利用的力量。即使己方受挫，陷入被動，也要傾盡全力，網羅一切為我所用，達到取勝的目的。

除此之外，此計在政治、經濟、處世等領域用處也頗廣。歷史上許多著名的政治家、軍事家都曾成功地運用「借屍還魂」這一計謀，取得了意想不到的效果。

而當別人在我們身上使用「借屍還魂」一計時，採取以下的防範措施進行應對也是十分必要的。首先，要徹底根除敵人留下的隱患，及時將其連根拔起，以防留下後患。其次，將我們能夠加以利用的無用之物深深隱藏起來，以防被敵人使用。

我們常常在無意間丟掉一些看似沒有用處的東西，而狡猾的敵人很有可能早早就盯上了，暫在將其變為還魂時所借之「屍」。敵人利用我們自己的東西來對付我們，是很可怕的事情，因此要及時將這些東西深埋起來。最後，要時刻提高警惕，不被敵人的假象所迷惑，爭取透過現象看本質。要識破敵人的「借屍還魂」計謀，就要透過對方的假象看到藏在裡面的真實。由表及裡進行分析判斷，一旦發現敵人已經「借屍」，準備「還魂」，應該及時制止，破壞其企圖。

【兵家活用】

天皇「還魂」

日本的文化主張，日本自古以來只有一個王朝，也就是天皇。因此，日本天皇號稱「萬世一系」，在國家的統治上有著舉足輕重的作用。二戰後的美國曾利用這一點，讓即將被推上軍事法庭的日本天皇「借屍還魂」，為自己培養了奴役日本的傀儡。

二戰結束後，出任駐日盟軍最高司令的美國名將麥克阿瑟在剛踏上日本土地時，曾想嚴懲日本、審判天皇，以報在菲律賓戰敗的「一箭之仇」，履行他「不追究天皇的戰爭責任，死不瞑目！」的諾言。可是，當麥克阿瑟到達日本後，看到了各地負隅頑抗的日軍在天皇的命令下迅速解除了武裝，他意識到「天皇是勝過二十個機械化師團的力量」，於是便萌生了利用天皇進行間接統治的想法。

此後，麥克阿瑟決定放棄更換天皇的念頭，反而極力維護裕仁和日本的天皇制度。一九四五年九月二十七日，裕仁親自登門拜訪麥克阿瑟，會見結束後，麥克阿瑟立即致電杜魯門總統，建議美國政府「不要把裕仁作為戰犯逮捕」。在麥克阿瑟的積極活動下，美國政府的態度發生了巨大的轉變。

一九四五年十二月初，盟軍最高司令部國際檢察局局長、遠東國際軍事法庭首席檢察官基南動身前往日本。在飛機即將起飛時，一封杜魯門總統的信交到了他手裡，指示他不得起訴裕仁和皇室任何成員。然而，在二戰中深受日本之害的盟國們並不吃這一套，澳洲等國迅速列出了包括天皇在內的日本主要戰犯名單，讓美國政府大為惱火。美國政府一面遊說盟國放棄起訴天皇，一面向麥克阿瑟發出祕密指示：「日本國民顯然是支持天皇制的。對天皇制的直接攻擊會削弱民主勢力而加強共產主義和軍國主義這兩種極端勢力。這是對我們不利的趨勢，因此命令總司令官暗中協助擴大天皇的威望和影響力。」

接到最高指示後，麥克阿瑟思忖再三，精心策劃了一項日本天皇巡遊全國的活動。麥克阿瑟想藉此瞭解天皇在日本國民心目中的地位，以決定是保留天皇，還是在遠東軍事法庭上審判天皇。一九四六年二月，裕仁天皇開始巡視全國，所到之處受到了日本國民的熱烈歡迎和追捧。這次變相的民意測驗，更加堅定了美國庇護裕仁、保留天皇制的信心與決心。

於是，裕仁天皇「還魂」了，不但成功逃脫了被推上軍事法庭的處境，而且成為了美國用以控制日本的有力工具。

【商場活用】

絕處逢生的飛利浦

兵法中有「絕處逢生」一說，意指處在極危險境地中的人必須竭盡全力反擊，才能有生存的希望。而在企業經營中，那些產品處於衰落期，或連年虧損的企業，更要善於「借屍還魂」。改銷對路的產品，或改革企業的管理，哪裡有生機就往哪裡轉，不可猶豫。在這方面，飛利浦是成功的一例。

飛利浦是由赫拉德與安東兩兄弟在一八九一年創立的一家荷蘭電器公司。起初，它只是一家生產電燈泡的小廠，全廠二十多名職工都是飛利浦家族的成員。經過一百多年的發展，今天的飛利浦公司已經不僅是荷蘭電子、電氣工業最大的壟斷企業，而且成為整個資本主義世界電子、電氣工業最大的壟斷組織之一。

不僅如此，飛利浦公司近些年的銷售額一直居歐洲電子工業公司的首位。人們看到了它的輝煌，卻不知道飛利浦公司其實曾經歷過三次生死劫。

創建之初，公司的經營相當艱難。主持公司的長兄赫拉德是一位電氣工程師，但他在經營管理上卻是個實實在在的「門外漢」，導致產品打不開銷路，工廠連年虧損，債臺高築。

一八九五年，公司面臨清盤倒閉之際，赫拉德將該公司讓位給其弟安東主持。安東是個善於思考的人，而且極具經濟頭腦。他親自出馬進行產品推銷工作，而把工廠的生產和技術管理交由哥哥負責。當他透過報刊瞭解到當時俄國剛開始普及電燈時，便迅速帶著燈泡樣品趕往俄國，反覆上門走訪，最終在彼得堡接到了五萬個燈泡的訂單。

打開俄國市場之後，安東接著又把產品銷向了其他歐洲國家。此後，飛利浦公司大步向前，到一九一二年，公司改名為飛利浦電器公司，不僅繼續生產電燈泡，還開始生產其他電器、電訊設備等。

在第一次世界大戰爆發後的一場世界經濟危機中，飛利浦沒能倖免，陷入了奄奄一息的困境中。兄弟倆幾經奮力撐持，才讓飛利浦勉強生存下來。

正當飛利浦電器公司開始恢復元氣、重振旗鼓時，第二次世界大戰的戰火很快燒到了荷蘭。

一九四〇年五月，德軍猛烈的轟炸讓飛利浦的廠房設備所剩無幾，剛接任董事長不久的布里茲・飛利浦也被捕入獄。

戰後，被釋放的布里茲決心率領家人及部分職工重建飛利浦家園。他大力吸收了發達國家的資本和先進技術，並根據產品分類建立了相應的生產部門，還在董事會下面成立了經理局，統一領導生產，研究新技術、新產品以及推銷策略。

經過種種的努力，到一九五〇年代中期，飛利浦公司已成為荷蘭的三大超級企業之一了。從一九七〇年代起，公司大量增加科研經費，發展高科技產品，以電子電腦等更新產品爭占市場，用電視機、錄影機等產品成功爭雄電子行業。

在三次生死劫面前，飛利浦公司正是採用「借屍還魂」之計，才得以絕處逢生，並最終將名氣遠播全世界。

【處世活用】

曹操挾天子以令諸侯

古往今來，許多成大事者都頗得「借一種旗號」施令天下的真傳與實惠。眾人皆知的春秋霸主齊桓公，就是透過這一做法才獲得其在政治與軍事上的主動權。曹操的「挾天子以令諸侯」可以說是運用這一謀略的又一經典範例。

曹操剛崛起時，天下主要勢力各有優勢：孫策憑藉長江天險而固守，劉備憑藉「光復漢室」而感召天下。在群雄並起的形勢下，欲謀求霸業，必須創造一種獨有的優勢來號令天下。曹操經過比較權衡，決定以「奉戴天子」——即所謂「挾天子以令諸侯」作為自己的政治優勢。

曹操之前，漢獻帝這面「義旗」由董卓控制著。只可惜他是一個專橫跋扈、濫施淫威的暴徒，沒能很好地利用這一優勢，很快便落得「暴屍於市」、「焚屍於路」的下場。此後，漢獻帝在楊奉、董承等人挾持下離開關中。要不要趁機迎奉獻帝，成了擺在曹操面前的一大問題。

經過一場激烈的爭論及一番艱苦曲折的努力，曹操終於在建安六年八月將當時窘困流徙的漢獻帝迎至許都，並由自己充當獻帝的保護人。曹操這樣做，不僅使自己獲得了高於所有文臣武將的地位，而且將漢獻帝變成了幫助自己發動統一戰爭的工具。從此，無論是征伐異己還是任命人事，他都能以獻帝的名義，名正言順地置對手於死地，給自己創造了極大的政治優勢。

曹操就是借了「天子」，擁有了號令天下的特權，為他的政治事業創造了無數便利。

第十五計：調虎離山[一]

【原典】

待天以困之[二]，用人以誘之[三]，往蹇[四]來返。

【注釋】

一、調虎離山：原意是指引虎出山，與放虎歸山的意思正好相反。比喻在戰爭中，把敵方從有利的陣地誘騙到對其不利而於我有利的地理位置，從而取勝。

二、天：天時、地理等客觀條件。待天以困之：在戰場上，等待不利的客觀條件出現時，再去對敵方進行圍困。

三、用人以誘之：用人為的假象去誘惑敵人，使其就範。

四、蹇：困難。

【譯文】

善於利用上天賦予我們的有利條件給敵方造成困難，採用人為的假象引誘敵人就範。既然對敵人進攻會有危險，那麼，引誘敵人出戰反而對我方有利。

【解讀】

調虎離山，意即把老虎誘出深山外。將老虎誘出深山外幹什麼呢？是為了便於捕殺。山林是虎的巢穴，虎踞山林之中，當然更有威勢。要想在山林中與虎相鬥，勢必難以取勝，而如果能將其誘出，使其離開巢穴，變優勢為劣勢，要一擊成功，就容易多了。

此計用在軍事上，是一種調動敵人的謀略。虎，指代敵方；山，指代敵方佔據的有利地勢。強敵佔據地利相當於強上加強，好比獸中之王老虎，如果佔據大山，借百獸以增勢，便可橫行無忌。而當對方失去有利地形，加上與百獸分開，便大大分散、減弱了虎勢，再行消滅時，則容易得多。因此，面對佔據有利地勢的強敵，不便強攻時要誘騙、調動其離開優厚的自然條件，我方取勝的可能性就會更大。它的核心在一個「調」字。

「調」要做到巧妙、靈活，隱真示假，既要達到讓「虎」離山的目的，又不至於弄假成真，讓「虎」反咬一口。

因此，在運用調虎離山之計時，要靈活運用「調虎」的技巧。一般而言，可以採用如下方式：

一、利用各種手段迷惑敵人，造成敵人在判斷上的失誤。或者根據敵人的特點和需求，以多種利益進行誘騙，促使敵人離開其有利地勢或賴以生存之地，以達到我們調虎離山的目的，形成對我方有利的局勢。

二、激怒敵人，使其喪失理智，最後不知所措，只得撤離。

三、在敵人的內部或外部製造混亂，敵人為了自保就會逃離。

四、斷其後援根本，使其感到原地不可留。

五、向敵人講明形勢，對其曉以利害，讓其自動退讓。不動干戈是上上策，但有其局限性，敵人必須是明智之人，否則很難實行。

在古今中外的戰爭舞臺上，運用這一計謀調動敵方脫離有利地形，逼其就範，再加以消滅的例子舉不勝舉。在現代政治、經濟、處世等各種領域，此計的應用也極為廣泛，也常會收到令人意想不到的效果。

總之，「調虎離山」是讓敵人失去所依所憑的一種方法。既然是計謀，用得好，用得對，才能奏效。用得不好，或是讓對手識破了，就會「聰明反被聰明誤」，反受其害。因此，在使用「調虎離山」策略時，要充分把握以下幾點：

一、「調虎離山」計一般在以下兩種情況出現時使用：遇到實力強於自己的敵人，或對敵方的固守無可奈何。這是一種弱者戰勝強者的戰略。假如對手只是一隻「兔」或是一隻「山雞」，那是大可不必費神費力去引誘其離山。而如果是強者對弱者使用此計，得手之後，取勝就更輕鬆了。

二、「調虎離山」中，「虎」是強者，並不能任由我們調遣，因而「調」其實只能是「誘」。這是此計的關鍵，也是難點。要審時度勢，因勢利導，並防範對手獲悉你的動機。因此，「調」還要偽裝得盡可能逼真，做到不露痕跡，不動聲色，讓對手真正感覺自己必須「走」。

三、「調虎離山」的目的在於誘使敵人出擊後，尋機將其消滅。因此，事先一定要有後續行動的充分準備，即「虎」離開了有利的條件後，如何快速打擊它。否則，待「虎」醒悟，虎再歸山，要捕就不容易了。

四、「調虎離山」是一個陰險的謀略，目的在於促進對手的優劣勢轉換，從優變劣，從而削弱對手的實力，減少自己的競爭壓力和危險。因此，在政治爭鬥與商戰中，人們常常運用此計來達到戰勝對手的目的，要格外注意。要想不陷入「調虎離山」的圈套，必須多動腦筋，切不可因為一時之小利而輕舉妄動，釀成大錯。

當然，還可以採取以下防範對策應對敵人的調虎離山之計：

一、搶先佔領有利地勢，並穩坐泰山，不為利誘所動。如果我們已經搶佔了有利地形，就不能性急浮躁，輕易放棄這一優勢。要經得住各種誘惑，並千方百計地誘使敵人來我們這裡決戰，這是問題的關鍵。

二、要能有去有回，靈活掌控自己的根據地，不被敵人霸佔。就是說，當我們不得已必須出山時，應該事先規劃好歸山之路，確保出得去，也回得來。另外要注意，離開山林不宜太遠，以保證一有問題就可及時回營。

三、對適合自己的地形條件做到心裡有數，但也不要過分依賴條件。我們應該清楚自己的特點，瞭解適合自己的條件。做到發現對自己有利的地勢時可以前行，而對自己不利的地勢，一定要儘早迴避。這就是可以利用條件，但不能過分依賴條件的道理。

【兵家活用】

子貢調「虎」存魯

「調虎離山」之計講，當面對強敵佔據有利條件，無法正面強攻時，就應誘騙調動敵人改變據守戰略，失去良好的自然條件。而「調」，要做到巧妙、靈活。

春秋時期，齊國的田常想發動政變。但由於當時齊國的四大家族高、國、鮑、晏實力太強，田常擔心政變難以成功，於是就生出一計：調這四家的兵力去攻打魯國，以削弱他們的實力。

魯國是孔子的故鄉。孔子聽到消息，怕魯國遭難，便立刻派子貢到齊國遊說田常。

子貢對田常建議：「依我看，伐魯不如攻吳。魯國弱小，如果把魯國滅了，這四家的實力不就更強大了嗎？而攻吳一旦不勝，就會大大削弱這四家的實力，你就可以為所欲為了；退一步講，即使攻吳獲得勝利，這四家也一樣會犧牲眾多兵力，到時候，勝利者還是你。」鑑於田常擔心突然轉而伐吳的計畫會受到大臣們的懷疑，子貢接著說：「我先去勸吳王救魯伐齊，到時候你派齊軍迎擊就行了。」子貢到了吳國，對吳王夫差說：「攻齊，利大也。」吳王很高興，願意出兵攻打齊國，可是他擔心越國從中干涉。子貢就說：「我去勸越王，讓他帶兵和你一道伐齊。」

子貢見到越王勾踐，將助吳伐齊的好處說了一大堆。勾踐聽信了。

隨後，子貢又到了晉國，稱吳國和齊國即將爭霸。勝者必然會乘勝伐晉，要做好戰爭的準備。

最後，子貢回到魯國。

吳王果然興師伐齊，大破齊軍；接著又率兵威逼晉國，在黃池大會諸侯。越王乘吳軍主力北上，出兵襲吳。夫差回軍與越王三戰而不勝，最後被勾踐逼得自殺。

為此，司馬遷在《史記》中寫道：「子貢一出，存魯，亂齊，破吳，強晉，霸越。」子貢為了達到「存魯」的目的，巧用智慧，製造混亂，同時調了幾隻虎出山，不可謂不絕。

【商場活用】

華爾克搶佔航線

在經商活動中，掌握主動權是最重要的。運用「調虎離山」之計，可以使競爭對手損耗財力、物力，為自己贏得主動，達到控制局面、大獲其利的目的。

一八四〇年代末，美國的加州發現了金礦。消息一傳開，便在美國掀起了一股瘋狂的黃金熱，成千上萬的歐洲人背井離鄉奔赴美洲淘金。

當時，由於沒有橫貫美國的鐵路，所有去加州淘金的人都要坐輪船繞道南美的最南端，路途遙遠，耗時費力。一位名叫范德比的商人意識到這是個發財的好機會，便親自前往尼加拉瓜，與尼加拉瓜總統簽訂了一項協議。該協議規定，由范德比負責開闢一條橫貫尼加拉瓜的航線，作為回報，過往船隻的「過境費」由其徵收。航線開通後，范德比在幾年內便賺得了數百萬美元，航線變成了他的「聚寶盆」。

商人華爾克看到范德比靠這條航線發了大財，頓時心生嫉妒。於是，他決定把范德比的航線奪過來，為己所用。但華爾克清楚地知道，范德比從商幾十年，算得上商場老手，和他爭鬥需要動一番心思。最後，華爾克決定使出「調虎離山」之計：先設法讓范德比出國，然後乘其不備下手。這樣不僅可以成功地搶佔航線，還省時省力。

隨後，華爾克用重金收買了范德比的私人醫生，並詳細告知其如何行動。一天，私人醫生對范德比說：「您的心臟近來很不好，我建議您到國外休養半年，不然會有生命危險。」范德比此時格外注意保養身體，他對醫生的勸告深信不疑，不久，便起身到巴黎休養去了。

范德比一走，華爾克便立即行動起來。他帶領幾百名荷槍實彈的士兵從尼加拉瓜登陸，在內應的配合下，迅速佔領了尼加拉瓜的總統府。尼加拉瓜總統一氣之下心臟病突發，命喪黃泉。華爾克很快扶植了一個人出任總統，將自己封為尼加拉瓜軍隊總司令。不久，尼加拉瓜新政府宣布取消范德比在航線上的特權，原屬於范德比的「聚寶盆」就這樣輕而易舉便到了華爾克之手。

自古商機易得也易失。在淘金浪潮中，范德比捷足先登，大獲其利。精明的華爾克抓住要點，明知愛財者亦愛其命，便買通范德比的私人醫生，幫助自己搬走了「占山猛虎」，奪走了本屬於范德比的勝利果實。

賈尼尼成功破計

商業競爭中，不少陰謀都是藉「調虎離山」而實現的。要識破此伎倆，就需要嚴密防範，審時度勢，在覺察對手有施計的苗頭時及時回營，果斷反擊，保全自己的實力。

一九二〇年代末，美國義大利銀行創建者馬迪歐・彼得・賈尼尼因為美國聯邦儲備銀行的干預，決定辭去義大利銀行總裁一職，著手創辦泛美股份有限公司。

為了讓華爾街認可並支持他的「商業銀行全國網路化」觀點，賈尼尼委託別人促成自己與摩根的面談，但摩根根本不理睬。於是中間人將另一位叫渥卡的銀行家介紹給了賈尼尼。

當時渥卡出任華爾街一家名叫布雷亞商行的中型投資公司董事長。初次見面，賈尼尼對渥卡非常滿意，便請他擔任泛美股份有限公司的總裁。之後，渥卡透過各種行動，取得了賈尼尼的完全信任。然後，令賈尼尼萬萬沒有想到的是，放心到歐洲休養的他，卻中了渥卡等人的「調虎離山」計。

一九二九年十月二十九日，當時身在倫敦的賈尼尼在報紙上看到了一則驚人的消息：華爾街股市大暴跌！

他立即動身趕回美國。途中，他收到了一份電報：您的兒子瑪里奧已辭去泛美股份有限公司副總裁的職務！在隨後的幾天裡，賈尼尼持續發著高燒，無法動彈。當泛美公司的股票價格滑降到每股二十八元時，他又收到一份電報：渥卡準備出賣泛美股份有限公司！他再也無法坐以待斃，馬上讓護士幫他發出了一封電報，指示瑪里奧將布雷亞商行以原價退還給渥卡，叫渥卡回到華爾街去。很快，他收到了回覆：渥卡以縮小公司規模為藉口，宣布將關閉加州的義大利銀行連鎖店和紐約的美國信託及儲蓄銀行。

原來，渥卡突然召開一次股東臨時大會，宣布關閉義大利銀行；同時，已經大肆散布謠言：義大利銀行已經支撐不住了，勸大家趕快取出存款，賣掉股票。渥卡打算用這種方法讓泛美股份有限公司的股價暴跌，然後他再趁低收購，將公司吞為己有。

不過，這一次渥卡失算了。他沒有料到賈尼尼這麼快就返回美國，並立即組織了一些有力的反擊。賈尼尼先教會瑪里奧如何處理各分行之間的資金調度以及對付擠兌的辦法，同時在美國各大報刊上登啟示：泛美股份有限公司總裁渥卡，正居心叵測地準備侵害每一位善良股東的基本權益，企圖讓下屬銀行紛紛陷入瀕臨破產的處境。除此之外，賈尼尼還向法院提起上訴，指出渥卡所召集的緊急股東會議實屬無效。結果，賈尼尼勝訴。

由於賈尼尼享有極高的聲譽，眾多股東都對他持有很深的信賴，願意支持他。在四個月後舉行的股東大會上，賈尼尼再次奪回了泛美股份有限公司的控制權。

在這場大規模的股市搏鬥中，渥卡與華爾街銀行家們之所以能夠得逞一時，很大程度上緣於「調虎離山」計謀的巨大效用。但賈尼尼的及時歸來，不僅讓這一計謀夭折，還幫助自己百尺竿頭更進一步，最終成為登上全美第一大商業銀行總裁寶座的銀行大王。

第十六計：欲擒故縱[一]

【原典】

逼則反兵，走則減勢[二]。緊隨勿迫，累[三]其氣力，消[四]其鬥志，散而後擒，兵不血刃[五]。需，有孚，光[六]。

【注釋】

一、欲擒故縱：要想制服、擒拿住敵人，先要放任、順應他。
二、逼：用武力逼迫。反兵：回師反撲。走：逃跑。勢：氣勢。
三、累：消耗。
四、消：瓦解。

五、兵不血刃：武器鋒刃上不沾血。意指不戰便使敵人屈服，沒有交鋒就已經獲得勝利。

六、需：等待。孚：誠信。光：通廣、光明。此句意為要善於等待，保持誠信與耐心，前途就會通達而光明。在軍事上，有爭取獲得敵人信服，前來投降之意。

【譯文】

打擊敵人過於猛烈，就會遭到反撲。讓敵人逃跑，反而會削弱敵人的氣勢。緊緊地追蹤，消耗其體力，消磨其鬥志，等敵人兵力分散時，再加以俘獲，這樣不經過血戰就可以取得勝利。根據需卦的原理，此計的關鍵是要停止進攻，讓敵人相信還有逃跑的一線希望。總之，不進逼敵人，並讓其相信這一點，就能贏得光明的戰爭結局。

【解讀】

欲擒故縱中，「擒」是行事的目的，「縱」是方法。兩者是一對矛盾體。古人有「窮寇莫追」的說法，事實上，不是主張不追，而是要巧妙地追。如果方式不對，把「窮寇」逼得狗急跳牆，垂死掙扎，導致己方損兵失地，就不划算了。

因此，欲擒故縱，並不是真正的縱，而是暫時放一放。但最終還是要擒的，而且「放」是為了徹底降服，只是這一「擒」不能花費過高的代價。怎樣才能做到少花代價，就是想方設法讓敵人不能反抗，無力反抗，或根本就不想反抗。敵人不加反抗而降服，善莫大焉。這正是「欲擒故縱」的要義。

對於敵人，最終是要戰勝它、消滅它的，但什麼時候戰勝它、消滅它，怎樣戰勝它、消滅它，是有策略的。古人也有「攻心為上」的古訓，不流血而戰勝敵人，不付代價、少付代價而勝，豈不更好？這應該是人們所追求的。

總之，欲擒故縱的「縱」，不是要求人們對敵人放任不管，任其作亂和妄為，而只是暫時放鬆一下，給其一定寬鬆度，以免對方感到無路可走而採取極端的方式，但同時還要緊緊地跟隨。這樣，會使自己減少取勝的代價。

運用此計時，要銘記以下三點：

一、抓牢手中的線，以防「欲擒故縱」之計前功盡棄。風箏飛得再高，離我們再遠，只要我們手中有一條長線牢牢牽著它，它就逃不出我們的掌心。對待敵人也應該如此，要始終追隨敵人的蹤跡，在施計的同時防止其跑掉。

二、待敵人跑累了我們再擒。落入我們掌心的敵人只要覺得還有一絲逃生的可能，便會拚命地逃走。在驚慌恐懼中拚命逃跑，既是體力上的消耗，也是精神上的消耗。如果我們在給他施加死亡威脅的同時，又留給他逃脫的幻想，他就會出於避害，一直拚命跑下去。而我們只要等到他跑累了，停下來，喪失了基本的反抗能力，便可手到擒來。如果在他仍有反抗能力的時候行動，他定會拚死反攻，爭個魚死網破，我們的損失在所難免。要避免這一點。

三、故意放縱敵人，讓其喪失警覺。在敵人面前，我們可以故意退讓，讓其自我膨脹，以為我們實力弱小，根本無法與他們抗衡。待其思想鬆懈，喪失警惕，便為我們提供了捕捉的良好契機。

除此之外，我們應採取如下防範對策來應對敵人的欲擒故縱之計：

一、戰敗時，決不灰心喪氣，要設法變劣勢為優勢，變撤退為反擊。一旦戰爭失利，我們要放棄消極逃遁的念頭，反過來利用敵人放縱我們的機會，儘快重整旗鼓，恢復並壯大自己的力量。然後或選擇有利的地勢反擊敵人，或設好埋伏誘騙敵人。總之，決不能讓敵人欲擒故縱的企圖得逞。

二、見機行事，機敏迅速地脫離險境。在與敵人的決鬥中，一旦發現己方已經處於被動地位，有被敵人包圍的可能，就應及時反應，主動撤退。利用敵人還沒有形成嚴密的包圍，我們尚可根據自己的判斷，任意選擇突圍方向及路線的優勢，成功逃脫。而此時，敵人尚無思想準備，不會立即反應過來跟蹤我們。

三、隱蹤匿跡，擺脫敵人。如果已經被敵人跟蹤，應該速戰速決。長時間拖著大尾巴在後面，很快便會被拖垮。所以，一旦選準撤退的方向，就要快速行動，採取金蟬脫殼或瞞天過海之計，迷惑敵人，脫離危險。

四、時刻保持清醒的頭腦，決不放鬆警惕。敵人暫時放縱我們的真正意圖，就是要瓦解我們的鬥志，鬆懈我們的思想，然後乘機突襲。為了避免被攻擊，無論何時何地，我們都要保持高度的警惕性和旺盛的鬥志。因為敵人的暫時放鬆而麻痺大意，後果將不堪設想。

【商場活用】

卡內基「縱」名「擒」利

一九六〇年代，美國議會通過了建設橫貫美國東西的大陸鐵路議案，並將此工程交由聯合太平洋公司承建。

安祖‧卡內基聞訊後，立刻四處奔走，希望獲得鐵路臥車的承建權。在奔走活動中他發現，競爭對手中實力最強的是歷史悠久、規模很大的布魯曼公司，當時它的銷售網路已經遍布全美國。

卡內基雖然堅信自己拚盡全力可以獲得鐵路臥車的承建權，但他深知，如果和布魯曼公司激烈競爭，獲得的利潤也會大大減少。不競爭，承建權就很可能拱手讓給了對方。怎樣才能既獲得承建權，又不至於讓利潤大幅度下降呢？卡內基為此大傷腦筋。

後來，卡內基瞭解到，布魯曼公司除了極力追求利潤外，對名氣和品牌也非常重視。是否可以抓住這一點做文章呢？卡內基一拍腦袋，辦法來了。

一天，卡內基在該公司老闆布魯曼下榻的飯店開了一個房間。一次在飯店的樓梯上，卡內基遇到了一位精力充沛且十分機敏的人。他敏銳地意識到，這應該就是他的競爭對手布魯曼。於是禮貌地問候道：「先生，你就是布魯曼閣下吧？我是安祖‧卡內基，您也住在這裡嗎？」「是的，你就是卡內基先生？」

「是的。布魯曼先生，開誠布公地講，我們完全沒有必要進行這種無謂的競爭，這樣對誰都不會有多大的好處。」

「是這樣嗎，卡內基先生？」布魯曼的回答顯然只是出於禮貌，對於卡內基的建議卻不以為然。

「我們之間不論誰透過競爭得到了承建權，最後能獲得的利潤都絕對比不上我們合作得到承建權的利潤多。」卡內基不理會布魯曼傲慢的態度，繼續一口氣將自己的觀點說完，然後客氣地補充一句：「當然，您應該比我更明白這一點。」「有一定的道理。不過，你覺得該採用什麼樣的合作方式呢？」布魯曼陷入沉思。

「聯手成立一家新公司，然後以新公司出面向太平洋公司提起承建投標。」「可是，新公司用什麼名字好呢？」布魯曼流露出對這個問題的關切。

「不出我所料，你果真上當了。」卡內基不由心生歡喜，表面卻仍不動聲色地說：「布魯曼豪華客車公司，您看好嗎？」「行！」布魯曼不禁喜上眉梢。以後的事便順理成章，雙方合作順利，新成立的布魯曼豪華客車公司最終獲得了大陸鐵路臥車的承建權。

卡內基巧妙地放棄擴大自己名聲的機會，讓競爭對手放鬆戒備，從而在「擒」得了部分承建權後也順利地「擒」得了大量的利潤。沒有當初的「縱」，就不會有如此完美的「擒」。

【處世活用】

西門豹為民除害

的效果。

「欲擒故縱」，是矛盾的統一。欲擒不得，或欲擒不易，就可以借助於「縱」，以達到手到擒來

戰國時期，魏王派西門豹出任鄴令。西門豹到了鄴縣，看到那裡人煙稀少，滿目荒涼，便四處打聽是怎麼回事。

一位白鬍子老大爺說：「都是河伯鬧的。河伯是漳河的神，每年都要娶一位年輕貌美的姑娘。要是不送去，漳河就要發洪水，把田地、村莊全淹了。」

西門豹問：「這話是誰說的？」

老大爺說：「巫婆說的。地方的官吏每年還藉著給河伯辦喜事，逼迫老百姓出錢。他們每年收幾百萬錢，但只用二三十萬辦喜事，剩下的就跟巫婆分了。」

西門豹問：「新娘子都是從哪裡找來的？」

老大爺說：「哪家的閨女年輕，又長得漂亮，巫婆就帶人到哪家去搶。有錢的人家花點銀子就躲過去了，沒錢的人家就倒大楣了。到了河伯娶媳婦的那天，他們在漳河邊上放一張葦席，把姑娘打扮一番，讓她坐在葦席上，就放到河裡順水漂走了。葦席剛開始還在水上飄著，過不了一會兒就沉下去了。

鄉民是真的苦啊，有閨女的人家都跑到外地去了，這裡的人口越來越少，地方也越來越窮了。」

西門豹接著問：「那河伯要是娶了媳婦，是不是漳河就不會發大水了？」

老大爺說：「還是會發。但巫婆說幸虧每年給河伯送媳婦，要不然發水的次數還得更多。」

西門豹說：「巫婆這麼說，說明河伯還是靈啊！下一回他娶媳婦，麻煩您告訴我一聲，我也去送送新娘子。」

轉眼到了河伯娶媳婦那天，河岸上站滿了人。西門豹真的帶著衛士來了。看到守令大人都來了，巫婆和地方的官吏很是驚喜，急忙迎接。

那巫婆已經七十多歲了，背後還跟著十來個打扮妖豔的女徒弟。

西門豹提議：「把新娘領來讓我看看長得俊不俊。」一會兒，新娘來了。西門豹一看女孩子滿臉淚水，轉身對巫婆說：「不行，這姑娘不漂亮，麻煩巫婆到河裡跟河伯說一聲，另外選個漂亮的，過幾天再送去。」說完，便叫衛士抱起巫婆，扔進了漳河。過了一會兒，西門豹故意驚訝地說：「巫婆怎麼還不回來？讓她徒弟去催一催吧。」又把巫婆的一個徒弟投進了河裡。不一會兒，另一個徒弟也被投進河裡。

最後，西門豹假裝不耐煩地說：「看來女人辦不了這事，還是得麻煩地方上的管事人去給河伯說一說！」說著，又要叫衛士把管事的也扔進漳河。這些地方上的管事人，一個個嚇得面如土色，連忙跪地求饒，頭都磕破了。西門豹說：「好吧，再等一會兒看看。」最後，西門豹說：「起來吧！看樣子是河伯把她們留下了。你們都回去吧！」

老百姓終於恍然大悟，原來這都是巫婆和地方的官吏聯合起來害人騙錢的。從此以後，誰也不敢再提給河伯娶媳婦的事了。

西門豹帶領老百姓開鑿了十二條大渠，把漳河水引到田裡灌溉莊稼，使漳河兩岸年年大豐收。

西門豹的智慧就在於不去和巫婆、百姓爭論河伯有無之事，因為這樣反而事倍功半，亦不能得到百姓的理解。他巧妙地順著大家的思路，欲擒故縱，既然所有的人都認為有河伯其神，那就讓巫婆自己去和河伯打交道，從而一舉揭穿了巫婆與官吏的把戲，根除了禍患。

晏子妙計取信

「欲擒故縱」之計在日常生活中的運用也極其廣泛。運用此計時，要機動靈活隨機應變，才能達到兵不血刃而取勝的最高境界。

齊景公派晏子去治理東阿。三年後，有人向景公說晏子的壞話，景公十分生氣，於是召晏子入朝，想要罷免他的官職。晏子懇請道：「臣已知錯，請容臣再治理東阿三年。到那時，若還有人說我的壞話，再罷我的官也不遲。」景公答應了晏子的請求，派他繼續治理東阿。

三年過去了，人們對晏子大加讚賞。景公很高興，又召晏子入朝，想要重賞他，但被晏子一口回絕。景公問其故，晏子回答說：「前三年我到東阿，找人修築道路，於是出錢出力者都怪罪我。我節儉勤勞，作奸犯科之人和懶漢刁民也都很怨恨我。權貴橫行鄉里，仗勢欺人，我若不寬恕，他們也勢必會忌恨我。周圍的人求我辦事，我若不答應，他們就一起反對我。於是，我的壞話就傳到了您的耳朵裡。

其後三年，我改變了做法。我不讓人修路，有錢有力氣的人開心了。我鄙視節儉勤勞，姑息犯罪的人和懶漢刁民們高興了。權貴為所欲為，我視而不見，他們便對我十分滿意。周圍的人求我辦事，我有求必應，甚至有時不惜假公濟私，他們於是對我讚不絕口。您看，關於我的好話果然傳到了您的耳中。現在您要封賞我，我卻認為自己理應受到懲罰。這就是我為什麼不能接受您的封賞的原因。」

景公至此才恍然大悟，明白晏子原來是一位賢臣，於是把治理國家的重任交給了他。不出三年，晏子果然幫助齊國躋身於強國之列。

在此例中，晏子為了達到勸服齊景公的目的，寧願做違背自己原則的事，用後三年的不賢反襯前三年的賢良，用「欲擒故縱」的策略最終贏得了景公的信任。

第十七計：拋磚引玉[一]

【原典】

類以誘之[二]，擊蒙也[三]。

【注釋】

一、拋磚引玉：拋出磚頭，引來白玉。比喻用自己沒有價值的東西引出好的、珍貴的東西。

二、類：類同、類似。類以誘之：誘敵的方法很多，最好的是借助相似的東西。

三、擊：撞擊，打擊。蒙：蒙昧。擊蒙也：此處借用此語，意指打擊這種受我方誘惑的愚蒙之人。

【譯文】

用類似的東西去引誘敵人，從而讓迷惑懵懂的敵人上當，並遭受我方打擊。

【解讀】

「拋磚引玉」在三十六計中的意思很清楚，就是拋出去一塊不值錢的磚頭，換來一塊價值連城的玉石，就是「以賤換貴」、「以小博大」。磚可以泛指一切品質次等的、價值低的或量小的事物，相比之下，玉就是一切質優的、價值高的或量大的事物。

而拋出的「磚」可以是「真磚」（實在的好處），也可以是「假磚」（虛晃的動作）。拋的方法也可以有多種：明拋、暗拋、遠拋、近拋、全拋或者分拋。但應該明確的是：引來的東西其價值一定要高於拋出去的，否則會得不償失，白忙一場。

總之，作為一種謀略，拋磚引玉絕不溫文爾雅，而是一種以小利謀大利的誘騙術、掠奪術、謀取術。拋磚出去，就為了等玉，玉不來，則要使用各種手段。或誘取，或騙取，或巧取，或用各種武力強取。用相似的東西去迷惑對方，使其做出錯誤的判斷，以假為真，然後再圖消滅。這就是拋磚引玉之計的要害所在。

此計的運用範圍很廣。可以積極、正當地使用，當然，歪門邪道也同樣生效。

屬於小施出小效，大施獲大效。官場上，一張支票可以弄到一個官位。政治中，一句美麗動聽的謊言，可以騙取大量選票及無數百姓的擁護。軍事上，誘騙、迷惑敵軍，使其懵懂上當，中我圈套，可以趁機攻之。各種運用不一而足。可以說，「拋磚引玉」奇妙無窮，就看你如何靈活使用了。

而當敵人運用此計時，我們可以採取如下防範措施：

一、眼觀六路耳聽八方，機動靈活。隨時根據敵情，對我方的戰略部署做出合理的調整，不可頑固死守，任由敵人愚弄和擺布。只有善於觀察，隨機應變，一旦發現可疑之跡便及時審查，分辨真偽，才能有效防範敵人已經設計好的圈套落到我們身上。

二、時刻認清形勢，分清敵我，堅持「天下沒有白吃的午餐」，不被敵人的小恩小惠左右。貪小便宜往往會誤入賊船，而敵人在有能力保護自己權益的情況下，一般是不會將利益拱手相讓的。因此，如果在敵人防守嚴密，掌控有力的區域內發現微利，就要仔細辨別其是否為誘餌，切不可正中敵人下懷，得小便宜吃大虧。

三、堅持自己的主張和判斷，不讓敵人的花言巧語左右我們的計畫，嚴防陷入從眾的困境。別人暗示有利，你就去取；別人都搶著做的事，你也跟著去做，就難免誤入陷阱。因此，一定要固守自己的思想和獨立見解，越是混亂之時，越要保有自己的主見。

總之，一旦發現敵人有運用「拋磚引玉」計謀的跡象，就應及時拆穿並破壞其企圖，決不能讓對方拿「破磚」騙走我們的「良玉」。

【兵家活用】

契丹人大破唐軍

「拋磚引玉」之計，實際上就是利用敵人的弱點，給予一點甜頭誘敵上當，最後達到戰勝或殲滅敵人的目的。以下這個故事便是利用了敵人驕橫自大、容易輕敵的弱勢，得以成功地將其誘入埋伏予以消滅。

西元六九〇年，契丹攻佔營州。武則天派曹仁師、張玄遇、李多祚、麻仁節四員大將西征，以奪回營州，平定契丹。

契丹先鋒孫萬榮熟讀兵書，頗有計謀。他想到唐軍聲勢浩大，正面交鋒對己不利，便首先在營州製造缺糧的輿論，並故意讓被俘的唐兵逃跑。唐軍統帥曹仁師見一路上逃回的唐兵面黃肌瘦，並從他們那裡得知營州嚴重缺糧，營州城內契丹將士軍心不穩。曹仁師心中大喜，認為契丹不堪一擊，攻佔營州指日可待。

唐軍先頭部隊張玄遇和麻仁節部，都想奪頭功，貪功冒進，向營州火速前進。一路上，從營州逃出的契丹老弱士卒自稱營州城嚴重缺糧，士兵紛紛逃跑，並表示願意歸降唐軍。張、麻二將更加相信營州缺糧、契丹軍心不穩了。於是，他們率部日夜兼程，趕到西峽石谷。只見此處道路狹窄，兩側是懸崖絕壁。依照用兵之法，這裡應該是設埋伏的險地。然而，張、麻二人誤以為契丹士卒早已經餓得不堪一擊了，加上奪取頭功的心理作祟，便強令部隊繼續攻進。

唐軍浩浩蕩蕩進入谷中，順利行進。不料，黃昏時分，只聽一聲炮響，絕壁之上瞬間箭如雨下。唐軍人仰馬翻，相互踐踏，死傷無數。只見孫萬榮親自率領人馬從四面八方撲奔過來。唐軍進退不得，前有伏兵，後有騎兵截殺，不戰自亂，張麻二人也被契丹軍生擒。孫萬榮利用搜出的唐軍將印，立即寫信報告曹仁師，謊報已經攻克營州，要曹仁師迅速到營州城處置契丹頭人。

曹仁師早就已經放鬆警惕，接信後，深信不疑，馬上率部奔往營州。大部隊急速前進，也準備穿過西峽石谷，趕往營州。不用說，這支目無敵情的部隊重蹈覆轍，同樣遭到契丹伏兵圍追堵截，全軍覆沒。

此例中，孫萬榮故意放跑被俘的唐兵，並逐步安排契丹老弱殘兵出逃，給張麻二人造成敵軍潰退無能的錯覺。契丹人誘敵深入，最終一舉將敵軍殲滅，可謂將計拋磚引玉用到極致了。

【商場活用】

買一贈一的奇效

在經營活動中，可以在很多方面引用「拋磚引玉」之計。如企業在商品推銷活動中投入廣告費用、產品開發活動中投入科研費用和試生產費用，招攬人才過程中出示的福利待遇等等，無不收到拋磚引玉之效。

美國康乃狄克州有一家叫奧茲摩比的汽車廠，是美國通用汽車旗下的一個汽車品牌，它的生意曾長期不振，工廠一度面臨倒閉。該廠的總裁對經營和生產策略進行了反思，總結出了企業經營失敗的原因：推銷方式不靈活。於是，他對競爭者及其他商品的推銷術進行了認真的比對，最後設計出了一種大膽的推銷方式，「買一贈一」。

買一送一的做法，由來已久了，但一般的做法是免費贈送一些小額的商品。如買電視機，送一個小玩具；買錄影機，送一盒錄影帶等等。而這種對顧客施加一點小恩惠的推銷方式，的確有很大的促銷作用。

而奧茲摩比的現狀是：因為積壓了一批轎車未能及時脫手，工廠資金不能回籠，倉租利息負擔極其沉重。針對該情況，總裁決定破釜沉舟，在全國主要報刊登一則特別廣告：買一輛托羅納多牌轎車，就可以免費獲得一輛「南方」牌轎車。

奧茲摩比汽車廠以買一輛轎車贈送一輛轎車的獨特方式，一鳴驚人，讓許多對廣告熟視無睹的人刮目相看，相互傳告。許多被廣告吸引的人，不辭遠途地來看個究竟，該廠的經銷部一下子門庭若市。過去無人問津的積壓轎車以原價被人買走，該廠也一一兌現在廣告中所承諾的，免費贈送一輛嶄新的「南方」牌轎車。如果買主不想要贈送的轎車，還可以獲得部分折扣。

奧茲摩比汽車妙用「拋磚引玉」這一招，雖然每輛轎車看似虧損少許，卻順利地將積壓的車一售而空。

該廠的總裁深知，這些車如果積壓一年賣不出去，每車損失的利息和倉租、保養費也接近這個數了。而現在，不但「托羅納多」牌轎車名聲四揚，提高了知名度，增加了市場佔有率，同時也帶出了個新牌子——「南方」牌。這種低檔轎車開始以「贈品」的名義出現，隨著贈送多了，慢慢地也有了名氣。這樣，奧茲摩比汽車廠一舉兩得，真正起死回生了，生意也從此走上繁榮興盛的道路。

最終，奧茲摩比雖然於二〇〇四年仍因經營不善被裁撤，但當年用「南方」牌汽車這塊「磚」，換來了壓倉車的火爆銷售，解決了一時經營難題的同時，還收到了意想不到的效果，稱得上是將「拋磚引玉」之計用到了極致！

【處世活用】

李密散財逃生

「拋磚引玉」之計，是在處事做人時，先給對方一些甜頭，自己則能得到更大的利益。滴水之情當湧泉相報，投之以桃報之以李，正是此計的正解。

隋朝末年，李密參與楊玄感的謀反行動失敗。一同參與謀反的許多同黨被捕後都被關進了京兆大牢，隨後又從西都長安被押往煬帝巡幸的高陽。

途中，李密想要藉機圖謀脫逃，便暗中對同黨們說：「如今我們的性命就像早上的露水，朝不保夕。一到高陽，必定難逃粉身碎骨的慘運，現在路上倒還有辦法可想。總之，各人性命只有一條，怎能引頸受戮，坐以待斃？只要有一線希望，都應該設法逃走，大家說對不對？」眾人紛紛表示贊同，並推舉李密制訂逃亡計畫。

李密說：「你們身上不都帶著金子嗎？人一死，這東西就分文不值了，但它現在卻能替大家買回性命。」眾人表示一切聽李密吩咐。

於是，李密和同黨一起把金子拿出來給負責押送的使者看，並齊聲哭哭啼啼道：「這些東西對我們來說已經沒有任何用處了，我們想全部留贈給你們。只希望我們死後，能找塊兒地方把我們埋了，免得暴屍荒野受野狗惡鳥的凌辱。埋葬用畢，應該還有很多結餘，就算報答你們的恩德吧。」使者受到金子的誘惑，當即滿口答應。有了金子開路，李密等人的待遇，得到了明顯的改善。一出函谷關（今陝西潼關），押送者們的管制就漸漸放鬆了。李密開始實施第二步行動計畫。

他懇請使者給他們買酒買菜，以便死前能再好好享受一下生活的樂趣。此後，大家飲酒作樂，猜拳行令，常常通宵達旦，使者也並不干涉。不久，一行人抵達邯鄲，距目的地高陽已近。李密覺得再不走就沒有機會了，於是暗示大家做好準備。

當晚，一行人在城外的村子住宿，恰好關押李密等人的那間屋牆體不太牢固。李密等人在夜深人靜時悄悄鑿開了一面土牆，成功地逃了出去。

第二天清晨，使者打著呵欠來叫李密等人上路，卻赫然發現屋內已空無一人。

李密他們早就遠走高飛了。

在這個故事中，李密拋出「身外之物」這塊「磚」，得到的卻是生命這塊美「玉」，稱得上捨得了，才得得到。

在具體的實施過程中，李密將整個事件安排得絲絲相扣，滴水不漏，因此才能萬無一失地救得自己及同黨的性命。

姚崇智鬥張說

在運用「拋磚引玉」之計時，「拋磚」雖好理解，但真正拋時卻需要全方位思索怎樣拋，往何處拋，拋什麼樣的「磚」適當等等。這要求「拋磚者」要動腦筋，善於觀察對方，準確把握對方的弱點，才能確保成功。

唐玄宗時，姚崇和張說同朝為相。兩人相互嫉妒，常常明爭暗鬥，有時連皇上也調解不了。

這年，姚崇得了重病，日漸加重，眼看自己快不行了，便把兒子們召至床前，說：「為父就要撒手歸天了，回顧一生，也曾幹過一番轟轟烈烈的事業，沒有什麼可遺憾的。只是身後有件事我實在放心不下。張丞相與我同朝為官多年，言來語去，多有摩擦。我在世時，他不敢怎樣。但我死後，他定會編織罪名，壞我名聲。

一死萬事休，我倒沒什麼了，只是你們幾位受牽連。若我一旦獲罪，肯定會株連你們。你們有什麼好辦法應對嗎？」兒子們面面相覷，沒了主意。姚崇繼續說：「制人，要因人之性，借人之手。這樣吧，等我死後，張丞相照慣例會來祭奠。他來之前，你們把我平生搜集到的佩飾玉玩都擺在供案上，見機送給他。等他收下，就懇請他為我寫碑文。一旦拿到碑文，就立刻稟報皇上批准。這樣，定能化凶為吉。」

姚崇死後發喪，張說果然來弔唁。剛進靈堂，他就緊緊地盯住了擺在靈案上的玉器寶玩。連行禮時，也心不在焉，直盯著不放。姚崇的兒子們心中暗喜。忙按爹爹生前指教，將寶玩玉器盡數送與張說。張說假裝推辭了幾下，最後還是歡天喜地地收下了。寶玩拿到張說府上，張說還來不及看個遍，姚崇長子便前來求見。一問，原來是來請求為父撰寫碑文的。拿了人家的東西，這點小事情，當然不能推辭。張說不多考慮，就一口答應了。姚崇長子千恩萬謝地走了。

死人的碑文是急等著用的，說寫就得寫。再說，張說也想趕緊應付了事，好細細品玩那批稀世珍寶。於是馬上叫下人磨墨，揮筆草就。按照當時寫碑文的時風，張說說了不少讚譽姚崇的話。碑文剛寫完，姚崇的兒子們忙按父親吩咐，呈奏皇上。

待皇上御批之後，姚崇的兒子們便速請人將其刻在了石碑上。

過了兩天，張說從偶得寶玩的狂喜心境中平靜下來，仔細回味一番，才覺得此事有點蹊蹺。他姚崇家為何無緣無故地送這麼珍貴的寶玩給自己呢？又一想自己所寫的碑文，才大呼「上當」，忙派人前去姚府，說前幾日所寫碑文有點不妥之處，請求取回去修改。

家人回報「那碑文已奏過皇上並已刻在碑上」，張說一屁股坐在椅子上，哀歎一聲：「又被姚崇這匹夫算計了！」

其實，姚崇深知張說貪求寶玩玉器之性，才因其性而施賄賂之計。姚崇「拋磚引玉」，用一些寶玩玉器迷惑了自己的政敵，讓對方為自己說好話，並且搶佔時機，避免了對方反悔。張說無法在姚崇死後對其進行攻擊，也為姚崇的兒孫們免除了一場大劫難。

第十八計：擒賊擒王

【原典】

摧其堅，奪其魁一，以解其體二。龍戰於野，其道窮也三。

【注釋】

一、奪其魁：奪，搶奪、擒獲；魁，第一、最大，這裡指首領、主帥。

二、以解其體：解，瓦解、分解；體，軀體、整體，這裡指全軍。

三、龍戰於野，其道窮也：野，郊外、野外；窮，困頓；道窮，無路可走。此處指，龍本來在大海深淵裡或在天空雲雨中才能施展威力，如果陷在原野裡搏鬥，便會一籌莫展，難以擺脫失敗的結局。在戰鬥中比喻摧毀敵軍主力，抓住敵軍首領，就可以瓦解它的整體力量。

【譯文】

摧毀敵人的中堅力量，抓獲敵人的首領，就可使敵人全軍解體。這就好像龍在曠野作戰，一籌莫展，根本無法取勝。

【解讀】

詩人杜甫說過：「射人先射馬，擒賊先擒王。」王，指的是國家、軍隊等組織的首領或核心人物，是組織展開集體行動的指揮調度中心，是組織發揮整體力量的樞紐或關鍵。所以，要消滅和瓦解一個組織，攻擊的中心是其核心人物，一旦把他們擊倒，組織就會群龍無首。

此計有以下兩種含義：

一、擊中要害。俗話說：「打蛇要打七寸。」七寸之處是蛇的心臟。打壞了蛇的心臟，它自然不能再存活。同理，任何事物都有關鍵和要害部位，抓住要害和關鍵，才能取得事半功倍的效果。而戰爭中，首領在其組織中的引導和凝聚作用是不可小覷的。抓住其首領，不僅可以震懾其餘，剩下的力量也會因為不知何去何從而面臨困境，這是對己方極其有利的條件。

二、提綱挈領。善於張網的人，總是能抓住網的總鋼繩；有經驗的家庭主婦，也總是會提著裘皮大衣的領子，上下一抖，裘皮毛自然被理順。任何事物都有「綱」和「領」。只要我們抓住要領，就可以以簡馭繁，以少制多。這便是提綱挈領的妙處。

擒賊擒王的道理很簡單，做起來卻不那麼容易。擒王，不僅是要捉拿對方的首領，還指消滅其主力。這兩者雖然在理解上有其共通之處，但具體使用時還要根據具體情況靈活變換。一般來說，擒住首領必然會動搖軍心，瓦解整體；而滅其主力，首領自然也沒了依靠，無所作為。因此，先擒其首，後滅主力，則如打蛇七寸，事半功倍；而先滅主力，後擒其首，則手到擒來，一樣絕妙。

而在商戰中，常用的方法是「挖腦」、「獵頭」。就是將對手的骨幹力量拉過來為自己所用；或是排擠對手的首腦或主管，讓其失去根基。在西方經濟界，擒賊擒王計也會用於實施各種好處左右政府首腦和主管官員，讓他們為企業獲得厚利而提供各種便利及庇護。

而在應對敵人的擒賊擒王之計時，應注意以下事項：

一、防備敵人要有重點。對敵人的進攻要小心防範，但也不可能處處防範。處處防備，就會分散精力，容易被敵人攻擊要害。所謂「無所不備則無所不寡」。因此要把防範的重點放在自己的「王」身上。正如拳擊運動員要戴上頭盔，足球運動員要穿上護膝一樣，頭部和膝蓋都是易受攻擊的部位，但又恰恰是不可受傷的部位。我們在防備敵人時也應該分清輕重緩急，重點保護好自己的「王」，不要被敵人擒住。保住指揮的核心，才有取勝的可能。

二、要有充足的後備支援，以防不測。就像在用電腦辦公時，常常會對檔案進行備份保存一樣，在工程技術中也有一種「多餘技術」。它是為了保證機器正常運轉而事先安裝的備用部件，雖然暫時不會用到，但一旦有某些關鍵易損件突然失效，備用部件就會自動頂替，作用極其關鍵。我們在競爭中也要有這樣的準備，一個「王」如果不幸被擒，另一個新「王」應該立即出現，做到「王」位永不空缺，組織永不鬆散，指揮永不斷裂，始終保持旺盛的生命力，這樣敵人就無可奈何，只得望「王」興歎了。

三、對於敵人的小惠小利，要有堅定的意念，做到「愈窮彌堅，不改鴻鵠之志」。要知道，敵人的糖衣炮彈，往往只能在意志薄弱者的身上發揮作用。如果我們有堅強的意志，做到「富貴不能淫」、「酒色不能亂」，那麼，無論敵人多麼狡猾和險詐，我們都不會中計，他們的企圖也就只能泡湯了。

【處世活用】

姬光巧稱王

「擒賊擒王」計，軍事上可用，商戰中可用，在歷朝歷代的政治爭鬥中一樣可以運用。「擒賊擒王」用於政治，就是要擒拿對方首領，而後使對方徹底瓦解。

春秋時期，吳王諸樊死後，本應由其子姬光繼位。但姬光遵守父命，將王位讓給了叔叔夷昧。等夷昧死時，按理應輪到姬光繼位，不料夷昧之子王僚貪得無厭，竟自立為吳王。公子姬光心中不服，暗中尋思如何殺掉王僚奪回王位，但苦於朝中大臣多是王僚的黨羽，只好忍氣吞聲，苦苦等待時機。

一天，伍子胥從楚國逃難到吳國。姬光將他收為心腹，並向他請教奪取王位的計策。伍子胥給姬光出了一個「擒賊先擒王」的謀略。先將手握重兵的王僚親信慶忌、掩余等人調離王僚身邊，然後再找機會刺殺王僚。王僚一死，其部下必然土崩瓦解，四處逃散。為了成功實施這一計畫，伍子胥還向姬光推薦了勇士專諸。

因為知道王僚極愛吃魚，姬光便先把專諸派到太湖邊上學做魚。三個月之後，專諸手藝學成，所有的人都對其手藝讚不絕口。於是姬光便把專諸藏在自己府中，圖謀刺殺王僚。

又過了一些日子，鄰國楚國國君去世。根據伍子胥的計謀，姬光力勸吳王伐楚，而自己卻假裝從車上摔下傷了腳。於是王僚只得派掩余為將，再派慶忌聯絡鄭國、衛國等小國，共同攻打楚國，只將姬光留在吳國朝中。

姬光見時機成熟，便對王僚說：「我府上新來了一位廚師，最擅長做魚，請大王到我的府內來品嘗。」王僚一聽說吃魚，便來了興致，隨口就答應了下來。沒幾日，王僚在前呼後擁下來到了姬光府上。席間，姬光藉故溜了出去，而專諸雙手捧著做好的鮮魚走上殿來。王僚手下的武士對他上上下下搜了個遍，也沒有發現任何武器，於是便命他將魚捧給王僚。

不料，專諸已經將短劍暗藏於魚腹之中。在靠近王僚時，他突然抽出匕首，直刺王僚胸口，又快又狠。這一動作專諸已經暗中練習了不知多少回，王僚毫無準備，大叫一聲便氣絕而亡。

這時，反應過來的眾侍衛才慌忙舉起刀劍，將專諸剁為肉泥。那邊姬光見專諸得手，便派出手下將士追殺王僚的隨從。樹倒猢猻散，王僚一死，他的手下便作如鳥獸散去。於是姬光趨車入朝，聚集群臣，自立為吳王。帶兵在外打仗的慶忌、掩余等人，聽說王僚已死，自己的軍隊又被楚軍死死困住，不得不扔下大軍，自顧逃命去了。

伍子胥深知運用「擒賊擒王」之計的關鍵：要解決問題，就必須抓住根本，否則無異於隔靴搔癢。因此他建議姬光巧妙地將王僚和隨從分開，派人直刺王僚，從根本上破壞了對手的聯盟，餘下的就只是失去指揮、無法抵抗的殘兵敗將，對自己沒有任何威脅了。

張東之反其計而用之

「摧其堅，奪其魁」，是擒王之計得以成功的關鍵。要做到這一點，需要比對方更堅定、更機智。而如果要反其計而用之，擒王為我所用，則更需要提高自身的聰明才智和攻堅本領。

女皇武則天晚年極其寵幸張易之、張昌宗兄弟倆。這兩兄弟天天侍候在武則天左右，百般討武則天歡心，因此，貪贓枉法，欺凌群臣，毫無顧忌。群臣對此無可奈何。

武則天對張易之、張昌宗的寵幸勝過了自己的骨肉子孫。她的兒子李顯，軟弱無能，懼怕武則天。雖然已被立為太子，但卻幽居東宮，無法參與朝政。有一次，李顯的兩個未成年子女私下議論了張易之、張昌宗，不料被武則天知道了。面對武則天的百般刁難，李顯竟嚇得讓自己的兩個子女服毒自殺。

神龍元年（西元七〇五年），武則天病重。她只讓張易之、張昌宗二人在她身邊，並把一切國事統統交給二張處理，不許大臣近前。大臣們擔心二張擅權篡位，著急地聚在一起籌劃對策。

年已八十歲的宰相張柬之決心自己冒險，出面組織策劃剷除二張。他先分別做守衛皇宮的御林軍的工作，並聯絡了武將及朝中一批正直的大臣，共同商議如何動手。然而，誰也不敢擔「犯上」之名。

這時，有人向張柬之進言：「擒賊擒王，我們何不反其意而用之，挾太子號令天下呢？」張柬之連稱妙計，於是決定逼太子出面，以太子的名義號召宮廷上下。

張柬之和武將們率領五百多名御林軍，按照約定的時間來到了宮廷外的玄武門，並事先派李多祚等人到東宮去迎接太子。太子李顯一想到他的幾個兄弟因反對武則天而被殺掉，便嚇得渾身哆嗦，額頭冒汗，不敢決斷。

李多祚等人再三催請，並痛切地向他說明利害：「再延誤時間，就來不及了。事已至此，倘若因延誤而失敗，不僅斷送了你祖宗的基業，你和群臣的身家性命也都難保，必然會造成大殺戮的慘劇。」太子不得已，隨同李多祚等人來到玄武門。在張柬之的帶領下，群臣徑直闖入武則天的寢宮。張易之和張昌宗見狀，正要發問，士兵衝上去便將二張砍死了。武則天聽到響聲，正欲起身，張柬之進前奏報：「張易之和張昌宗謀反，我等奉太子之命，已將逆賊殺死。」武則天隨即便暈了過去。

等她醒來，還有氣無力地問太子李顯：「這件事是你指使的嗎？」李顯點頭承認。武則天雖然恨得咬牙切齒，但礙於大勢已去，她也無法降罪於大臣。大臣們乘機上言，希望武皇傳位給太子。武皇病情日益加重，無奈之下，只得讓太子繼位。

最後，張柬之等人藉太子皇權的力量，又迅速消滅了張易之、張昌宗的黨羽，穩定了皇宮。

第四套：混戰計

混戰計，顧名思義，就是利用混亂的局勢奪取最大的利益。在實際運用中，「示人以渾而實則清」，讓對手摸不著頭腦，亂其心志，而後引誘其按自己的意圖行事，從而實現自己的企圖，乃使用混戰計的奧妙所在。

第十九計：釜底抽薪[一]

【原典】

不敵其力[二]，而消其勢[三]，兌下乾上之象[四]。

【注釋】

一、釜底抽薪：釜，古代的一種烹飪器具。意指水的沸騰，是靠火的力量。而柴火是火力旺的原因。因此，如果想制止水沸騰，就要抽取柴草。

二、不敵其力：敵，對抗，攻擊；力，強力，鋒芒。

三、而消其勢：消，消弱，消滅；勢，氣勢。

四、兌下乾上之象：兌下乾上為《周易》六十四卦中的「履」卦。這裡有以柔克剛的意思。

即遇到強敵，不要去和他硬碰，而要用陰柔的辦法去消滅其剛猛之氣，然後設法制服他。

【譯文】

如果在力量上不能戰勝敵人，就可以轉而削弱其力量的源泉。這就是《易經》兌下乾上的「履」卦推崇的方法：尾隨居下，以柔克剛，四兩撥千斤。

【解讀】

「釜底抽薪」，顧名思義是說水在釜中沸騰，就是因為柴火在釜底燒。從釜底把「薪」抽去，就自然止住了水的沸騰。這就是告訴人們，要從根本上去解決問題。

世間很多事物的初始與發展，與水沸釜中的形式是一樣的。與對立勢力的較量，也與制止水沸的道理相同。正面攻擊，等於用熱水止沸，勞而無功；而抽取沸水的能量來源，消除對立勢力的生存根源，迫使對手喪失力量供給的來源和有利條件，使對手成為「無源之水，無本之木」，由盛轉衰，便可置其於死地。

在相互對壘、劍拔弩張，而又無法直接迎擊敵人強大的正面力量時，就要消滅敵人強大力量藉以生存或產生的根源。就是說從對方的幕後下功夫，側面暗算，從根本上削弱它的戰鬥力，用以柔克剛的辦法來解決問題。

古今中外，不論是在戰場、商場、職場或是在政治舞臺上，運用釜底抽薪之法來解圍取勝的例子不計其數。而在使用這一計時，關鍵要把握好兩點：一是確認清敵人的「釜底之薪」是什麼。這是實行此計的必要前提。一般而言，凡是影響敵人後勁的力量，都可以作為「抽薪」的目標。二是要在以柔克剛的原則下運用正確的手段和方法。針對敵人「釜底之薪」的具體情況，靈活使用適宜的方式、方法，不可生搬硬套。

而當對方採用釜底抽薪之計時，我們也應採取以下防範措施加以應對：

一、備足柴草，應對不測。為防止被對方抽走釜底之薪後陷入尷尬，我們必須準備足夠多的柴草，以保證釜底之火綿延不絕。否則，所備的積薪少，即使不被抽走，也會因柴草接濟不上而無法補救，導致火勢斷絕。所以，足夠的防備是為了讓自己有足夠的力量去應對複雜多變的形勢，避免彈盡糧絕，自取滅亡。

二、嚴守鍋灶，防敵抽薪。首先，只有清楚地認識到鍋下之火的重要性，才會對鍋灶嚴加防守。只有嚴密看管，才可以在敵人動手抽薪之前，將其擊退。或者至少可以在薪被抽走時，及時發現，並採取相應措施，將損失降到最低。另外，將鍋蓋蓋緊也具有至關重要的作用。釜底之薪被抽走後，蓋緊鍋蓋，保留水的餘溫，可以為己方贏得一定的時間進行補救。

三、及時添柴，迎難而上。柴被對手抽出後，不能手足無措，消極等待。「亡羊補牢」，為時不晚。要及時拾起柴草，扭轉被動局面。甚至在鍋灶被毀後，都可以在別處另起鍋灶，重振旗鼓。

總之，運用此計與防備此計，都需要提高素質，增長見識，增加謀略，這是此計見效的關鍵，也是取勝的關鍵。

【兵家活用】

美軍的「飢餓」戰

運用「釜底抽薪」之計，關鍵在洞察對方，識其根本所在，尋找並瞄準其生命線，穩、准、狠、快地出招，才能收到實效。

第二次世界大戰期間，日本作為島國，資源匱乏，很多物質都依賴從國外進口。太平洋戰爭爆發後，隨著軍事工業的擴大，日本戰略物資和工業原料的進口額大幅度增加，海上交通線更成為日本賴以生存的生命線。

鑑於這樣的形勢，美軍決定痛擊日本要害，扼其生命線，一舉將其制服。這次以「飢餓」為代號的戰役，對於日本的經濟潛力以及軍事工業生產來說，無異於釜底抽薪。

而美軍行動一開始，便遇到了難題。由於日軍在九州、四國和本州沿海水域布設了大量水雷障礙和防潛網，加上海岸防禦炮火的威脅，美軍潛艇和水面艦艇難以進入日本近海執行布雷使命。但讓美軍可喜的是，隨著戰略轟炸的展開，日軍航空力量受到了嚴重削弱，日本近海地區的制空權已牢牢掌握在美軍手中，使用飛機實施航空布雷的條件已經成熟。

一九四五年一月，美軍出動轟炸機在越南金蘭灣、西貢和新加坡海域布下五百多枚水雷。這是美軍在第二次世界大戰中首次大規模實施航空布雷行動，也是為即將開始的對日大規模布雷而實施的一次實戰演練。美軍「飢餓」戰役歷時共四個半月，它的成功實施，幾乎徹底摧毀了對日本至關重要的海上運輸。

一九四五年三至八月，下關海峽運輸量下降九八％；而瀨戶內海進口物資也驟降九〇％，因為只能通行機帆船之類的小型船隻，維持戰爭所急需的石油、煤炭、糧食等戰略物資供應近乎中斷。除此之外，日方軍工企業由於原料斷絕，紛紛停產或關閉；日軍大批飛機、艦艇由於燃料極度缺乏而被迫停飛、停航，直接影響了部隊的戰鬥力；由於航運中斷，生存物資無法轉運。而日本國內的糧食供應極其困難，因為要優先保證軍隊需要，日本國民的糧食供應被降到最低限度，人們食不果腹，在飢餓線上苦苦掙扎。

美軍在實施此次戰略性的攻勢布雷時，準備充分，計畫周密。海空兵力協同配合，投入兵力之集中，布雷海域之廣闊，布雷強度之密集，堪稱史無前例。最終實現了全面、徹底封鎖日本海上交通的戰役企圖，讓日軍在物質上和精神上都受到了極其沉重的打擊，大大加速了日本的徹底潰敗。

「飢餓」戰役可以說是第二次世界大戰中「釜底抽薪」謀略運用規模最大、效果最顯著的戰例。美軍這一招擊中了日本的死穴，最終將日軍送上了不歸路。

【商場活用】

三菱固守霸主之位

運用「釜底抽薪」之計，本身應具有高智慧和高謀略。在實際商戰中，經常可以看到競爭雙方互用此計，但結局總有一勝一負。只有估計準確，分析精闢，用計得當的智者，才會多幾分勝券。

西南戰爭時，日本三菱公司曾從事輸送軍事物資而獲暴利。到一八七七年底，三菱公司屬下的輪船數量已經達到當時全日本輪船總數的七五％，三菱一躍成為日本海運的霸主。

一八六〇年春，三菱公司總裁彌太郎在公司政務會議上就提高運費進行了說明：「根據目前的運量和市場形勢，為了賺取更高的利潤，我認為必須採取一項十分必要的新措施。」他停了停，接著說：「這項新措施就是，從現在起，與三菱公司做海運生意時必須用銀幣進行交易。紙幣正在大幅度貶值，如用銀幣交易，無形中就相當於提高了運費。」小島專務馬上站起來附和道：「總裁所言極是。目前，日本對外對內運輸物資只能依靠海運。因此，儘管我們的條件看起來苛刻，但是海運者要想生存，也只能接受。不然，他們就將面臨破產和倒閉的危險！」此時，經過公司謀事專家們的討論，這項措施很快就出爐了。

而此時，日本三井物產公司益田孝總經理站在窗前，望著遠處繁忙的海港碼頭，猛吸了一口香菸，陷入了沉思。三井公司主要經營出口業務，海運對他們公司來說，再重要不過了。但目前公司只有三艘輪船，輸送貨物是遠遠不夠的。因此，他們不得不求助於三菱公司，一年付給三菱的運費就高達七十萬元。現在，三菱又拋出了只收銀幣的新措施，這讓益田孝很是苦惱。

窗外海輪的汽笛聲打斷了益田孝的沉思。井上專務走進辦公室，遞上了當月的運費結帳單，憤憤地說：「益田君，三菱公司太不像話了，運費這麼高，我們的生意實在不好做啊。您想個辦法吧？」益田孝坐到沙發椅上：「我想了很久了，不能讓這種不合理再繼續下去了。我去找一下我在大藏省工作時的上司澀澤榮一君，讓他幫忙想一個妥善的辦法，改變我們目前的處境。」已任銀行總裁的澀澤榮一靠在舒適的長沙發上，作為三井物產公司在東京股票交易所的幕後操縱者，他對三井的現狀也十分關注。聽完益田孝的陳述，他緩緩地坐直身子，說：「我可以幫你成立東京帆船會社，但是其他船主，要由你去聯絡了。」「謝謝總裁！」益田孝感激之餘，便向澀澤榮一鞠躬致意。

三菱公司總裁彌太郎很快便得知了益田孝的計畫。他立即找來自己的謀士團，商量對策。松田專務說：「澀澤榮一是益田孝的後臺，要想打敗益田，須先扳倒澀澤。澀澤如今在日本很有權威，因此，我們不能和他正面對抗，不如用釜底抽薪法將其擊敗。」日本報界大亨大隈和彌太郎關係甚好。彌太郎利用大隈職務之便，先是透過報紙旁敲側擊，而後發展到攻擊澀澤榮一的財經政策與隱私家事，同時大肆中傷益田孝。這一招很快便見效，澀澤榮一的名譽和聲望一落千丈，讓原來想入股益田孝會社的商人開始動搖。

緊接著，彌太郎召集政務會，著手部署第二步計畫，即用重金、低利、低運費等手段，誘惑支持益田孝的當地船主、貨主，讓他們遠離益田孝。

最後，彌太郎使出了最關鍵的一招：私下收買了東京股票交易所的股東，以此割斷「東京帆船會社」的資金來源。

儘管「東京帆船會社」後來還是成立了，但情況十分糟糕。中途退出的人太多，加上資金也發生了問題，只籌措到預定數額的一半，連三井物產公司貨物的運送都無法完成，「東京帆船會社」的業務更是無法順利開展。益田孝最終還是只能用原來的三艘輪船來運貨。

不難看出，三菱公司「釜底抽薪」，將對手益田孝所依賴的人、物、財全都切斷，讓對方的「釜底抽薪」計畫無法實施，只得退回原地。

船王直擊「釜底之薪」

「釜底抽薪」之計，在軍爭中運用，小用小效，大用大效。同樣，商戰中也可靈活運用而取奇效。一九五〇年代初，希臘船王歐納西斯就是運用「釜底抽薪」的策略，差一點將沙烏地阿拉伯石油海運權拿到手，實現他做石油大王的美夢。

當時，美國的阿美石油公司和它的股東們，不僅壟斷了沙烏地阿拉伯石油的開採權，還用有形和無形的高牆嚴密地保護著他們的特權。企圖染指這裡的石油開採，簡直就是異想天開。夢想做石油大王的歐納西斯，仔細地研究了阿美石油公司的運行及阿美石油公司和沙烏地阿拉伯國王所訂的壟斷開採石油的合約。按合約，每採出一噸石油，阿美公司就要付給沙烏地相當數目的特許開採費。石油采出後，再由阿美公司的船隊運往世界各地。歐納西斯還發現，石油如果不運出沙烏地，就無法獲得它應有的市場價值。而當時，陸上運輸費用過高，根本無法與海運的優勢相比。

因此，歐納西斯得出結論：阿美石油公司勢旺，就旺在海運權。只要設法壟斷了沙烏地阿拉伯石油海運權，阿美石油公司的勢力就會大大削弱，從而能夠迫使它轉讓出公司的部分股份。這樣，自己就可以實現直接插手石油業的夙願了。總之，歐納西斯決定一手抽掉阿美公司釜底下的「薪」。

歐納西斯在細心的研究中發現，沙烏地其實並不排斥擁有自己的油船隊來從事石油運輸。於是，他決定從這裡下手，奪取沙烏地石油的海運權。歐納西斯首先向沙烏地國王遊說：「阿拉把人間財富給了你，你應該設法把你的利潤擴大一倍才對啊！阿美公司把你的石油開採出來，通過運輸可以賺到兩倍的錢。你為什麼不自己買船運輸呢？阿拉伯的石油應該由阿拉伯的油船來運輸啊！」

隨後，歐納西斯又向包括沙烏地反美運動的領袖、民族主義者查瑪律・侯賽因在內的酋長們闡述極具反美色彩的主張：應當由掛阿拉伯旗的阿拉伯油船來運輸阿拉伯的石油。然後，歐納西斯又和王儲阿卜杜勒・阿齊茲長談了他的設想。最後，連原第三帝國的國家銀行總裁雅馬爾・沙赫特也表示願意到沙烏地去說服國王採納歐納西斯的意見。

一九五四年一月二十日，原王儲阿卜杜勒・阿齊茲登上了王位。他很快與歐納西斯簽訂了震撼世界企業界的《吉達協定》。這一協定一旦全部實行，沙烏地阿拉伯和歐納西斯都將得到各自想得到的利益，阿美石油公司卻將遭到致命的打擊。鍋底燃燒正旺的柴薪——海運權被抽走了，鍋裡的水沸騰之勢也會不復存在。

雖然，在西方所有石油公司的聯合進攻下，《吉達協定》最終被國王取消，但這個結局絲毫掩蓋不了歐納西斯「釜底抽薪」計謀的無比巧妙。他準確地找到了自己有實力進攻的對手弱點，借助別人的力量，有力地攻擊了對手的生命線，並且幾近成功。

【處世活用】

齊國智亡魯國

「釜底抽薪」之計，一般用於對付比自己強大的對手。這正是原典中講的「不敵其力」之時。政在治爭鬥中，可從側面剪除強大對手所賴以生存的事物，讓其失去存在的必需條件，它就會自行削弱或消亡。

春秋時期，齊景公曾受過孔子一番奚落，從此耿耿於懷。加上賢相晏嬰死後，自己後繼無人，而魯國此時重用孔子，國政大治，於是他有些驚慌起來，便對大夫黎彌說：「魯國重用孔丘，對我威脅極大，將來其霸業發展，我國必首蒙其害，如何是好？」黎彌連忙獻計：「飽暖思淫欲，貧窮起盜心。今日魯國天下太平，魯定公又是個好色之徒。如果選一群美女送給他，他定會照單全收。此後，自然日日夜夜在脂粉叢中打滾，久而久之，孔子一定會被氣走。那時，陛下就可以高枕無憂了。」

齊景公認為此計甚妙，便派出黎彌去挑選美女，教以歌舞，授以媚容。練成之後，又將馬匹特加修飾，金勒雕鞍，裝扮似錦，載著眾美女送往魯國，說是獻計給魯定公享受的。

魯國的另一位丞相季斯，聽到這個消息後，即刻換了便服，坐車來到南門。齊國的美女正在表演舞蹈，舞態生風，一進一退，光華奪目。季斯不禁目瞪口呆，手軟腳麻，意亂神迷，已然忘記了要入朝議事的事。知道魯定公也好此道，季斯便乘機作嚮導，帶他換了便服，再次來到南門。從此，君王果然不早朝了。

孔子得聞此事，淒然長歎起來。子路在旁邊說：「魯君已陷入迷魂陣，把國事置於腦後了。老師，可以走了吧？」孔子說：「別急！郊祭的時候快到了，這是國家大事。如果君王還沒有忘記的話，國家猶有可為。否則，再離開也不遲！」轉眼到了郊祭，魯定公只是按照慣例去參祭了一番，卻沒有表現出一點誠心。

草草祭完，便又回宮享樂去了，連祭品都顧不得分給臣下。見魯定公這個樣子，孔子大失所望，便對子路說：「去通知各位同學，理好包袱，明早啟程離開這裡！」此後，孔子棄官不做，率領一班學生周遊列國，過起了流浪的生活。魯國沒有了孔子的治理，很快便衰敗了。

魯國繁盛，是因為有個孔子在主持大局。因此，要削弱魯國，沒有比趕走孔子更有效，也更簡單的了。很明顯，齊國用的就是「釜底抽薪」之計。沒有無源之水，沒有無本之木，任何一支政治力量都有其根源。從根源著手，必能得勝。

第二十計：混水摸魚[一]

【原典】

乘其陰亂[二]，利其弱而無主。隨，以向晦入宴息[三]。

【注釋】

一、混水摸魚：原意指在渾濁的水中，魚會暈頭轉向四處亂竄。趁機摸魚，可以得到意外的收穫。引申為軍事戰略時，意為亂中取利。

二、乘其陰亂：陰，內部。意為乘敵人內部發生混亂。

三、隨，以向晦入宴息：隨，卦名，順從之意。意思是，人要隨應天時而作息，到了晚上就應該入室休息。此計用這一象理，是主張打仗時要隨機行事，有意給敵人造成混亂，或趁敵人混亂之時順勢取利。

【譯文】

趁敵人內部混亂，形勢惡化，利用其虛弱慌亂且沒有核心領導，因勢利導，使他順從跟隨我。這就像《周易》隨卦象辭中所說，像人隨著天時吃飯入寢一樣自然。

【解讀】

混水摸魚，原意指故意把水攪渾，趁魚慌亂，不知所措時，趁機捕捉。可引申為在動盪的局勢下，各種力量都自然而然地被捲進混亂不堪的漩渦裡。為了抓住機會擴大自己的勢力，在泥沙俱下，魚龍混雜的局面下，我們可以將那些力量暫時弱小，立場暫時不夠堅定，不知依從哪方的角色順手奪取過來。這是一種利用迷亂事態，趁對手陷入彷徨之機，坐收漁翁之利的策略。

軍事作戰中常用的方法是，偽裝成敵兵，打入敵人內部，作為配合主力攻擊的輔助手段。把水攪混了好捉魚，把敵人的部署、計畫、陣腳搞亂，好亂中取勝。

「渾水」是運用此計的必要條件。而水渾，可分為兩種情形：一是水原本就是渾的，己方抓住時機亂中取勝；二是水原本清，己方故意將其搞渾，達成自己的圖謀。當然，後者的難度要大一些，但應用也更廣泛一些。

因為施用此計代價小，又能輕易達到目的，因此此計在戰爭、商場、處世以及職場等領域頗受人們的關注與青睞。

而理解此計時，應該把握以下幾種含義：

一、利用混亂局面，從中得利。在競爭中取利的辦法有很多，其中，亂中取利就是較好的辦法之一。因為大家都將精力用在了互相爭奪之上，必然會有很多利益無暇顧及，各自也都會暴露出許多可乘之隙來。此時，便可以輕易地從中撈到各種好處。當然，動盪混亂的局面不是經常會遇到的，因此要善於把握，不能讓大好機會從手邊溜走。

二、以假亂真，混水摸魚。水被攪渾之後，能見度必然變低，魚在水中分不清方向，也更難辨清真偽。這時我們把假的偽裝成真的，並將其混入真的之中，可以利用敵人的「蔽而不察」，將對自己有利的力量拉攏過來，據為己有。

三、濫竽充數。「混水」有著隱瞞掩蓋的作用，利用形式上的缺陷，管理上的漏洞來度過難關或取得利益，也是混水摸魚計謀的一個內容。

當對方採用混水摸魚之計時，我們可採取如下防範措施加以應對：

一、保證高潔品行，出淤泥而不染。無論發生多麼混亂的局面，都要始終保持清醒的頭腦，因為這是防止對方從中漁利的有效措施。只要自己能看清事實，對方無論怎樣攪擾，都只能無濟於事。

二、陷入混亂時，要沉著冷靜，切不可亂了方寸，胡亂瞎撞，更不可隨意表態。最適宜的做法是暫時隱匿在一個比較安全的地方，等到風平浪靜時再現身。

三、迅速逃離險境，以防被敵「摸」去。當我們害怕被敵人捉去而隱藏起來的時候，不能只閉眼躲避，掩耳盜鈴，而要認真仔細地分辨方向，發現有利地形時，要果斷地逃離出去，以防陷入無法扭轉的被動局面。

【兵家活用】

俄軍假旗誘敵

軍事戰爭中，「混水摸魚」既是一種實在的方法，又是一種高超的計謀運用。此謀略的訣竅在於抓機遇。即乘對方混亂、衰弱、無主之機，誘使、迫使其不得不進入我方預設的圈套，使我方獲得勝利。

西元一八五三年至一八五六年間，俄國與英國、法國、土耳其、撒丁尼亞王國之間爆發了長達兩年半的克里米亞戰爭，又稱東方戰爭。

戰爭由沙皇俄國發起。俄國企圖依仗其一八四八年歐洲革命失敗後的國際憲兵地位，利用鄂圖曼帝國衰落之機，向巴爾幹半島擴張，控制黑海出口的博斯普魯斯海峽、達達尼爾海峽和瑪爾馬拉海，使黑海最終成為沙皇俄國的內海。

不巧的是，英法殖民主義者也想利用這個機會，加強對中東地區的侵略，從而擴大各自的資本市場。同時，受到英法慫恿的土耳其政府，對沙皇俄國也不甘示弱，並企圖藉英法之助，和沙皇俄國爭奪克里米亞半島和南高加索。各國皆有野心，蓄勢待發。

一八五三年十月，俄土戰爭首先爆發。英、法和撒丁尼亞王國先後站到土耳其一方。戰爭初期，戰鬥在多瑙河流域、黑海沿岸和高加索地區同時展開。其中，最大的戰役是土耳其北部黑海沿岸的錫諾普海戰。在這場戰鬥中，納希莫夫率領俄國海軍順利摧毀了土耳其艦隊。

而俄國海軍之所以能首戰告捷，在很大程度上是依靠了「混水摸魚」的戰略。

一八五三年十一月中旬，土耳其海軍在黑海抵抗俄國海軍時處境不利，節節敗退，最後只好被迫退回錫諾普灣暫避，等待英法海軍救援。此時，俄國艦隊司令納希莫夫將軍，巧妙地利用土耳其艦隊等待英法海軍救援的心理，使出了「混水摸魚」計。

十一月三十日早上，錫諾普灣降下大霧。土耳其艦隊為了防止俄國海軍襲擊，開始盡可能地泊近海岸。中午時分，海風吹散濃霧，海上能見度增加。土耳其艦隊瞭望兵忽然發現英國「米」字旗的六艘戰列艦、二艘巡洋艦，張著滿帆向錫諾普灣快速駛來。土耳其艦隊司令鄂圖曼見是英國艦隊前來支援，不禁大喜，立即安排聯絡、部署迎接事宜。然而，十二點三十分，當這八艘戰艦已經靠近土耳其艦隊時，卻見它們突然來了個大轉向，迅速將背後黑森森的炮口對準了土耳其艦隊。同時，「米」字旗落下，代表著俄國的「十」字旗徐徐升起。密集的炮彈，一時間暴風驟雨般襲向了土耳其艦隊。

鄂圖曼驚恐萬分，馬上命令自己的艦隊還擊，但一切都太晚了。由於炮手不能很快到位，土耳其艦隊立即陷入了被動挨打的局面。加上土耳其的戰艦上只有小口徑炮彈，而俄國艦隊的火炮有很大一部分的口徑、射程都超過了土軍方面。因此，縱使土軍方面最後還有少數幾門炮參戰，然而在滾滾濃煙中，有些炮彈甚至都打向了自己的軍艦。土軍主帥鄂圖曼見敗局已定，為了死裡逃生，下令艦隊奮力突圍。不料，最終艦沉人亡，他自己也淪為了俄軍的俘虜。

在此戰中，俄軍之所以能很快占得優勢，就在於它採用了偽裝旗幟的辦法，讓土軍為援軍的到來欣喜若狂，進而在被蒙蔽的同時徹底放鬆警惕。這時的俄軍混水摸魚，在土耳其艦隊分不清形勢的狀況下，打得主動而堅決，最終讓兵力虛弱的土軍遭到慘敗。

【處世活用】

劉秀虎口得食

東漢時，漢光武帝劉秀是一位很有韜略的政治家。其在未登基前，曾在河北一帶和王朗大戰二十多日，最終攻下邯鄲，殺死王朗，獲得成功。而此前王朗在邯鄲稱王，兵力強盛時，還發生過一個有趣的故事。

當時劉秀礙於王朗的實力，不敢與其正面交鋒，就帶著少數親信來到薊州。當時薊州正在兵變，眾人紛紛響應王朗，捉拿劉秀。劉秀無奈，退出城門，倉皇南逃。

一行人逃到饒陽時，彈盡糧絕，飢餓難耐。劉秀忽然一拍大腿，向眾人說出了一個虎口得食的辦法：冒充王朗的使者騙驛站的飯來吃。

於是，眾人裝扮一番，以王朗使者的名義大模大樣地走進了驛站。驛站官員信以為真，哪敢怠慢，慌忙準備美味佳餚招待。幾天沒吃過一頓飽飯的一行人，狼吞虎嚥地吃起來。他們的狼狽卻引起了官吏的疑心。為了辨其真假，驛站的官員故意將大鼓連敲數十下，高喊邯鄲王駕到。這一喊，把眾人驚了個目瞪口呆，每個人手心都捏了一把汗。劉秀也不由驚得站了起來，但他很快又鎮定下來。心想，如果邯鄲王真來了，那也逃不掉，不如見機行事。於是，他給眾人使了一個眼色，意在讓大家沉住氣。他自己慢慢坐下，鎮定地說：「早就想見邯鄲王了，今日真是多喜啊。」過了好一會兒，眾人也不見邯鄲王的蹤影，才知道是驛站官吏搞的名堂。

劉秀用小小的一計「混水摸魚」換來了窘迫處境下的酒足飯飽，之後，為了不敗露身份，一行人便立即離開了驛站。此計用在此處，便是其小用有小效的典型表現。

第二十一計：金蟬脫殼[一]

【原典】

存其形，完其勢[二]；友不疑，敵不動。巽而止蠱[三]。

【注釋】

一、金蟬脫殼：原意指蟬在蛻變時，本身就會脫離外殼，用於比喻以計脫身。

二、存其形，完其勢：保存陣地已有的戰鬥陣容，造成在原地防守的態勢。

三、巽而止蠱：巽，退讓；蠱，惑亂。此處指暗中轉移兵力，趁敵人不驚疑之際，脫離險境。

【譯文】

保存陣地的原形，造成強大的駐軍聲勢，使友軍不懷疑，敵人也不敢輕舉妄動。根據蠱卦原理：如果能隱蔽自己的行動面而不暴露，就能夠有效防止敵人的損害。

【解讀】

金蟬脫殼原本是一種生物現象，指蟬類昆蟲在蛻變時，本身脫離皮殼飛去，只留下空殼在原處。古人用這種現象來喻指人類社會中的某些事物。

「金蟬脫殼」作為一種計謀，往往是在形勢處於極端不利的情況下，不得不施謀用計脫身，以求東山再起。所以，在危急存亡關頭，用偽裝、掩護或欺騙的手段瞞住對方，留下虛假的外形穩住對方，以求暗裡逃遁，是一種走而示之不走的權宜之計。

此計用於軍事，是指透過偽裝擺脫敵人，撤退或轉移，以實現我方的戰略目標。而穩住對方，撤退或轉移，並不是驚慌失措，消極逃跑，而是在認真分析形勢後，準確做出判斷，保留外在形式，抽走實質內容，巧妙分身，用精銳部隊出擊另一部分敵人的戰略。

運用此計要選好時機。一方面「脫殼」不能過早，只要還有勝利的可能，沒有到萬不得已之時，就不要「脫殼」而去，以防破壞勝利的機會；另一方面「脫殼」也不能過晚，在敗局已定的情況下，多停留一分鐘，就會多一分危險，減少一分生還的可能。

總之，要從某種危險境地逃脫，又不至於被糾纏或追擊，金蟬脫殼的確是妙計。逃脫時如果沒被發現，就幾乎已經鎖定勝局，因為等對方發覺時，就已經鞭長莫及了。三十六計，走為上計，但走也有多種走法，金蟬脫殼就是走計之中的上計。

當然，面對敵人的金蟬脫殼之計，我們應該採取一些防範對策來應對：

一、將蟬壓在牢籠裡，讓其無法逃之夭夭。要防止幾乎到手的敵人使用金蟬脫殼之計逃脫，最好的方法就是「關門捉賊」，速戰速決，把它死死地關在牢籠裡。這樣，敵人即便使出全身解數也無法逃脫，只好乖乖就範。

二、學會透過現象看本質，不被敵人的虛假表像所迷惑。敵人在策劃某些新的陰謀時，或多或少都會有某些反常的表現，或特殊的徵兆。我們要善於觀察和辨析，及時準確地掌握敵人的動向。而敵人一旦使用金蟬脫殼之計，往往更會故意製造虛假的「形」或「勢」來迷惑我們的眼睛。我們一定要順勢透過這些表面的現象，深挖敵人的本質和真實意圖，以防中計。

三、輕諾寡信是敵人脫身的慣用伎倆，因此，不可相信敵人的承諾。對於敵人而言，承諾和信物往往是最廉價的脫身替代品。知道了這個規律，我們就要注意不能因為那些毫無約束力和控制力的諾言或信物而輕易放過即將到手的敵人。即便是暫時放鬆，也要緊緊抓住可以隨時將敵人牽回來的韁繩。總之，相信敵人的諾言最不明智，近乎愚蠢。

【兵家活用】

蘇軍「脫殼」反攻

「金蟬脫殼」之計，在軍爭上確有屢試不爽的效果。只要你在「存其形，完其勢」方面做得好，不露痕跡，不讓對方識破，就能輕而易舉地獲取成功。此計被廣泛運用在中外現代戰爭中。

一九四三年，蘇聯軍隊在聶伯河地方與德國納粹軍進行大會戰。會戰一開始，蘇軍沃羅涅日方面軍便渡過聶伯河，奪取了基輔東南方的布克林登陸場。

隨後，德納粹軍隊奮力進行了激烈的反擊。經過幾次大規模的反覆交戰，蘇軍暫時陷入了被動局面，如果再堅持頑抗，就有被殲的危險。

在這種情況下，蘇軍最高統帥部代表朱可夫元帥和方面軍司令瓦杜丁大將臨時決定，改變主攻方向，向敵人防禦力量較弱的基輔北側發動攻擊。因此，為了把部隊主力轉移出來，並且不被敵人發現，朱可夫計畫施用「金蟬脫殼」之計。

朱可夫下令讓近衛坦克第三集團軍等主力部隊，隱祕行動，先悄悄沿著聶伯河東岸的路線行進，然後再沿戰線往北，並在基輔以北約四十公里處重新渡河，在柳捷日登陸場開始向德軍發起猛攻。

同時，為使這支機械化大部隊從敵人的眼皮底下順利轉移，朱可夫等高級將領編造了一個暫停進攻，就地轉入防禦的假命令。除此之外，蘇軍還在戰地上找回一具屍體，換上大尉軍服，把這份假命令放在「大尉」的公事包裡，故意一起遺留在前沿陣地。

德納粹軍搬回屍體，看到假命令後，隨即派出前沿部隊對兵力虛弱的蘇軍發起反攻。蘇軍順勢佯敗，撤退到了第二道防線戰壕。

與此同時，蘇軍利用廣泛的宣傳手段，假稱在全線處於暫時被動情況下，蘇軍最高統帥部已發布命令，讓部隊轉入固守，以便準備從布克林重新發起新的攻勢。

另一方面，又加緊利用多方製造大部隊集結待命，指揮所幾部電臺馬不停蹄地日夜工作、反空襲準備工作緊鑼密鼓地進行等假象，讓德納粹軍始終誤以為蘇軍主力仍堅守在布克林方面，並一直把注意力全部放在布克林地區。

此後，德納粹軍對蘇軍已經虛空了的假陣地，狂轟濫炸了一個星期，並調動了預備隊火速趕往此處。可是他們哪裡知道，蘇軍此時已經在朱可夫元帥的指揮下，早已「金蟬脫殼」成功，主力部隊大都安全轉移。隨後，聶伯河地區的德軍遭到了蘇軍主力毀滅性的殲擊。

在此次戰役中，蘇軍運用多種手段為自己的「金蟬脫殼」作偽裝，成功蒙蔽了德軍，將其引入錯誤的進攻方向，同時祕密轉移主力，為自己的反攻爭取了時間。

正是此計，讓蘇軍最終變被動為主動，反敗為勝。

【商場活用】

李嘉誠退中求利

「金蟬脫殼」是完成特殊任務的一種分身之法。運用此計，關鍵在於「脫」，務必使內容雖變而形式尚存，身已走而似未動，才能穩住對手，抽身他去。香港富商李嘉誠在與怡和洋行較量的商戰中，就成功地運用了此計策。

據說，李嘉誠幾乎思量過了整個香港的每一寸土地、房屋，也幾乎分析透了每一家上市公司的股市行情，配合其特有的挖「牆角」絕技，李嘉誠成為能夠神奇獲得許多公司絕密情報的「神人」。

一次，李嘉誠得知，英國在香港最大的洋行英資怡和洋行雖然是九龍倉有限股份公司的大東家，但實際上其在九龍倉的股份還不到二〇%，少得幾乎不成比例。這充分說明怡和在九龍倉的資金基礎薄弱。實際上，香港尖沙咀早已成為繁華商業區，其旁邊的九龍倉地價已寸土寸金，股票價格卻多年未動，股票面值低得離譜。

李嘉誠意識到，這些都是爭奪九龍倉的有利條件。如果大量購入九龍倉股票，即使日後投票，也有足夠的實力與怡和公開競購。因此，如果早日購足五〇%的股票，取代怡和成為大東家，這樣就有權利用九龍倉的土地發展房地產業，簡直是一本萬利。

於是，李嘉誠當即決定分散買進九龍倉股票。從一九七七年起，他悄悄地分散戶名，先後買進一八%的股份。結果，九龍倉股票從每股十港元飛速上漲到了三十餘元，引起了怡和洋行的注意。

至此，李嘉誠從偷襲戰轉入陣地戰。兩軍對壘，李嘉誠的實力難以與怡和洋行抗衡，硬拚不易取勝。而此時，李嘉誠如果繼續買入股票，怡和洋行必然會高價回收九龍倉股票，架空李嘉誠，讓他慘敗無疑。關鍵時刻，不愧為一流商賈的李嘉誠決定以退為進，化險為夷。

他的「金蟬脫殼」之計是尋找一個能代替自己向怡和宣戰的人，將手上持有的全部股票高價出售給他。李嘉誠最後選中的人是船王包玉剛。他將李嘉誠手中的股票全部買下，並幫李嘉誠從滙豐銀行中承購英資和記黃浦股股分。

李嘉誠知難而退，退中獲利，既賣得人情又避免了損失，實在英明！包玉剛則借李嘉誠的情報、資訊以及卓越的判斷實現了夢寐已久的夙願。僅此一個妙計，就讓包玉剛不費吹灰之力一舉獲得一八%的九龍倉股票，開盤就有與怡和相等的實力，為拿下價值二十億美元的九龍倉打下了堅實的基礎。

【處世活用】

狄仁傑「脫殼」自救

運用「金蟬脫殼」計時，行動一定要詭祕，既不可讓對手察覺意圖，更不能將行動暴露於對手眼前。確實做到「存其形，完其勢」。等對手察覺或發現時，只有「時間已晚」的歎息，卻絲毫沒有可挽回的機會。

武則天當政期間，侍郎狄仁傑剛直不阿，因此得罪了有名的酷吏來俊臣。不久，來俊臣以蓄意謀反為名，誣陷狄仁傑入獄。為了狀告成功，來俊臣決定親審狄仁傑，逼他承認陰謀造反屬實。

庭審時，狄仁傑大義凜然，罵來俊臣是無恥小人。來俊臣不但不生氣，反而十分得意地順手拿起一根皮鞭，要對狄仁傑動刑。鞭子還沒落下來，狄仁傑首先服軟，「招認」了全部罪行。

於是，來俊臣滿意地讓主事官王德壽將狄仁傑關押起來，只等秋後問斬。由於狄仁傑主動承認了罪行，王德壽放鬆了對他的監視。

不幾日，狄仁傑從被子上撕下一塊布料，細細寫下自己的冤情後，塞進棉衣，然後找來王德壽：「天氣漸冷，我想讓家人把這件棉衣拆洗了，再放些棉花。煩你幫我送到他們手裡。」王德壽不明狄仁傑的用意，便答應了他的請求。

狄仁傑的妻子拆開棉衣，發現了冤狀，馬上便將此事稟告了武則天。武則天看完後，親自對狄仁傑進行審問，得知了其中的冤情，於是下令赦狄仁傑無罪，當眾釋放了他。

狄仁傑之所以能夠從酷吏來俊臣的手掌中逃脫，而得以自保，就是因為他善於「形人而我無形」。他深知來俊臣殘忍而卑鄙，如果硬碰的話，自己肯定會性命難保。因此，他假意招供，分散了對手的注意力，降低了其警惕性，從而為自己申冤創造了機會。

【職場活用】

沉默面對隱私

「金蟬脫殼」是一種帶有積極主動意識的行動。運用此計，必須有極強的「自我」意識，也必須施用智慧與實力。積極主動，善於謀算，方能做到從容不迫。

職場中，一個人無論如何成功，都有一個人類的共同點，就是總有空虛和情緒低落的時候。你的上司，同樣會如此。但此時要記住，他其實未必特別欣賞或信任你。如果你翌日上班，向同事宣揚上司的私事，以抬高自己的身份，後果肯定不會很好。還有，不要以為與上司的相聚，等於是與其建立了堅固的友誼，在公司裡見了他就不遵守職場倫理了，這舉動很可能會讓你立刻被掃地出門。

總之，事事不可不慎。聰明的人應該採取理智的做法，對上司的私事三緘其口，就是與最要好的同事，也不透露一個字。遇到上司，也要態度自若，保持一定的距離，除非對方先提起舊事。如果他仍是興致高昂，一派遇故知的態度，你便可放下心頭大石。

總之，在錯綜複雜的職場中，奉勸你做個沉默者。由此來表現你對上司的忠心，才是最適當之法。不要就他的所有事件發表任何意見，更不要讓其他同事拉你落水，成為別人的墊背。最好是採取置若罔聞的態度，讓自己「金蟬」巧「脫殼」，始終處於主動的地位。

第二十二計：關門捉賊

【原典】

小敵困之[一]。剝，不利有攸往[二]。

【注釋】

一、小敵困之：對弱小或者數量不多的敵人，要設法去圍困他，進而殲滅之。

二、剝，不利有攸往：剝，卦名，落的意思。句意為，當萬物呈現剝落之象時，如有所往，則不利。此處引此卦辭，指如果對小股敵人急追或者遠襲，會有不利，應儘早消滅之。

【譯文】

對小股敵人，要包圍起來加以殲滅（小股敵人雖然勢單力薄，但行動自由，詭詐難防）。如果縱其逃去，而又窮追猛趕，那是極為不利的。

【解讀】

「關門捉賊」是民間流傳已久的俗語，與另一民間俗語「關門打狗」有異曲同工之妙。所謂關起門來捉賊，不僅是害怕賊人逃去，而且還怕他逃走後被人利用。

況且，對於逃走的賊因為恐中其誘兵之計，又不可再去追趕。

因此，「關門捉賊」是個從戰略上看問題而採取的戰術行動。發現小偷入屋竊物，應該突然反鎖房門，呼喊左鄰右舍前來捉賊，人多勢眾，小偷走投無路，就只有束手就擒。假如當時沒有左鄰右舍，或左鄰右舍均無人在家，自身之力又制不住賊人，你就只能用三種辦法：一是造聲勢嚇走賊人；二是眼睜睜看賊人將財物擄走；三是設法拖住賊人以待援助。

古人從中受到啟發，用以對敵作戰，將其演變成一種成功的戰術謀略。

「賊」在這裡變成了善於偷襲的小部隊，他們行動詭祕，出沒不定，行蹤難測。其數量不多，破壞性卻很大，常常會趁我方不備，突襲我軍。對於這樣的「賊」，一旦發現，萬萬不可放其生路。如果不小心讓其逃跑，再窮追不捨，就有可能遭到對方的拚命反抗，或者更嚴重的會中其之計。

實施關門捉賊之計，「關」有百種，「捉」有千樣。

「關」有早關和晚關、急關和緩關、明關和暗關。

「捉」有驚捉、疲捉、誘捉、困捉、鬥捉。最常用的方法就是設計一個口袋陣，待敵人進入口袋後，紮緊口袋嘴，堵死其退路。當然，緊緊包圍住敵人的駐地，讓其無法逃跑，也是一種不錯的方法。

而我們在運用關門捉賊之計時，應注意：

一、抓準時機是關鍵。要抓住有利時機，該關就關，該捉就捉。

二、避強就弱。一般而言，一旦將強敵困在「屋」裡，他一定會鬧得天翻地覆、門破屋塌。因此，所關之敵一般都是小股弱小力量，不關強敵。

三、關牢大門，防敵逃竄。首先，「關門」的地點一定既要有利於全殲敵人，又要有利於我方集中優勢兵力，如此，才能增加勝數。而「賊」被關在「屋」裡一定不會老實、安分、聽之任之，他一定會拚死抵抗，設法衝出重圍。因此，大門肯定是其重要突破口，守好大門也很關鍵。

總之，關門捉賊，首先得布置好圍困圈，並敞開大門，讓敵軍進來。如果敵軍不進門，則想方設法引誘其進來。古代軍事家中，有許多人成功地運用過關門捉賊之計，而且開得適時，關得自如。

當然，如果敵人採用關門捉賊之計，我們則可以採用如下防範對策加以應對：

一、探清敵情，切忌盲動。《孫子兵法》主張，在與敵人作戰之前，要詳細准確地探清敵人的虛實，方可進入戰地。這樣，才能避免因情況不明而誤入敵人的包圍圈，不至於落得個被敵人關入門內，群起而攻之的悲慘結局。

二、以計攻計，巧妙逃脫。一旦被敵人關入門內，即使形勢再危急，也不能驚慌失措。要迅速冷靜下來，仔細觀察敵人設下的包圍圈。一旦發現有可乘之機，就要果斷地逃離包圍圈，不能被動應戰，更不可頑固戀戰。

【兵家活用】

沙漠中「捉賊」

眾所周知，著名的阿拉曼戰役是第二次世界大戰北非戰場的轉捩點。然而很少有人知道，這場戰役最後之所以能夠勝利，其實只緣於一個完美的圈套。

「康多爾小組」是德國的一個間諜組織，負責人是約翰・厄普勒。一九四二年五月，該小組奉命前往開羅，搜集英軍情報。小組成員不負眾望，搜集到了很多有價值的情報，多次獲得德國「非洲軍團」司令隆美爾的讚賞。負責人厄普勒因此有些飄飄然，想尋找出更多的情報線索來。

「康多爾小組」的據點設在尼羅河紮馬勒克岸邊的一艘遊艇上。遊艇上安裝了發報機，而密碼是根據小說《蝴蝶夢》編成的。使用時，各接收站只需要根據事先約好的日期和對應的頁碼做翻譯，既簡單，又難以破譯。

一天，厄普勒在一家酒吧裡認識了葉維特。他買了大量名貴的香檳酒引誘她，並把她帶到遊艇上過夜。沒想到，葉維特卻是為英國情報局工作的猶太間諜組織成員。

一天上午，葉維特再次來到遊艇上。此時，厄普勒和另一名德國間諜彼得・蒙卡斯特爾因醉酒仍在呼呼大睡。桌上的一本《蝴蝶夢》和一大堆便條引起了葉維特的注意。她發現，便條的方格裡寫滿了六個字母組成的片語，好像與《蝴蝶夢》中的一些頁碼有關。聯想到厄普勒說話帶有薩爾口音，她判定厄普勒可能是德國間諜。於是，她將便條上每一行的第一組密碼抄了下來，然後匆匆離開。

一九四二年八月十日下午，英軍登上遊艇，逮捕了厄普勒和蒙卡斯特爾。不久，英國首相邱吉爾赴開羅視察，決定親自審問這兩名德國間諜。在邱吉爾面前，厄普勒和蒙卡斯特爾剛開始拒絕回答任何問題，但當邱吉爾承諾免他們一死時，他們交代了所做的一切間諜活動。

「康多爾小組」就這樣輕而易舉地被摧毀了。此時的隆美爾，對這樣的噩耗還一無所知。

一九四二年八月初，隆美爾準備發動對英軍的攻勢。他分析，英軍在阿拉曼防線南端兵力薄弱，從這裡進攻，應該可以很快衝破英軍防線，然後順利地向北打到海邊，再向東推進到尼羅河三角洲。

然而致命的是，在做軍事部署時，隆美爾犯了兩大錯誤：一是為了得到空軍支援，他將戰鬥計畫用無線電通知了德國空軍；二是為了從義大利得到最大限量的汽油、軍火以及其他物資供應，他又將計畫通知了羅馬和柏林。

英國情報部門很快便破譯了隆美爾的電報。隨後，蒙哥馬利、亞歷山大和邱吉爾在開羅召開會議，認真研究如何應對隆美爾的進攻。蒙哥馬利通過一幅繳獲的德軍地圖敏銳地發現，沙漠地區拉吉爾在德軍地圖上並沒有明確的標示，這充分說明隆美爾對這個地區的地形還不瞭解。因此他建議，將英軍的任務制定為在隆美爾越過拉吉爾地區時，讓他的裝甲部隊完全陷入沙漠中。

於是，蒙哥馬利的參謀長德甘岡將軍約請倫敦監督處中東特派組指揮官克拉克上校一起制定計劃，引誘隆美爾上鉤。隨後，克拉克以「康多爾小組」的名義給隆美爾發出一封電報，稱英軍準備在阿拉曼防線南端的阿拉姆・哈勒法山嶺組織抵抗，但防禦力量很薄弱。如果德軍適時發起進攻，很容易攻破英軍陣地。

幾天後，克拉克發出第二封電報，報告了英軍的具體防禦命令。隆美爾對電報內容深信不疑，還欣喜若狂地稱：「我們在開羅的密探真是偉大的英雄。我要報告德國最高統帥部，授予他們鐵十字勛章。」而蒙哥馬利為進一步引誘隆美爾，又下令讓繪圖員繪製了一張假地圖，並將拉吉爾地區標為「硬地」，方便裝甲部隊行動。德甘岡讓被英軍抓捕的德國士兵史密斯將假地圖裝進口袋，駕駛著一輛暗藏炸彈的偵察車前往德軍陣地。當德軍發現史密斯時，偵察車突然引爆。在史密斯屍體上發現假地圖時，隆美爾如獲珍寶，隨即在地圖的「硬地」上確定了進軍路線。

假情報果然達到了預期的效果。

一九四二年八月三十日夜，隆美爾下達了進攻命令，企圖用突然襲擊，一舉突破英軍防線。然而，等待隆美爾的卻是英軍準備已久的「關門捉賊」：情報上稱的英軍一個裝甲師竟然變成了三個；地圖上的「硬地」，也突然變成了沙漠。德軍幾百輛坦克、裝甲車和卡車在「硬地」上東倒西歪，掙扎著前進。而英國空軍的飛機從早到晚不停地轟炸，傷亡報告不斷地送到隆美爾手上。

九月三日早晨，隆美爾來到戰場，目睹了上百輛戰車被摧毀的慘狀，他自己甚至也差點被彈片擊中。更糟糕的是，燃油即將耗盡的三艘油料供應船在離開義大利橫渡地中海時，也不幸被英軍擊沉。隆美爾徹底崩潰了。

九月四日凌晨，隆美爾終於下達了總撤退的命令，結束了這場慘烈的阿拉姆‧哈勒法戰役。此役中，德軍傷亡慘重。事後，隆美爾沮喪地說：「原來，英國統帥部早已知道我們的意圖。」而蒙哥馬利則輕鬆地回到司令部，有條不紊地準備大反攻去了。這場大反攻就是後來的「阿拉曼戰役」。

第二十三計：遠交近攻[一]

【原典】

形禁勢格[二]，利從近取，害以遠隔[三]。上火下澤[四]。

【注釋】

一、遠交近攻：原指結交遠處的國家，攻打臨近的國家。這樣的戰爭，既沒有門前之禍，又沒有借道之難，極其有利於奪取地盤。

二、形禁勢格：形，地形；禁，禁止；格，阻礙，限制。此句指受到地勢的阻擋與限制。

三、利從近取，害以遠隔：對己方有利的形勢是先就近攻取敵人，越過近敵，先去攻取遠隔之敵，則十分危險。

四、上火下澤：火焰向上伸，池水在下面淌；兩相矛盾，卻可以達到暫時的聯合。

【譯文】

在受到地理等原因的限制，形勢發展受到阻礙時，攻擊近處的敵人就有利，繞過近敵去攻取遠處的敵人，就是自取災害。這就像火焰是上竄的，水永遠是向低窪處流淌一樣，對於遠隔的敵人，也可以和它取得暫時的聯合以緩和局勢，以便於各個擊破。

【解讀】

「遠交近攻」，最初作為外交和軍事的策略，是和遠方的國家結盟，而與鄰近的國家為敵。這樣做既可以防止鄰國肘腋之患，又能使敵人兩面受敵，無法與我方抗衡。

具體運用時，是為了防範敵方結盟，而千方百計地製造和利用矛盾，分化敵人，逐個擊破。先消滅近敵，之前「遠交」的國家便又成為新的攻擊對象。因此，遠交並非要長久和好。遠敵亦是敵人，早晚都是心腹之患。所以說，「遠交」的目的其實是為了避免樹敵過多而採用的一種暫時性的外交誘騙，有助於集中力量應付眼前的敵人，並將其置於孤立無援的境地。而近敵一旦被消滅，遠交的使命便可宣告完成。

近交的不利之處有兩個：一是暫時安撫下來的近處之敵，也隨時會有翻臉的可能。二是近敵在我們的周邊，就像蠶繭蛇蛻之前一樣，緊緊束縛著我們向外發展。

遠攻的不利之處有三個：一是遠道襲人，風險頗大。二是捨近求遠，勞民傷財。三是即便取得了勝利，佔據了地盤，也反而會因為遠離本土而無法保衛，成為我方沉重的包袱。

與之相對應，近攻的好處有三：一是可以拓展我方的地盤和勢力範圍。近攻取得的疆土與我國土緊鄰，十分便於守護及利用。二是近距離作戰便於集中力量，一舉奪勝。三是相對來說消耗的人力和物力較少，對國家財政不會造成嚴重的影響。

遠交的好處有二：一是孤立近處的敵人，使其得不到援助而束手就擒。二是結交遠者本身就是一種麻痺手段，讓其放鬆警惕，以便日後突襲獲勝。

施用遠交近攻之計時，需要注意以下問題：

一、對於不同的敵人要採用不同的應對策略。敵人所處的地理位置，客觀條件，價值觀念不同，對危險的感受也會不同，因而對我們的用途也就不同。所以對不同背景的敵人要區別對待，採取不同的對策。這樣才能讓自己處於有利地位，而不至於讓敵人牽著鼻子走。

二、從容易攻破的地方入手，其勢如破竹，可以儘快打開局面，事半功倍。獲勝之後，對士氣也會是一種激勵，進而產生一種良性循環，反過來促進更大的勝利。相反，如果從難者開始，久攻不下，士氣就會大減。因此，對付眾多的敵人，就更應從易者下手，有次序、有重點地予以殲滅。

而當敵人對我們施用遠交近攻之計時，我們又應該採取什麼防範對策加以應對呢？

一、要及時識破敵人的陰謀，甚至可藉機利用敵人。一旦發現敵人已把我方作為「遠敵」而結交時，可以佯裝積極接受他們的好意，為我方贏得時間。在此期間，我們可以做充分的準備，避免措手不及，這是一種以退為進的策略。另外，我們還可以藉機利用敵人，既然我們可以成為敵人的「遠者」，反過來敵人同樣可以作為「遠者」被我們「交」。隨後藉機先行，巧妙地利用敵人，給自己創造成功的契機。

二、及時揭露敵人的陰謀，聯合對敵。如果一旦發現敵人已經把我們視為「近敵」，難逃厄運，不要消極等待，自取滅亡。要針對敵人分化瓦解的策略，廣交盟友，盡可能地爭取同情及援助。爭取援助時要曉之以利害，公開徹底地揭露敵人「遠交近攻」的分化陰謀，以便激起盟友的義憤，聯合起來，共同對敵，讓敵人的陰謀儘快破產。

三、關注敵情，相機而動。如果我們的力量足夠強大，同時又有足夠的援助，而且也做了充分的戰鬥準備，那麼不妨來個「禦敵於國門之外」；如果我們的力量較弱，而敵人已鋒芒畢露，那麼不妨來個「誘敵深入」；如果敵人方面有可趁之機，不妨來個「圍魏救趙」。三十六計的防禦措施並非孤立存在，也非一成不變，可以靈活使用，機動制敵。

【兵家活用】

英國走出陰霾

「遠交近攻」策略用得好，很容易就可將強大的敵人置於孤立無援的處境中。

曾任英國外交大臣的坎寧就曾成功地運用此計，救英國於水深火熱之中，並且重新樹立起了英國在整個歐洲的領導地位。

拿破崙在其漫長的戰爭生涯中，曾一直把近鄰英國當做心腹之患。因此，他不惜犧牲一些重要的利益，千方百計地拉攏遠方的俄國，企圖對英國進行孤立、打擊，並最終將其制服。拿破崙帝國崩潰後，沙皇俄國繼續聯合歐洲各國結成神聖同盟，進一步排擠、孤立及打擊英國。

一八二二年，坎寧出任英國外交大臣。為順應英國資產階級和廣大勞動群眾的願望及要求，他決心打破神聖同盟的大一統局面，重新恢復英國在歐洲事務中的主導作用。坎寧要用的就是「交遠制近」，即「遠交近攻」的策略。

自十八世紀以來，拉丁美洲掀起了反對宗主國殖民統治的獨立運動。於是，坎寧決定趁此時機，果敢採取行動，遠交拉丁美洲和美國，近攻歐洲大陸的神聖同盟。機會很快就來了。

一八二三年，歐洲神聖同盟決定從法國派兵前往拉丁美洲鎮壓其獨立運動，坎寧這時迅速站出來予以堅決反對。他聲稱，應承認拉丁美洲國家獨立的現實，反對任何武裝對其獨立性進行干涉，或有將其轉入法國人手上的企圖。坎寧還向美國發出呼籲，希望英美兩國聯合發表聲明，反對和制止神聖同盟干涉別國事務的行為。與此同時，坎寧讓英國政府派出艦艇巡弋於大西洋，對任何不經英國同意從歐洲開往美洲的船隻，進行阻撓。

在世界輿論的強大壓力下，神聖同盟對拉丁美洲獨立運動的武裝干涉受到了阻攔。一八二四年，其核心人物梅特涅建議就拉丁美洲問題召開全歐會議。坎寧馬上表示，英國不會參加這次會議，也堅決不承認此次會議上通過的任何決議。同時，坎寧還建議英國內閣儘快同拉丁美洲獨立國家建立外交關係，進行貿易談判，爭取早日打入這個廣闊的市場。

在坎寧的努力下，一八二五年，英國承認了阿根廷、哥倫比亞、墨西哥等拉美新國家，並與這些國家建立了友好的合作關係。坎寧的一連串行動，沉重打擊了歐洲神聖同盟在全球的聲譽，不僅給歐洲大陸的自由主義勢力以莫大的鼓舞，贏得了拉美新國家的好感，更重要的是因此恢復了英國昔日在歐洲的威望。而坎寧重樹英國威望的過程，充分顯示出了「遠交近攻」謀略的巨大威力。

邱吉爾的遊說計「遠交近攻」，從策略上講，實際上是巧妙地利用了人們或國家不太關心和計較與己無關的事，更不會用長遠眼光去考慮此事，而明哲保身的心理，去主宰一個人或一個國家的行為，為我所用。

一九三九年，德國突襲波蘭，第二次世界大戰爆發。戰爭伊始，納粹德國利用閃電戰橫掃西歐大陸，先後將荷蘭、比利時、挪威和法國擊敗。到一九四〇年六月，北起挪威、南到西班牙的全部西歐海岸都已經處在德軍的控制之下。

為了徹底結束戰爭，希特勒駐重兵於英吉利海峽，企圖實施橫渡海峽的「海獅計畫」，將英國一舉攻下。為此，德軍空軍司令戈林派出了近兩千七百架作戰飛機，晝夜不停地對英國實施狂轟濫炸。結果，英國的工業中心考文垂一夜之間就被夷為平地，首都倫敦也幾乎成為廢墟，英國危機四伏。

時任英國首相的邱吉爾非常清楚當時的局勢：一旦德軍渡海成功，只區區一個裝甲師就足以把英國征服。目前的唯一出路，就是爭取大西洋彼岸的美國支援。

然而，不管英國政府以何種方式對美國進行積極遊說，被孤立主義所主導的美國就是無動於衷。多數美國人認為，歐洲戰爭是歐洲人的事，和美國毫無關係。而極有遠見的政治家，美國總統羅斯福非常清楚希特勒的野心絕對不僅限於歐洲大陸；他也十分明白由法西斯國家所主導的世界秩序意味著什麼。只是，當時孤立主義情緒遍布美國，國會議員們為是否出兵參戰爭論不休，廣大的美國人民卻對遠在歐洲的戰事漠不關心，這讓羅斯福無可奈何。

瞭解羅斯福處境的邱吉爾此時心生一計，他決定尋找機會刺激一下美國人。在他的授意下，英國情報機構很快繪製出了一幅以德國政府名義出版的中美洲地圖。

地圖堂而皇之地依照德國人的意圖重新劃定了美洲十幾個國家的版圖與邊界。在新的劃定中，阿根廷與巴西領土大大增加，而委內瑞拉、哥倫比亞和巴拿馬這些資源豐富或是戰略地位重要的國家，卻都被合併成一個聽命於德國的「新西班牙」。至於墨西哥，則乾脆成了德國的石油供應基地。

隨後，英國情報部門積極活動，很快讓這份嚴重損害美國利益的地圖落入了美國人手中。

一九四一年十月二十七日，在慶祝美國海軍節的午餐會上，羅斯福在沒有告知外界的情況下突然將這幅地圖公示於眾。根據這幅地圖的勾畫，美國傳統的戰略命脈將無一不落入德國人之手，而德國的飛機和軍艦，不用幾個小時就可以出現在美國的家門口。

早在一戰期間，德國人就曾試圖遊說墨西哥組成德墨同盟，從美國背後下手。

現在，證據擺在眼前，德國人顯然是故技重施，打算把手伸到美國的後院。美國人一下子就被激怒了，沒有人再願意坐視不管。

德國的「險惡用心」很快傳遍了整個美國，一時間輿論譁然。憤怒的美國人紛紛要求國會和政府採取措施，援助英國，對德宣戰。在這種形勢下，國會那些頑固的孤立主義分子沒有了言語。羅斯福隨即順應民意，敦促國會參眾兩院廢除了一九三五年通過的《中立法案》。

自此，美國實質上已成為反法西斯陣線上的重要力量。而邱吉爾「遠交近攻」的策略也因此奏效。

【商場活用】

阿姆卡的遠交之略

「遠交近攻」，就是利用矛盾或製造矛盾，借用對自己沒有威脅的力量，來分化瓦解敵人，從而使均勢轉化為自己佔據優勢。這一謀略在商戰中的運用，可以引申為：當多個對手爭奪市場時，為了使形勢對自己有利，我們可以一方面不放棄與鄰近強大競爭對手的競爭，另一方面，也可以對遠處的競爭對手進行適時的聯合。美國阿姆卡公司在成功獲取新型低鐵矽鋼片的計畫時，採取的就是這種謀略。

能源問題，一直是困擾工業界乃至人們日常生活的首要問題，也是企業家們關注的重要生財之路。曾經有一個時期，美國奇異公司、西屋電氣公司和阿姆卡公司同時看中了開發研製節能變壓器鐵芯的新型低鐵矽鋼片。這三個公司中，奇異公司實力最強，是美國電氣行業巨頭，西屋電氣公司的力量也不差。相對而言，阿姆卡公司的實力弱一些。

因此，阿姆卡公司負責人感到，要獨立與奇異公司和西屋公司競爭，獲勝的機率太低，如果去同這兩家公司合作，則將喪失自己獨立的地位。正在他愁眉不展之際，阿姆卡公司資訊情報部門獲得一條資訊：日本有一家鋼廠也準備著手研製超低鐵省電矽鋼片，並且還打算採用最先進的鐳射囊處理技術。

阿姆卡公司負責人眼前一亮，意識到與日本這家鋼廠合作，不僅可以加快研製進程，而且還可以以太平洋為界分享世界大市場。至於美國的市場，那也非阿姆卡公司莫屬了。於是，公司立即派人遠渡重洋到日本與那家鋼廠有關方面商淡，經過幾輪磋商，雙方達成互惠協定，很快進入了實質性的研製工作。結果，新產品比預定計劃還提前半年研製成功。阿姆卡公司與日本鋼廠聯合，最終戰勝了奇異公司和西屋公司兩個強勁的近鄰之敵。

「遠交近攻」不僅是一種戰術謀略，更主要的是一種戰略謀略。在商戰中，它同樣適應。現代高科技技術的迅速發展及其在生產和生活中的應用，使得企業家既可以走獨立開發的道路，也可以走技術引進的捷徑。而技術引進就是一種「遠交」謀略。運用這一謀略，可以減少科研經費及技術力量的投入，爭取時間儘快縮短與國外企業在技術上的距離。而國外許多企業採用這一方式都取得了很大的成功。

第二十四計：假道伐虢[一]

【原典】

兩大之間，敵脅以從，我假以勢[二]。困，有言不信[三]。

【注釋】

一、假道伐虢：春秋時期，晉國想要吞併鄰近的兩個小國「虞」和「虢」。於是，先用珍寶、名馬賄賂虞公，讓他允許晉國從虞國借道通過去攻打虢國。不料，虢國被攻下之後，晉國在歸途中順便把虞國也滅掉了。

二、假：假借。

三、困，有言不信：困，困乏，卦辭。此處運用卦理，是說小國面臨脅迫時，我國如果只空承諾出兵援救，而不採取相應的行動，是難以令其信任的。

【譯文】

處於敵我兩個大國之間的小國，當有敵方威脅它屈服的時候，我方應立即出兵援助，以取信小國，順勢擴展我國勢力。對處於這種困境的國家，如果只有空談支援而無實際行動，它是不會輕易相信我們的。

【解讀】

「假道伐虢」，有瞄準時機，滲透勢力的含義。這種行動不是靠花言巧語可以騙取的。前提是需要借道的小國正好處於不利的形勢，敵方企圖用武力來逼迫其降服。我方此時就可以用不侵犯它的利益作保證，利用它僥倖圖存的心理，立刻把力量擴展進去，控制整個局面。這樣，小國最終勢必不能自立，我方不必發動戰爭，就可以輕而易舉地將其拿下。

而「假道伐虢」更深的含義，是一種軍事上的跳板戰略。其意在於先利用甲（小國）做跳板，去消滅乙。此時甲放鬆了警惕，也失去了救援，在回師的路上就可以連甲也一併消滅掉。這是一種以借路為名，行霸佔之實的計策。

小國的君主之所以會心甘情願地提供便利給他國，一是出於對利益的考慮，一是對勢力的思量。就第一種情況而言，一般來說，小國的君主都會預料到借道對自身的不利後果，但是在巨大的利益面前，他往往會裝出一副糊塗的模樣，被眼前暫時的利益蒙蔽雙眼，不明不白地就把國家拱手相送了。而後一種情況，被借道的國家大多實力比較弱小，於是奢望透過借道給大國，滅掉與自己相鄰的國家。一方面自己可以坐收漁利，另一方面可以與大國攀上關係，保一個平安。殊不知，「臥榻之側，豈容他人酣睡」？大國既然可以借你之路滅鄰國，就一樣可以將你收入囊中。

而對於施計者來說，此計的關鍵在於「假道」。要善於尋找「假道」的藉口，理由也要充分，並善於隱蔽「假道」的真正企圖，而後突出奇兵，往往可以輕鬆取勝。

當然，如果是我們處於弱勢地位，被敵人虎視眈眈地盯著，並有藉機採用「假道伐虢」計謀對付我們的跡象，我們一定要儘早識破強者的詭計，處處小心提防，讓敵人的企圖毀於一旦，不能得逞。具體來說，我們在應對敵人的這一計謀時，可以採取以下的防範對策：

一、力求內部團結，不給強敵以可趁之機。如果內部分崩離析，紛爭不斷，就會給敵人趁隙進攻的機會。因此，內部團結一致，共同對敵很重要。

二、建立良好的外部關係，避免發生挑撥。強敵在利用此計時，常常會離間我們和盟友的關係，使我們陷入孤立無援的境地，藉機將我們打敗。因此，鞏固與盟友的關係，可以有效制止敵人蠢蠢欲動之心。

三、保持清醒，正確做出分析判斷。對敵人的借道請求，如果堅決不予理會，一定會引起敵人的憎怒。惱羞成怒的敵人勢必會向我們發起猛烈攻勢，將我們無情地置於死地。所以，當敵人要求借路時，要設法弄清楚他們的真正意圖。對不具威脅性的情況可以斟酌答應下來，而對有陰謀的一定要及時進行防範。

【兵家活用】

盟軍計毀德武器

施用「假道伐虢」之計，關鍵點在「假」，即借。而這一「借」，只是名而已，真正的目的在於消滅被借者。

第二次世界大戰期間，盟軍得到了一條讓他們極為震驚的情報：德國人正在研製一種威力無限的新型武器。

據盟軍推測，這種新型武器可能是無線電制製導的火箭或滑翔式炸彈，也有可能是某種遠射程的大炮。而一旦將這種新式武器用於戰爭，英國城市就將遭受更大的災難，盟軍在大反攻時的登陸行動也會慘遭失敗。

於是，盟軍決定一舉摧毀與研製新式武器有關的所有地區，其中包括皮奈蒙德島。皮奈蒙德島位於波羅的海，是德國研製新式武器的重要基地。為炸毀這個基地，盟軍採用了「假道伐虢」的計謀。事後證明，這場轟炸是這一連串行動中最為成功的一次。

一直以來，盟軍總是在夜間派出轟炸機對柏林進行襲擊，而盟軍飛機轟炸柏林的航線與皮奈蒙德地區很接近。每當空襲警報響起時，皮奈蒙德基地的德國科學家和工作人員就迅速躲進避彈坑。久而久之，基地的工作人員見盟軍的目標只是柏林，便放鬆了警惕，漸漸疏於防範。盟軍決定利用這一點，大做文章。

一日，盟軍轟炸機群按慣例沿以前的空襲航線向柏林逼近。為避開雷達，飛機飛得很低。在開始實施轟炸後，盟軍的飛機故意打開誘惑雷達的設備，製造假象來迷惑敵人，把德國空軍主力拖在了柏林上空。

正當德國人全力守衛柏林之時，盟軍竟將飛機突然掉轉頭向皮奈蒙德衝去。基地裡的德國人此時還以為盟軍飛機的目標是柏林，因此沒有採取任何設防措施。盟軍飛機迅速在皮奈蒙德投下烈性炸藥和多枚炮彈，炸死了七百多個與研製新式武器有關的德國人，其中兩個科學家還是十分關鍵的人物。

對皮奈蒙德基地的猛烈空襲讓希特勒暴跳如雷，德國空軍參謀長耶舒恩納克也因此自殺身亡。而此次行動為盟軍取得二戰勝利做出了不可磨滅的貢獻。

盟軍的聰明之處在於，讓飛機長時間借道皮奈蒙德，卻只路過不轟炸。時間一久，皮奈蒙德的德國人就自然會產生錯覺，以為盟軍飛機只會轟炸柏林。這為盟軍突襲皮奈蒙德創造了極為有利的條件。

在這裡，皮奈蒙德是「虞國」，柏林是「虢國」。盟軍飛機襲擊柏林只是一種假象，回過頭來轟炸皮奈蒙德才是其真正用意。戰場上，更多的是生死攸關的利害衝突，而沒有君子與小人之分，因此，類似「假道伐虢」的手段是值得借鑑的。

希特勒狡猾吞二國

「假道伐虢」，文章要做在「假道」上。

「假道伐虢」者，可以為「假道」找出多種多樣的藉口，以掩蓋其真實的軍事企圖。一九四〇年四月，在希特勒發動的第二次世界大戰中，德國入侵丹麥和挪威時即採用了此計謀。

戰爭開始後，希特勒意識到：擁有豐富礦產資源的德國周邊諸國，不僅是德國繼續進行戰爭侵略所必須的有利陣地，而且也是德國戰爭原料的重要來源地。他認為有了充足的戰爭資源就可以延續戰爭，因此對周邊諸國早已存有霸佔之心。特別是對丹麥和挪威兩個國家，更是垂涎三尺。

在地理位置上，德國往北毗鄰丹麥，丹麥向北是挪威。

「經丹麥攻挪威」應該是一個理想的作戰方案。於是，希特勒經過再三斟酌，最後指示德軍參謀本部制定了代號為「威悉河演習」的「假道伐虢」入侵戰略。

發起總攻前，德軍先利用特工人員進行了大量宣傳，表明「德國和丹麥是友好鄰邦，一旦有戰事，德軍借道丹麥是為了保護丹麥」，以蒙蔽丹麥，不做任何防範。

一九四〇年四月九日，德軍按照作戰預案，打算佯裝從丹麥穿過，進攻挪威。清晨五時，集結在德國和丹麥邊境周圍的德軍先遣部隊駕駛著摩托車，一路趾高氣揚地向前順利開進。由於事前德軍做了足夠的欺騙宣傳，他們在丹德邊境沒有遇到任何抵抗。

德軍突破丹德邊境後，迅速向丹麥腹地推進。與此同時，德軍的登陸兵也在丹麥的西蘭島、弗恩島、法耳斯特島登陸。德軍入侵丹麥全境後，始料不及地直逼丹麥國王及其政府駐地。丹麥國王及其政府在威逼之下，不戰而降，屈辱地簽訂了投降協議書，將整個國家拱手奉送給了德國侵略者。

而德軍在「借道」並成功佔領丹麥之後，又在大量飛機的掩護下，利用登陸兵和空降兵佔領了挪威最重要的港口及主要機場，並向挪威內地發起進攻。最後，德軍只用了很短的時間便全面擊潰了挪威軍隊，拿下了整個挪威。德國最終實現了自己「假道伐虢」的作戰預案。

【商場活用】

手帕裡的生意經

在現代經商活動中，「假道伐虢」之計，是指自己在遇到經濟危機或者其他對自己不利的因素時，想出策略和計謀爭取一切有利於自己的時機或者找出一個合情合理的藉口，達成自己的真正目的，獲得長久發展。

東京鬧市區有一家專門經營手帕的商店。商店打烊之後，夫妻兩人總是一起在燈下計算一天的營業額。

一天，妻子重重地歎了口氣說：「現在的生意越來越不好做了。上個月還賣掉數十打手帕，這個月銷售額就只剩幾打了。真是一天不如一天，再這樣下去，只能關門歇業了。」丈夫也歎著氣說：「下午我去工廠進貨，那些大公司和超級市場的採購量一進就是一卡車。對我們這些零星小戶頭，廠家都不怎麼在意了。」幾個月前，附近開了一家超級市場。那裡的手帕門類齊全，應有盡有，這家小小的「夫妻店」根本沒辦法和人家競爭，於是生意一落千丈。到店裡來的，都快只剩問路的人了。

妻子發了一陣感慨後說：「難道我們開這家店，就是為了做一個業餘的路徑指導員嗎？我們能不能想想辦法呢？」「什麼？業餘的路徑指導員？」丈夫聽到此話，眼睛突然一亮，腦子裡很快閃過了一個念頭，「不，我們要當職業的路徑指導員！」「什麼？你瘋了？你要扔下小店，去當導遊嗎？」「我沒有瘋，我終於想到辦法了。我們借導遊之名來銷售手帕，生意一定會很好。」店主興奮地喊了起來。

原來，店主的設想是這樣的：現在的手帕上都只是印著山水、花鳥以及各種圖案及花樣，這些只有審美和觀賞價值，但並無實用價值。既然到小店來問路的人很多，何不在手帕上印上當地的導遊地圖，這樣既方便了遊客，又便於推銷商品，還可以得到廠商的重視和青睞。真可謂「一石三鳥」。

店主立即將這個想法付諸實施，到手帕廠訂製了大批印著東京交通圖及風景區導遊圖的手帕，放在小店裡出售。不久，這家「夫妻店」的生意又興旺起來了。

此例中，店主「假道伐虢」，以提供導遊服務的名義來推銷自家產品，挽救生意，堪稱用得及時，用得巧妙！

【處世活用】

林則徐智掏百官腰包

施用「假道伐虢」計謀時，首先總是要尋找一種有「充分理由」，能「誆騙」對方的藉口，走出自己的第一步，讓對方坦然「上當」，而後再進一步逐漸「蠶食」或突然「鯨吞」對方，以達到自己的真實意圖。

林則徐是一位能真正體察民間疾苦的清官。

在林則徐擔任湖廣總督期間，湖北曾發生百年不遇的旱災。莊稼枯死，米價暴漲，許多農民流離失所。於是他號召官員們捐糧捐款，不料竟無人響應。

林則徐心中惱怒，表面上卻不露聲色。他派人發出告示：「為解貧民飢饉之苦，本府定於三日後設壇祈雨。上自督撫，下到縣官，皆應照例齋戒三日。不許吃葷，不許喝酒，以示誠心敬天之意。」

三天後，林則徐親自率眾官登壇焚香，行禮祈福。禮畢，林則徐命令眾官坐在蘆席之上，然後對大家說：「為官者平日養尊處優，今天我和諸位都不張傘打扇，坐在烈日之下體驗一下農民稼穡之苦，怎麼樣？」眾官不敢違令，在烈日下剛坐了三炷香的工夫，便汗流浹背，叫苦連天。林則徐這時好像忽然想起了什麼，說：「天氣炎熱，怎麼能沒茶呢？」於是命人端來茶水。林則徐與眾官每人吃了一碗，不久，便嘔吐不止。

林則徐見狀，起身正色道：「誰都不許掩蓋嘔吐之物。讓侍官一一檢查，看看我們此次齋戒敬天是否忠誠。」結果，除了林則徐所吐為粗飯蔬菜之外，其他人皆為酒肉腥葷之物。林則徐神色嚴肅地說：「齋戒祈雨，何等重要，你們竟敢如此不誠。天一直不降雨，就是你們觸怒上天的結果。諸位現在有何話說？」眾官面面相覷，既恐慌又慚愧，都表示願意盡力捐錢。

這樣，林則徐很快用籌到的一筆鉅款，賑濟了災民，平抑了糧價。

在這裡，林則徐運用的便是「假道伐虢」之計，是假借祈天求雨之名，行迫使眾官捐錢之實。林則徐利用茶中的嘔吐藥物不動聲色地將這些吝於出錢的官員逼入被動的局面，讓他們乖乖地掏出腰包，可謂用心良苦。在日常生活中，當發動群眾處於僵局時，領導者也不妨借鑑一下林則徐的作法。

第二十五計：偷梁換柱[一]

【原典】

頻更其陣[二]，抽其勁旅[三]，待其自敗，而後乘之[四]，曳其輪也[五]。

【注釋】

一、偷梁換柱：原意是指暗中更換掉事物的內容，以蒙混欺騙對方。後來引申為抽調對方主力，其陣勢也隨之垮掉。

二、頻：頻繁、不斷。陣：古代作戰時的布陣。此處指主力部隊。

三、勁旅：精銳部隊。

四、乘：乘機、乘勢。乘之：乘機對其加以控制或吞併。

五、曳：拖住、拉住。曳其輪：拖住車輪，車子便不能前行，這是顯而易見的，就如同抽去了梁柱，房屋就會倒塌一樣。

【譯文】

設法頻繁不斷地調動和變更敵方陣容，藉以促使其抽換主力。待它外實而內虛，自趨失敗之時，就可以乘機擊垮它。這就好像拖住了輪子，也就掌控了整個車輛的運行一樣。

【解讀】

「偷梁換柱」是一種偷換概念的計策，是透過暗中變換事物的本質或內容，以達到蒙混欺騙之目的的策略。

「偷天換日」、「偷龍換鳳」、「掉包計」都是同樣的意思。

「梁」，指採用粗大而堅實木料的房梁；柱，指支撐房梁的較細木料。這裡用來比喻軍隊的主力與非主力的關係。

古代作戰，雙方要擺開陣式，列陣都要按東、南、西、北方位部署。陣中有「天橫」，首尾相對，相當於陣的大梁；「地軸」在陣中央，是陣的支枕。梁和柱的位置往往就是部署主力部隊的地方。

因此，仔細觀察敵方的陣容，就能找出敵軍的主力所在。

一間房的梁柱被換掉，那麼房子就會倒塌；同理，一支軍隊的主力如果被偷換，那麼這支軍隊就要垮掉。要知道，兩軍對壘，各有所長，有時往往是兩敗俱傷。

但如果能用計將對方的精銳力量抽掉，使之以次充好，然後以強擊弱，勝券便多了幾分。

而如果是與其他部隊聯合作戰，則可以設法多次變換自己的布陣，暗中抽出主力，用友軍的部隊去代替它的梁柱，這樣暗中將盟友兼併過來，統一意志，統一行動，一致對敵。這是「偷梁換柱」之計更深層次的含義。

因此，如何抽調和能否抽調敵方或友軍精銳主力，就成為運用此計的關鍵。引誘，或用變換的手法（假象）迫使其自行調動，是比較好的辦法。但一定要注意，調換必須在十分隱蔽的狀態下進行，只有在敵人沒有發現任何破綻的時候，才能實現用次要的換主要的，用假的換真的，用壞的換好的，實現自己的目的。

而當敵人施用「偷梁換柱」之計時，我們也應該提高警惕，採取以下措施進行應對：

一、處處設防，不給他人可乘之機。多元化社會的競爭特點是多極化，在這種情勢下，我們除了對面前的對手要嚴加防範之外，對於中立者、盟友等其他力量，也要時時處處做必要的防備。做到不輕信於人，更不隨便將主力託付於人，以防被人吞併或徹底消滅。

除此之外，還要不斷壯大自己的實力，從而讓自己有強大的獨立競爭能力和反抗能力，以防被人攻擊。總之，要做到處處警覺、小心謹慎，為自己設立堅固的心理及物理防線。

二、嚴守「梁」和「柱」，及時發現，及時補救。梁和柱在戰爭中具有重大的作用，嚴密防護意義非同尋常，要讓敵人不易接近或無法偷換。因此，要事先將應急措施準備好，一旦發現梁柱被人偷換，立即實施補救，挽回損失。

要做到這些，資訊回饋尤為重要。我們要與自己所屬的各個部位，特別是重要的部位，時時保持緊密聯繫，保證資訊暢通，盡可能將損失減少到最小。

三、陳述觀點時要結論明確、表達清晰，不給他人可乘之隙。因為一旦我們的思想觀點不明確或語言表達不清晰，就會給人造成含糊不清、似是而非的感覺，很容易被人故意曲解或斷章取義，被人抓住把柄，偷梁換柱。因此，在應該表達清楚的地方，一定要用科學規範的語言表述，必要時還要加以解釋和說明，讓敵人無機可乘。

【兵家活用】

拿破崙巧設圈套

軍爭上，為了戰勝敵人，運用「偷梁換柱」之計，還可以轉移對方的注意力而達到己方以虛避實，隱藏主力的目的，攻其不意，從而取勝。

一七九九年，法國發生「霧月政變」之後，拿破崙迅速組建了執政府。而此時的反法聯盟軍正從幾個方向對法國本土造成威脅，尤其是在奧地利軍隊全面佔領北義大利後，法國的處境更是岌岌可危。

拿破崙深知，這次用老辦法對付十萬奧軍是不行的。於是他周密部署，組織了一支強有力的預備軍團，並故意將它的實力透露給敵人，以誘使其做出錯誤的判斷及作戰計畫。

為了讓敵軍對預備軍團深信不疑，拿破崙採取了各種手段進行造勢。他親自給參議院寫信，並在政府《通報》上發布消息，稱自己決定在第戎親自檢閱預備軍團。結果，為了探取關於預備軍團的消息，大批間諜匆匆從歐洲各地趕來。

但他們很快就失望了。他們發現拿破崙口中的「預備軍團」，不過是個毫無戰鬥力的「司令部」。除了剛剛招募的幾團新兵外，其餘盡是一些老弱殘兵，抵抗力極差。這樣的軍隊，怎麼還用得著拿破崙來檢閱，派個旅長檢閱不就行了？很快，關於檢閱預備軍團的消息不脛而走。而英德等國家都將其作為了茶餘飯後的笑話，甚至連漫畫家都將其收入了自己的作品中。拿破崙的預備軍團給人們留下了極其不好的印象，大家因此都認定拿破崙已經沒有任何軍事實力可言了。

事實上，這種印象完全是拿破崙自己編造出來的，這是他為了牽制奧地利人而設置的一個圈套。奧軍誤認為預備軍團不能對他們造成威脅，於是決定調兵南下。

誰知，真正的「預備軍團」早已在法國南部做好了進軍義大利的充分準備。

拿破崙「偷梁換柱」的預謀，讓敵軍摸不準法軍真正的主力在哪裡，從而為自己的勝利贏得了時間和機會，實在是高明之舉。

假元帥立大功

「偷梁換柱」，顧名思義，是一種危害極大、後果嚴重的計策。如果在軍爭中，能將對手的主要力量調走，讓己方主力占絕對優勢，形成絕對的強弱對峙，以己之極強打擊對手之極弱，勝券就穩操手中了。這是運用「偷梁換柱」策略在競爭中制勝的奧妙所在。

一九四四年春天，盟軍決定在諾曼第實施登陸作戰計畫，給德軍致命一擊。為了迷惑德國人，盟軍情報部門精心策劃了一個「偷梁換柱」的欺敵行動。

為了讓德國人拿到一些「證據」，證明英國登陸部隊司令官蒙哥馬利元帥已離開英國本土，前往直布羅陀和阿爾及爾進行視察，盟軍情報部門為蒙哥馬利元帥物色了一個替身——中尉傑姆士。

之所以選中傑姆士，是因為他的相貌十分酷似蒙哥馬利元帥。倫敦一家報紙甚至刊登過傑姆士的照片，並在一旁特別註明：他不是蒙哥馬利，而是傑姆士中尉！戰前，傑姆士曾做過二十五年的職業演員，這為他扮演蒙哥馬利元帥提供了極大的便利。

接受任務的傑姆士在很短的時間內，便熟悉了蒙哥馬利所有的生活習慣，並有機會與蒙哥馬利元帥生活在一起，直到讓外人無法辨認真偽為止。

五月十五日，由傑姆士扮演的「蒙哥馬利元帥」，在高級將領的歡呼聲中，搭乘首相專機飛往了直布羅陀和阿爾及爾。與此同時，盟軍情報部門還故意放風說：「蒙哥馬利元帥」此行的目的是組織並部署在法國南部的登陸作戰。

「蒙哥馬利元帥」故意在德國間諜出沒的場合頻頻露面，最後，間諜對一切都確信無疑。

果然，盟軍這一「偷梁換柱」的計謀收到了意想不到的奇效。德軍統帥部誤信盟軍將在法國南部加萊地區登陸，於是迅速把防守在諾曼第地區的兩個坦克團和六個步兵師抽調到了加萊地區，大大減輕了盟軍在諾曼第地區登陸的壓力，確保了這場關鍵性戰役的成功。

【商場活用】

李嘉誠入主英資企業

「偷梁換柱」，其根本在「偷」「換」。此計要害是針對對手最關鍵、最主要最有力的部位設計，即抽掉「大梁」，拿走「柱子」，也就是想方設法抽調其主力，削弱對手的主要競爭力，而將自己的實力滲透進去。

一九五〇年，李嘉誠毅然向地產業投資。從一九七七年開始，他的「長江實業有限公司」發展規模越來越大，業務範圍已超出了地產生意，開始向多元化及綜合化發展。而在香港這一隅之地，李嘉誠覺得似乎有點轉不開身了。於是，他開始打起入主英資企業的主意來。

李嘉誠深知，香港華人發跡者雖多，但還沒人敢動實力雄厚的英資集團。每個試過的外國大老闆，最後都碰得頭破血流。李嘉誠也曾自省，這些英資企業的背後是港府這棵好乘涼的大樹，而你李嘉誠身後除了一顆勃勃的雄心，就什麼都沒有了。

世上無難事，只怕有心人。李嘉誠開始悄悄地向英資公司進軍了。一九七八年，李嘉誠不動聲色地在股市上買了一家老牌英資公司「青洲英坭」的股票，待股份達到二五％時，他出任了該公司董事。等股數達到四〇％以上時，他成功坐上了該公司董事局主席的寶座。打這一仗，是因為他知道，「青洲英坭」在紅勘一帶擁有幾十萬平方的地皮，到八〇年代，這裡將大有可為。

緊接著，李嘉誠又把目標轉向有「洋行王國」之稱的怡和集團，並把怡和主將之一的「九龍倉」作為進攻目標。他同樣是不聲不響地買入股票，到已購入二〇％股權的時候，得知包玉剛先生亦決意與英資爭奪九龍倉，遂將收到的股分全部轉手給了包玉剛，自己也從中盈利。

隨後，李嘉誠又暗暗打好主意。之前收購「青洲英坭」、「九龍倉」，不過是他進攻英資公司的一個小小的嘗試。他的眼睛始終盯著「和記黃埔」這頭由滙豐銀行控制著四〇％股權的獅子。這頭獅子是由一家老牌和記洋行和黃埔船塢進行合併後的產物，經營著大規模的香港地產生意。世界千家大公司中都有它的名字，是香港十大財閥名下最大的一家上市公司，它的市值比「長江實業」要多出五十五億港元。

一九七八年九月，時機終於來了。

「和記黃埔」內部經營不善、盈利不佳，滙豐銀行決定在背後積極物色一個能勝任的老闆。李嘉誠的勝利，滙豐銀行早已看在眼裡，早就認定他是最合適的經營家，也最有能力推動「和記黃埔」向前更好地發展。

於是，滙豐銀行將自己掌握的二二%普通股轉讓給了李嘉誠。李嘉誠於當月二十五日正式出任了「和記黃埔」董事。待其股數達到三九．六%時，英資集團董事局主席的交椅非他莫屬了。從此，這家香港英資古老洋行便成為四大洋行歸入華資財團旗下的第一家，而李嘉誠的「長江實業（集團）有限公司」也由此摘取了香港集團公司的桂冠。

李嘉誠先生巧妙地運用「偷梁換柱」之術，採用購買股份，身居要位的方式，成功地吞併了一個又一個英資企業，使得自身的財產總價值最終超過了二百億港元。李嘉誠自己也名列港澳十大富豪榜首，成為香港舉足輕重的人物。

第五套：並戰計

並戰計，是指敵我雙方勢均力敵、軍備相當、相持不下的一種對立狀態。在這種形勢下，其中任何一方都不存在速戰速決的可能性，也不可能出現混水摸魚、亂中取勝的機會，因此，妙施攻守之計實屬上策。

第二十六計：指桑罵槐[1]

【原典】

大凌小者[2]，警以誘之[3]。剛中而應，行險而順。

【注釋】

一、指桑罵槐：原意指對著甲方罵，實際卻想達到教訓乙方的目的。用在軍事上，通常是用「殺雞儆猴、敲山震虎」的暗示手法樹立威信，指揮三軍。

二、大凌小者：凌，凌駕、控制。意為強大者控制弱小者。

三、警以誘之：警，使用警戒的方法；誘，誘導。意為用警告的方法誘導（弱小者）。

【譯文】

強大者懾服弱小者，要善於利用威嚇、警告的方法去誘導。適當的威嚴和強硬可以得到較廣泛的回應和擁護，在危急緊要時刻使用果敢的手段才能使人敬服。

【解讀】

「指桑罵槐」，原意是指著桑樹罵槐樹，後來引申為一種罵人的藝術：成為甲經由罵丙，來教訓乙的旁敲側擊術戰略。

在環境、身份、禮節等多種因素的限制下，罵人者想罵某人，但又不便於直接罵，於是另外找個對象來罵，讓被罵者得到警戒，明明感覺到在挨罵，卻因為沒有被指名道姓，找不到回擊的機會，即便咬牙切齒也無法站出來還擊，有苦難言。因此，此計可成功地避免正面衝突。

作為一種計謀，指桑罵槐在軍事上是一種用「殺雞儆猴」的手段嚴肅法紀、樹立威信的策略。頑皮的猴子，經常不服調教，訓猴人便當其面宰殺雞，用鮮血淋漓的下場來恐嚇牠，這樣猴子便乖乖地馴服了。

在面對眾多下屬的時候，為了統一組織內部的意志與行動，以防兵不服將，有令不行，有禁不止的事件發生，或在面對弱小之敵時，為了不用直接的武力就可使其降服，並有效瓦解其反抗，智慧的指揮者也常常暗中找藉口對相關人士實施警告，或採用較為強硬的態度對其加以誘迫。即間接訓誡部下或威迫弱者，以使他人充分敬服。這是一種輕鬆統御眾人的心理戰略。

「指桑罵槐」之計，就是要達到敲山震虎、警戒逞威的效果。即用敲擊山梁的辦法來顯示威風，進而威懾老虎。而這裡的敲山只是一種擺出來的架勢，意在向老虎展示自己的威力及強硬態度，好讓其意識到對手也是很強大，難以對付的，因此不可小覷。如果不老老實實、規規矩矩地順從或降服，就會有悲慘的下場。

當然，如果擔心被對方施以「指桑罵槐」之計，我們可以採取以下防範對策加以應對：

一、仔細觀察、分析，探清對方的真實情況，不被假象所迷惑。尤其是當我們處於弱者地位時，弄清對方的虛實就更重要。如果對方表面上虛張聲勢，實則色厲內荏，我們被其虛假的強硬所嚇倒，就很容易吃虧、上當，失去難得的機會。相反，如果對方確有很強的實力，我們卻低估了他們的力量，不能做到知難而退，最後就只會自投羅網，追悔莫及。

二、聯合其他力量，不要讓自己陷入孤立無援的境地。自己一時無法與強大的敵人對抗，而又希望擺脫困境時，積極有效的辦法之一就是聯合眾小以抗一強。眾多弱小者聯合起來進攻，會形成「猛虎懼群狼」之勢。團結力量大，不要做離群的孤雁，最後的哀鳴只能證明牠的淒慘與無助。

三、適時地救助「桑」樹，讓惡勢一方的企圖無法得逞。許多人都有這樣的經歷：劈竹子的時候，頭幾節劈起來非常困難。不過只要將其劈開，竹子無論多粗多長，都會「迎刃而解」。「指桑罵槐」有時候就會產生這種破竹之勢。儘管我們暫時不是「桑」，但如果不能及時有效地遏制住對方「罵槐」的勢頭，最終也將難逃厄運。所以，在「槐」樹被罵時，我們就不能袖手旁觀，而應該千方百計地給予支援，幫它頂住對方的壓力，避免產生更大的突破口。這樣，敵人指桑罵槐的陰謀無法繼續，我們也就較為安全了。

【兵家活用】

郭威殺愛將以懾軍

「指桑罵槐」用在治軍上，就是殺雞給猴看，殺人給人看。目的是給其警覺，讓其乖乖就範。有時在「士難誅盡」、法不責眾的情況下，就可以透過這種處理一人來警戒眾人的方式，以達到殺一儆百的效果。

五代十國時，後漢李守貞、趙思綰、王景崇沆瀣一氣，發動了著名的「三鎮之亂」。後漢朝廷派大將郭威統兵征伐。郭威出征前，特意向老太師馮道請教治軍之策，馮道說：「李守貞是員老將，他所依靠的是官卒同心。如果你能重賞將士，必能勝於他，並將其制服。」郭威聽後連連稱是。

出兵後，郭威很快進抵李守貞盤踞的河中城（山西永濟縣蒲州鎮）外，斷絕了其與外界的聯繫，試圖用長期圍困的方法，逼迫李守貞降服。遵照馮道的教誨，郭威對部下有功即賞，將士受傷患病即刻探望，犯了錯誤也不加追罰。時間一長，郭威果然贏得了軍心，但也因此助長了姑息養奸之風。

李守貞陷入重圍後，數次欲向西突圍，以便與趙思綰取得聯繫，但都被郭威擊退，一籌莫展。一天，李守貞在聽到將士們議論郭威治軍的事情時，突然眉頭一皺，計上心來。

他派一批精明的將士扮作河中城百姓，潛出城外，在郭威駐軍營地附近開了幾家酒店，這些酒店不僅價格低廉，還可以隨意賒欠。於是，郭威的士卒們經常三五成群地到酒店喝酒，一喝便是酩酊大醉，將領們對此也不加約束。

李守貞見妙計奏效，便悄悄地派出部將王繼勳，率領千餘精兵乘夜色潛入河西後漢軍營，發起突然襲擊。後漢軍沒有絲毫戒備，連巡邏騎兵此時都喝得不省人事。

突然，郭威從夢中驚醒，慌忙遣將增援。將士們卻一個個你看看我，我看看你，全都畏縮不前。危急中，裨將李韜捨命衝出。這時，眾將士才大喊一聲，跟了上去。最後，王繼勳因兵力太少，功虧一簣，無奈退回了河中城。

這一次突擊，為郭威敲響了警鐘。他痛感軍紀鬆弛的巨大危險，於是立即下令：「除了犒賞宴飲，所有將士不得私自飲酒。違者軍法論處。」誰知，軍令剛剛頒布的第二天清早，郭威的愛將李審就率先違令飲酒。郭威又氣又恨，考慮再三，最後還是命人將李審拖出營門，斬首示眾，以正軍法。眾將士見郭威斬殺愛將李審，甚是惶恐，趕緊收起放縱之心，使得軍紀得以維護。

不久，郭威向河中城發起猛攻，一舉平定了李守貞，隨後又鎮壓了趙思綰和王景崇之軍，「三鎮之亂」終於結束了。

不難看出，郭威的「指桑罵槐」甚是及時，如果當初他礙於情面，繼續姑息養奸，那最終高唱凱歌的就會是李守貞、趙思綰、王景崇三人了。

田穰苴正軍紀

「指桑罵槐」，是迂迴曲折的成功謀略。在軍爭中，一般採用這一謀略，將自己的意圖傳遞給對方，用你對某事某人的斥責、懲罰，來警告、暗示那些藐視你權威、不服從你命令的人。即用不直接的方式、方法，去治服他人。

春秋末期，晉國進攻齊國的阿、鄄地區時，燕國也正在侵犯齊國的黃河南岸地區。齊國的軍隊連連戰敗，讓齊景公十分惱怒。

一日早朝，齊景公環視群臣，歎息道：「難道眾卿就不能為朕推薦一治國之才嗎？」大夫晏嬰立刻上前奏道：「臣向大王薦田穰苴。這田穰苴雖是田君之妾所生，但文才卻讓眾人信服，武略也讓敵人畏懼惶恐。如果大王能任用田穰苴，定能將入侵之敵拒於國門之外。」齊景公大喜，第二天便派晏嬰將田穰苴請進宮來。

對齊景公提出的軍事政治疑慮，田穰苴無一不曉，並能從容對答，他的文韜武略，讓齊景公非常滿意。隨後，齊景公傳旨在景陽宮設宴款待田穰苴，並於席間宣布任命其為大將軍，奉命統率齊軍抵抗晉國和燕國的入侵之敵。

田穰苴馬上走出宴席，跪地謝恩：「田某叩謝大王重用之恩。鄙人本來是地位很低的人，大王把我從平民中提拔出來，並加官在眾大夫之上。但是我恐怕士卒不信服，百姓不擁護。我請求大王派一位您所寵信並受全國軍民尊敬的人來做我的監軍，這樣我才會遵從大王的任命，拚死報國。」齊景公點頭應允。

第二天，齊景公召集文武百官，正式任命田穰苴為齊國大將軍，並將其寵臣莊賈提拔為監軍，輔佐田穰苴。

下朝後，田穰苴和莊賈商定於次日正午在軍營大門會見，共商出兵大事。田穰苴回營後，便差人設置好計時的日表和漏壺，等待莊賈的到來。

第二天，莊賈的親戚和下屬設宴為他餞行。快到正午，方有一下屬提醒：「監軍不是與大將軍約好正午商討用兵之事嗎？還請監軍酌量為好。」此時，莊賈已有微微醉意：「什麼大將軍，不過是一介平民，他統率的還是我的部隊。商討用兵？讓他等會兒吧！」隨後，繼續舉杯豪飲。

眼看時至正午，端坐在中軍帳的田穰苴問左右：「監軍來了嗎？」右右答：「監軍尚未進營。」「此已何時？」左右答：「時過正午。」田大將軍當即命人砍倒日表，倒掉漏壺裡的水，隨後鳴金升帳，點將後，頒軍紀於三軍。

傍晚，莊賈才帶大批使者緩緩乘車駛進軍營，面帶醉容來到田穰苴面前。

田穰苴問莊賈：「監軍為何過了約定時辰才到？」

莊賈答：「親戚為本監軍餞行，故而耽擱了。」

田穰苴說：「所謂將士，就是要從接受命令那天起忘記自己的家，臨戰之前忘掉他所有的親人，戰鬥開始後更要將生死置之度外。況且，如今敵軍已入侵邊境，國內人心浮動。士卒在邊境苦戰，君不能寐，民不能嚥，你居然還在舉辦什麼餞行！」

莊賈將頭一擺，不屑地說：「餞行又怎麼樣？」

田穰苴大怒：「軍法官，依照軍法，在規定時間內無故晚到的，應如何處置？」

軍法官答：「依軍法，應予斬首。」

田穰苴大喝一聲：「那好，正軍紀，將監軍推出轅門外斬首！」莊賈此時酒已醒，呼喊著讓使者去向齊景公求救。

莊賈被斬首後，田穰苴將其首級升上旗桿，警示三軍，全軍大為震驚。

此時，齊景公派遣的使者才拿著符節，乘車匆匆趕到軍營，救赦莊賈。田穰苴說：「將在外，君命有所不受。莊賈違反軍紀，已被正法。」接著，他又問軍法官：「軍營中不准馳車，現使者乘車馳入軍中，按軍法如何處置？」

軍法官答：「應當斬首。」使者十分害怕。田穰苴說：「君王的使者不能殺。」於是他只下令殺了使者的僕人，砍了使者車子左邊的木杆，殺了在右邊駕車的馬。警示三軍，今後若有在軍中馳車者，一律斬首。

從此以後，全軍將士再也不敢輕視田穰苴和違犯軍紀了。

由於田大將軍軍令如山，又能和士兵同甘共苦，最終軍威大震。因此，他帶領齊軍成功抵禦了晉國和燕國，收復了失地，保衛了齊國。

在這裡，田穰苴運用的便是「指桑罵槐」的謀略，透過懲罰幾個人來震懾其他人，以使其歸順，大振士氣。

【處世活用】

晏子「羞辱」楚王

「指桑罵槐」之「罵」，必須罵得巧妙，罵得鎮定。既不暴露自己的虛弱之點，更不能讓自己實際要罵的對象抓住反擊的把柄。一定要「罵」得高明，「罵」出水準，讓實際被「罵」者心悅誠服，讓刁難你的人啞口無言，此計才算用得成功。

春秋末期，齊國宰相晏子個頭長得很小。一次，齊王派他出使楚國。楚王聽說能言善辯的晏子要來，便想趁機羞辱他一番。於是，楚王先叫人在城門旁邊開了小門，打算讓晏子從小門進城。晏子一見，立即回擊：「出使狗國，才從狗洞進城。我今天到貴國來，可不希望對貴國有什麼不敬。」楚王一聽沒了轍，只好讓晏子從城門進去。

隨後，在晏子拜見楚王時，楚王故意擺出一副不屑的神情。不但不請晏子入座，還拖著長腔問晏子：「你們齊國難道再沒有別人了嗎？怎麼把你給派來了呢？」晏子回答說：「我們齊國的都城臨淄，有的是人。百姓要是把衣袖舉起來，能把太陽遮住；大夥要是每人揮手灑把汗，就能匯成一條河。怎麼能說齊國沒有人呢？不過，我們在對外派使臣時有個慣例，凡是去有德有才之人擔任國王的國家，就派有德有才的人去出使；凡是缺德少才的人擔任國王的國家，就同樣派沒德沒才的人出使。我晏嬰在齊國是個既無德又沒才的人，因此齊王才會派我到貴國來當使臣。」楚王聽了，羞得無地自容，只得讓晏子坐下。

晏子剛落座，便有人被捆綁著押了上來。楚王故意大聲問道：「此人是誰？」押解的人回答說：「這是個齊國人，犯了偷盜罪！」

楚王以為這下肯定能把晏子難住，便對著晏子說道：「你們齊國人都喜歡偷竊吧？」晏子回道：「我聽人說，橘子樹長在江南時是橘子。可是一旦移栽到北方，就變成了枳子。橘子葉和枳子葉雖然長得一樣，但所結的果子味道卻大不相同。為什麼呢？因為江南和江北的水土不同！這個人在齊國時，不偷不盜，可到了貴國，卻變成了盜賊。大概是你們楚國的水土不好，讓他變質了吧！」

楚王見難不住晏子，只好苦笑了一下，自言自語地說：「我真是咎由自取啊！」聰明的晏子在面對楚王的刁難與羞辱時，不慌不忙，智慧回擊，讓楚王自取其辱，沒有臺階可下，可謂是「指桑罵槐」之計的絕妙運用！

第二十七計：假癡不癲[1]

【原典】

寧偽作[2]不知不為，不偽作假知妄為。靜不露機[3]，雲雷屯也[4]。

【注釋】

一、假癡不癲：癡，呆傻；癲，發狂。意思為外表呆傻，內心卻清醒。

二、偽作：假裝、佯裝。

三、靜：沉靜，平靜。機：這裡指心機。

四、雲雷屯：茅草穿土初出叫做「屯」。雲在雷上，說明茅草穿土初出之時，遇雷雨交加。在這裡指：有作為的人大智若愚，暗中運籌。運用計謀就像雷電在發聲、發光之前那樣沉靜，蓄勢待發。

【譯文】

寧可假裝不知道而按兵不動，也不要假裝聰明而輕舉妄動。做事要沉著鎮靜，不能洩露自己的真實動機。這就像迅猛激烈的雲雷在冬季藏入地下時，如蓄力待發般平靜。

【解讀】

「假癡不癲」，是從民間俗語「裝瘋賣傻」、「裝聾作啞」轉化來的。在日常生活中，人們為了迴避某種矛盾或度過某種危難，或者對付某個實力強大的對手時，故意在一段時間內裝作愚蠢癡呆，以保全自己，趁勢出擊，戰勝對手。

「假癡不癲」之計，重點在一個「假」字。這裡的「假」，癡癡呆呆，內心裡卻特別清醒。實屬高招。因此，此計常常被野心勃勃又頗有心計的人運用。他們往往在實力還不夠強大，時機還不夠成熟的時候，用假癡迷惑眾人，以掩蓋自己的真實企圖。

此計用於政治謀略，屬於韜晦之術。在形勢不利於自己時，表面上裝癡扮呆，給人以碌碌無為的假象。其實質是隱藏自己的才能，掩蓋滿腔的政治抱負，躲開政敵的警覺，避開其鋒芒。而後專一等候時機，完成自己的使命。

在軍事上，有時是為了以退求進，以達到後發制人。這就像雲勢壓住雷動，不露聲色，最後一旦爆發，必定出其不意而獲勝。

要很好地理解「假癡不癲」之計，可以從以下幾種含義進行把握：

一、難得糊塗。糊塗是很難做到的，所謂的難，就難在本不是真糊塗，卻還要裝糊塗。目的就在於讓別人完全相信你，並以真糊塗來對待你。

二、大智若愚。在條件不利的情況下，為了保護自己，常常以裝瘋賣傻、裝聾作啞來蒙混對方。這種假作不知，假作不為，假作不是的做法，表面上讓人覺得與世無爭，弱而無能，實際卻精明至極。

三、不露玄機。要做到靜不露機，蓄而待發。之所以要把內心的想法深藏起來，不讓人知道，是因為要等待時機的成熟。在時機不成熟的情況下，過早地暴露自己的意圖，一定會慘遭失敗。

四、深藏若虛。本來很有秩序卻故意表現出混亂的樣子；本來很飽暖，卻露出飢寒的模樣；本來人很多，卻讓人覺得人數很少；本來很勇猛，卻表現出很怯弱的樣子；本來準備充足，卻表現出毫無防備的樣子，由此麻痺對手，獲取成功。

而當敵人運用「假癡不癲」之計時，我們應該採取如下防範對策加以應對：

一、善於觀察分析，利於發現敵人「假癡」的蛛絲馬跡。一旦認清真相，要當面揭穿其真面目。歷史上的許多戰事，都在向我們警示透過現象看清楚本質的重要性。在對方要「假癡不癲」鬼把戲的時候，當面將其醜陋的真面目揭露出來。讓事先毫無思想準備的敵人，面對突發情況一時難以應付，只能處於十分被動、尷尬的境地。這樣，他們從前所煞費的苦心也就功虧一簣了。而要當面揭穿對方的騙局，必須掌握一定的證據，然後迅速擊中要害，不給其留下狡辯的把柄和反擊的機會。

二、將計就計，以「假」當真，將敵人引入圈套。一旦發現了敵方正在對我們施用計謀，即使已經識破，暫時也不要揭破它。不如也順勢來個假裝糊塗，故意將其當真，讓敵人相信我們已經上當。這樣，他們便會放心大膽地繼續演他的「假癡」之戲，卻不料我們早已經布下了牢牢的圈套，最終讓敵人害人不成反害己。

【兵家活用】

拿破崙大勝沙俄

在中外戰爭史上，成功運用「假癡不癲」計謀取勝的戰例並不少。在奧斯特利茨戰役中，舉世聞名的拿破崙便是妙用此計大勝沙皇俄軍的。

一八〇五年，拿破崙第三次與反法同盟交鋒。奧俄聯軍大敗，拿破崙乘勝追擊，將奧俄聯軍逼至奧斯特利茨。年輕的沙皇亞歷山大調來了精銳部隊，以為實力已經遠遠超過拿破崙，可以一舉取勝。

而當時的聯軍內部，也出現了兩種截然不同的作戰意見。六十歲的俄軍名將、聯軍總司令庫圖佐夫主張暫時避戰。如果法軍來襲，就繼續撤退，以擺脫全軍覆滅的危險境地。而年輕氣盛的聯軍參謀長韋羅特卻認為，拿破崙慣於虛張聲勢，聲東擊西。法軍實質上應該早已疲憊不堪，戰鬥力大為削弱。如今，聯軍在數量上已遠遠超出法軍，立即轉入對法軍的進攻才是上策。

此時的拿破崙，也正在密切注視著亞歷山大的動向。

他決定故意不露鋒芒，顯得軟弱可欺，用以欺瞞並驕縱聯軍，然後暗中給其以措手不及的打擊。

十一月三日，拿破崙致信外交大臣塔列蘭，坦誠法軍目前處境十分艱難。正面敵軍強盛，兩翼敵人咄咄逼人，加上兩支普魯士大軍躍躍欲試，法軍寸步難行。

同時，拿破崙命令一些駐守前沿陣地的法軍部隊開始後撤，做出被迫退兵的樣子，並故意散布法軍兵力虛弱，需要收縮戰線的傳言。

十一月二十五日，拿破崙甚至派其侍衛長薩瓦里將軍打著休戰旗前往聯軍司令部，向年輕的沙皇亞歷山大遞交國書，建議休戰，請求與俄軍講和。

亞歷山大在種種假象的迷惑下，武斷地認為拿破崙已經深感恐懼，如今正是將其殲滅的大好時機。因此，對於庫圖佐夫的竭力反對，亞歷山大並不予理睬。

很快，亞歷山大便派自己的侍衛長道戈柯夫公爵進行回訪，開始象徵性的談判。同時，他還不忘囑咐這位心腹，隨時注意觀察拿破崙的動靜。

拿破崙在會見道戈柯夫公爵時，更是抓住時機，進一步製造假象，蒙蔽對手。

他首先表現出自己十分疲勞，一副精疲力竭的樣子。然後，又故意提示對方自己是大國皇帝，不能丟失尊嚴。他還巧妙地回絕了沙皇使者的一些要求，聲稱堅決不會放棄義大利和其他一些佔領地，但在一些枝節問題上可以做出一定的妥協讓步。

會談之後，沙皇使者認為拿破崙外表雖然故作威嚴，但實際上已心中有虛，於是興奮地向亞歷山大報告了對於拿破崙信心不足以及膽怯的印象。年輕的沙皇欣喜若狂。數日後，俄、奧皇帝經過會晤，決定立即向「正在削弱、退卻的拿破崙軍隊進攻」，至此，便一步步落入了拿破崙設下的陷阱。

十二月二日，在奧斯特利茨村以西、維也納以北一百二十公里的普拉欽高地周圍，拿破崙戰爭史上最著名的一次大會戰開始了。

拂曉之前，俄奧聯軍以一副不可一世之勢大舉進攻。而胸有成竹的拿破崙在望遠鏡裡密切地注視著敵軍的行動。當他發現普拉欽高地俄軍防禦力量十分薄弱時，隨即命令兩個加強師衝向高地並將其佔領，把敵軍切成了兩段。俄軍受到側面攻擊後大亂，馬上向西方潰逃。

在完全控制住普拉欽高地之後，拿破崙立刻命令近衛軍、騎兵師及兩個步兵師向敵人展開了全面的猛攻。最終將北段四萬多敵軍團團包圍，並將其壓縮到了狄爾尼茲半結冰的湖泊上。湖泊上的冰塊被法軍炮火擊碎，敵軍最後要麼被淹死，要麼被擊斃或生俘，下場極其悲慘。

第二天，奧地利皇帝要求休戰，拿破崙當即以「所有俄軍撤出奧地利，退回波蘭」的要求為條件同意。

十二月二十六日，法奧在普萊斯堡簽訂和約，結束了第三次反法聯盟，並導致了德意志神聖羅馬帝國的終止。奧地利把威尼斯割讓給了法國，拿破崙遂將其併入了義大利王國。而著名的奧斯特利茨戰役，不僅表現出拿破崙指揮作戰的非凡才能，也讓他喜獲了歐洲第一名將的榮譽。

此例中，拿破崙成功地利用「假作不為而將有所為」的手段，對敵人進行誘騙，並時時掌控著形勢的發展，為自己贏得勝利創造了條件。作為軍事統帥，他對作戰指揮藝術的巧妙運用，在戰略上以少勝多、在戰術上以多擊少，為徹底打敗敵軍奠定了基礎。

【商場活用】

日商人愚弄美方代表

善用「假癡不癲」者，必須是真智慧。可以做到遇事不衝動，冷靜觀察，先裝糊塗，實際上卻在做一番打算謀劃，伺機有所作為。這種智之上者，成功的機率才高。

三位日本人曾代表日本航空公司與美國的一家飛機製造公司進行談判。其中，日方為買方，美方為賣方。美國公司為了不錯過這次大好的商業機會，挑選最精明幹練的高級職員組成了談判小組。

談判剛開始，美方便展開了強大的產品宣傳攻勢。他們在談判室內張貼了許多掛圖，還印製了諸多宣傳資料與圖片。隨後用了兩個半小時，三臺幻燈放映機，放映起好萊塢式的公司介紹。

他們這樣做，一是要增強自己的談判實力，另外則是要向三位日本代表展示一次精妙絕倫的產品簡報。在整個放映過程中，日方代表不動聲色地坐在那裡，全神貫注地觀看著。

放映結束後，美方高級主管得意地站起，扭亮了會議室的燈。此時，他的臉上掛著自豪的笑容，笑容裡亦充滿了喜悅和必勝的信念。他轉身對三位略顯有些遲鈍和麻木的日方代表說：「請問，你方的看法如何？」不料，一位日方代表禮貌地微笑著說：「抱歉，我們還不太懂。」這句話大大傷害了美國高級主管的自尊心。他的笑容隨即消失，一股無名之火升上頭頂。

他問：「你說你們還不懂，這是什麼意思？哪一點你們還不懂？」另一位日方代表依舊禮貌地微笑著回答：「我們全部沒弄懂。」

美國的高級主管壓了壓火氣，再問對方：「從什麼時候開始你們不懂？」

第三位日方代表一臉嚴肅地回答：「從關掉電燈，開始幻燈簡報的時候起，我們就完全不懂了。」

美國公司的主管感到了嚴重的挫敗感。他終於灰心喪氣地斜靠著牆邊，鬆開他價格昂貴的領帶，心灰意冷，無可奈何。最後，他對日方代表說：「那麼……那麼你們希望我們做些什麼呢？」

三位日方代表異口同聲地回答：「你能夠將簡報重新放一次嗎？」

美國公司精心設計幻燈簡報，本以為日商會讚歎不已，從而引起他們花大價錢購買己方產品的意願。美國人為自己的談判技巧和實力沾沾自喜的時候，日方代表表現出來的「愚笨」和「無知」卻給他們帶來突如其來的沮喪。不僅如此，日方代表要求重新放映幻燈片，拖延時間的辦法，又讓他們的沮喪情緒不斷加劇。等到雙方真正坐下來談判的時候，美方代表已毫無情緒，一心只想速戰速決，儘早從不愉快的心境中解脫出來。

談判結果自然是對日方有利的，三個日方高級職員用他們的智慧和談判技巧，為公司節省了一大筆開支。

用「愚笨」和「無知」的假象掩蓋自己的真實意圖，其用意是想在時間上拖垮對方的鬥志。美方表現出來的實力越強，日方代表就越不以為然。這樣，不斷地循環，美方代表的得意之情就會慢慢被消磨得一乾二淨，又哪來的情緒去用心談判呢？而透過這種長時間的觀察和瞭解，日方的準備則會更加充分，談判取勝也就勢在必得了。

【處世活用】

楊行密妙計誅叛賊

「假癡不癲」其實是一種緩兵之計，實際上是自己心裡十分明白的愚弄人的策略。用此計一定要熟知古人「謀出於智，行於密，敗於露」的教誨，冷靜沉著，不露機鋒，蓄勢而發。

唐末，楊行密被昭宗封為吳王之後擁兵自重，建立了以淮南（今江蘇揚州）為中心的割據地盤。其手下的諸多小軍閥都很聽話，唯有潤州團結使安仁義和奉國節度使朱延壽不太聽從節制。朱延壽仗著自己是楊行密的小舅子，另立中心，培植勢力，有不忠之心。

於是，楊行密暗中派人打入朱延壽內部進行監視。

暗探來報，朱延壽與安仁義來往甚密，信使不斷。

二人都正在極力擴充兵馬，積蓄糧草。朱延壽的姊姊（楊行密的夫人）也常派信使去朱延壽處，傳遞消息。

楊行密想到，唐末的戰亂局勢是明擺著的。各大節度使都擁兵自重，不願聽從朝廷調遣。爭奪天下的割據戰爭是避免不了的。但要對外作戰，必先穩定內部。現在戰爭還未開始，正是穩定內部的好時機。主意打定，他便設計起計謀來。

想要平定內部，看來必須先消滅朱延壽等叛逆勢力。然而，他們羽翼已豐，只可智取，不可強攻。不然二虎爭鬥，傷了各自勢力，外部敵人就會乘虛而入。而要想智取朱延壽，就得先迷惑他，當然，也包括他的姊姊。

於是，楊行密謊稱自己患了眼疾，看東西一片模糊。朱延壽派使者送信，他也故意唸得錯誤連連。後來，乾脆讓別人代唸來信。

使者將此情況彙報給朱延壽，朱延壽心中大喜。自己雖存另立之心，但深知楊行密並不好對付。他率兵多年，英勇善戰，自己根本不是他的對手。誰知天助人願，如今楊行密患上眼疾，就算他有千種本事，若失明了也是無用武之地。

不過，謹慎的朱延壽為了徹底放心，思量再三，決定讓姊姊為自己試探一下。心想，如果楊行密真的瞎了眼，自己就馬上帶兵進駐淮南王府。

朱延壽的姊姊接到消息，便盡力窺探、觀察。見楊行密幾時回家，都摸索探路，便確定其果真有眼疾。但她仍不放心，怕萬一楊行密有詐，送了她弟弟的性命，於是使出一計來。

一天，風和日麗，朱延壽的姊姊故意約丈夫楊行密去湖邊踏青。那湖邊種了很多柳樹，密密排排，很不好走。朱延壽的姊姊攙著楊行密，有意把他領到一棵柳樹前。楊行密見狀，便明白了夫人的用心，於是將計就計向柳樹碰去，一下子趴在地上，昏迷了過去。

朱延壽的姊姊見丈夫真撞昏了，趕忙呼救。眾人圍了半日，楊行密才甦醒過來，哭著對夫人講：「原想成就一番大業，哪知天不遂人願，讓我失了明。幾個兒子都不爭氣，看來這吳王的位子只能交給延壽了。」朱延壽的姊姊聞聽大喜，忙送信給朱延壽。朱延壽立即以探疾為名來到淮南。

楊行密裝作不能出門迎接，傳朱延壽到臥室相見。而楊行密早已在枕頭下藏了匕首，乘朱延壽俯下身來看眼疾時便一刀刺死了他。

朱延壽一死，楊行密便休了朱夫人，隨後發兵去潤州擒獲了安仁義，最終鞏固了內部。

楊行密的「假癡不癲」之策用到至親頭上，雖然不宜效仿，但用在統一軍心上卻無可厚非，堪稱用心良苦！

第二十八計：上屋抽梯

【原典】

假之以便[一]，唆[二]之使前，斷其援應，陷之死地[三]。遇毒，位不當也[四]。

【注釋】

一、假：假給，借。便：便利。

二、唆：唆使，這裡引申為誘使。

三、死地：中國古代兵法用語，是一種進亦無路，退也不能，不經過死戰難以生存之地。

四、遇毒，位不當也：原意是古人認為搶吃臘肉會中毒。這裡比喻貪求不應得的利益，必遭致禍患。運用於軍事上，即指因貪圖小利而盲目進軍，將會有很大的危險，硬要強行進軍，必將陷於死地。

【譯文】

故意露出破綻，引誘敵人盲目前進，滲入己方，然後選擇有利時機，斷絕敵人的前應和後援，使其陷入絕境。這就如同貪吃有毒素的臘肉而中毒，貪圖不應得的利益，必招致後患。

【解讀】

「上屋抽梯」原意指巧設梯子，引誘對方登梯上房，然後抽走梯子，斷其後路，使之進退兩難，無法逃脫，只得屈服，任我擺布。

要「上屋抽梯」，先得「置梯」誘敵，故意露出一些破綻，給對手提供便利，然後截斷其後援及接應，使之陷入孤立無緣的境地後加以處置。這是此計的全旨所在。

此計用在軍事上，是利用小計誘惑敵人，然後截斷其援兵，以便將敵圍殲的謀略。這種誘敵之計，自有其高明之處。敵人一般不是那麼容易上當的，所以，要先想方設法為其安放好方便的「梯子」，等敵人一「上樓」，進入自己已布好的「口袋」之後，即可馬上拆掉「梯子」，將其控制。

一般來說，容易誘騙的對象有四種：一是貪而不知其害者；二是愚而不知其變者；三是急躁而盲動者；四是情驕而輕敵者。而安放梯子，也有很大的學問。對生性貪婪之敵，可以利誘之；對情驕之敵，可以示己方之弱惑之；對莽撞無謀之敵，可設下圈套使其中計。總之，要根據敵人的具體情況，巧妙地安置梯子。既不能招致敵人的猜疑，也要能讓敵人清楚而容易地看到梯子。

同樣，在運用本計謀時，「抽梯」也要講究技巧，迅速快捷。要根據不同的情況採用不同的抽法，或真或假、或快或慢、或緩或急、或明或暗。至於最後採用哪種抽法，要依當時的客觀形勢而定，切勿主觀臆斷、生搬硬套，讓計謀無法順利實施。

而當敵人採用此計謀時，我們應該採取以下防範措施加以應對：

一、探明敵人虛實，以防落入圈套。在我們對敵人的兵力、情勢不十分清楚時，萬萬不可貿然行事。可以先投石問路，探明實情，在確定前方沒有陷阱的前提下，再摸著石頭過河。而用來作為探路的石頭，可以是佯裝的動作，可以是小股的兵力，也可以是專門的偵察人員。而不管採用以上哪種方式，都應該時刻保持審慎的態度。

二、靈活應變，擺脫僵局。如果不慎被敵人騙「上屋」，並且梯子也已被抽掉，切忌驚慌失措、任其擺布，更不可剛愎自用、魯莽蠻幹。理智的方法是另尋「下屋」之路。解決問題的辦法有百種千種，此路不通可以另找別路，要隨機應變。

三、善於觀察、分析，以防上當受騙。如果反應遲鈍，固執教條，就很容易被人利用。要眼觀六路，耳聽八方，善於觀察，善於分析，對於任何微小的可疑情況都不放過，方可做到隨機應變，有效地預防被對方矇騙。

四、時時準備多種解決問題的方案，針對不同的問題可以拿出不同的解決辦法。還可以經常變換多套行動方案，以其變化莫測來迷惑敵人，讓敵人無法掌握到我們的規律。此外，遇事要沉著冷靜，不要驚慌失措，才能針對不同的情況及時拿出最好的應對策略。

五、提防小利，不為其所動。敵人在使用本計謀時往往會拿出一些小利作誘餌，所以當一些小利擺在眼前時，一定不能不做分析見利就取。應該先仔細研究其是否真的可取，特別是在對方也同樣可取但卻不取的情況下，更要提防此利很可能是釣魚之餌，應謹防上當。

因此，如果碰到對其判斷不清的情況，我們寧可暫時放棄，也不能冒風險。

特別是對那些取之無大益，失之無大損的小利，絕對不能貪圖。

【兵家活用】

曹瑋智破西夏兵

「上屋抽梯」，很關鍵的一點在於「置梯誘人上屋」。敵我雙方交戰，如不能巧妙運用假象蒙蔽對方，使其放鬆警惕，是很難得手的。曹瑋智破西夏兵，就是成功一例。

北宋初年，西夏人時常侵犯邊疆。

一次，西夏軍隊又來擾。渭州知州曹瑋領兵出戰，打退了敵人。看到西夏兵逃遠了，曹瑋便命令手下士兵趕著敵人丟下的牛羊，抬著敵人丟下的輜重慢慢地往營地走。西夏軍隊在逃出幾十里後，從探馬處得到了有關宋兵的報告。西夏主帥隨即認為曹瑋貪圖財物，隊伍渙散，行動緩慢，便率兵掉頭襲擊宋兵，企圖反攻。

曹瑋聽說西夏人如他所料又折回來了，便命令部隊仍緩慢行進。部下很擔心地勸告說：「把牛羊和輜重丟下吧，帶著這些累贅，部隊行動不靈活，必遭對方反攻。」曹瑋對這種勸告毫不理睬，一直走到一個地形對自己軍隊有利的地方，才讓部隊停下休息，等待敵人的到來。

等西夏軍隊快逼近的時候，曹瑋派人通知西夏主帥：「你們遠道而來一定很疲勞，我們不會乘人之危。請你們的人馬先好好休息，然後我們再開戰。」西夏人此時已經筋疲力盡，聽到曹瑋說這話便異常興奮，都紛紛坐下來休息。過了好久，雙方再次擊鼓交戰，結果曹瑋的軍隊毫不費力就把西夏人打得狼狽逃竄。

事後，曹瑋的部下對這次戰鬥的輕易取勝都感到難以理解。曹瑋解釋說：「我讓大家趕著牛羊，抬著輜重，裝出隊伍鬆散的樣子，目的就是為了誘騙敵人，把他們再引回來。敵人走了很遠再折回來襲擊我們，這中間差不多要走一百里地。如果我們馬上開戰，他們雖然很疲憊，但士氣仍旺，戰局的勝負就很難確定。而我先讓他們休息，就是因為我知道，走遠路的人一旦停下來休息，就會腿腳腫痛，精神渙散，失去了戰鬥力。我就是用這種『上屋抽梯』的辦法打敗西夏人的。」

【處世活用】

賈后廢太子

中了「上屋抽梯」之計，幾乎是無法挽回損失的。因此，在日常生活中應該嚴加提防。

晉惠帝司馬衷即位後，便立司馬遹為太子。司馬通是司馬衷登基前與宮中的才人謝玖所生。母因子貴，謝玖也因此由才人升為淑媛（嬪妃的稱號）。

皇后賈南風本就嫉妒成性，加上自己沒生下兒子，更是對太子橫豎看不順眼。在親信的慫恿下，賈后決定用「上屋抽梯」之計廢掉太子。

一日，賈后以皇帝身體不適為由，將太子召入宮。太子進宮後，沒有見到皇帝，而是被引到了一間側室。

此時，一個宮女端著三升酒和一大盤棗走了進來，稱這是皇上所賜，要太子就著棗把酒喝完。太子說：「陛下的賞賜我自然不敢推辭，只是我平素吃不了三升酒，現在空著肚子更喝不了這麼多！」宮女照著賈后教給她的話說：「你真是大不孝！皇上賜酒，難道其中還有毒不成？」太子無奈，只得把三升酒全部喝下。

就在太子醉得迷迷糊糊之時，一個宮女手拿一份文稿對太子說：「皇上有令，讓太子把這份文稿抄寫一遍。」太子醉得對眼前的文稿難辨真偽，不長的文字也讓他抄得丟三落四。回宮後，他便倒頭便睡，根本記不清自己做了些什麼。

第二天，惠帝臨朝，太子抄寫的文稿被遞了上來，只見上面寫著：「陛下應當自己了結，你自己不了結，我就入宮把你了結。皇后也應當自己了結，如果她不自己了結，我就親手將她了結……」惠帝一見是太子的筆跡，不禁大驚失色，忙和眾臣商議該如何處置太子。

賈后死黨董猛說：「太子犯上，理應處死。」惠帝最終還是動了惻隱之心，廢太子為庶人，免於其一死。不久，太子便被押到金鏞城幽禁起來，他的母親謝玖也慘遭殺害。

一計「上屋抽梯」，一篇賈后事先讓人起草好的文稿，就這樣輕而易舉地將太子變成了階下囚。

趙高讒言害李斯

「上屋抽梯」之計，與「過橋拆板」、「過河拆橋」類似，比喻誘人前去做某件事而斷絕其退路，有蓄謀暗中使壞的意思。

秦朝末年，秦二世荒淫無度，加上趙高助紂為虐，讓百姓一度生活在水深火熱之中。丞相李斯力諫秦二世，屢屢不見效，反而因此被趙高懷恨在心。為此，趙高決定使用「上樓抽梯」一計，將進諫的李斯置於死地，達成自己奪取丞相之位的目的。

一日，趁著李斯有恙，趙高假意關心前往探視。二人談起秦二世時，趙高故意歎了一口氣說：「函谷關以東盜賊紛起，無知的皇上卻從那裡大量抽人服傜役，修建阿房宮，這將有害於國家啊！」李斯立即回應：「作為臣子，吾等都應該從國家社稷出發，多為皇上出善謀啊。」趙高趕緊吹捧道：「您是三朝元老，德高望重，又居丞相高位，敢於犯顏勸諫，為什麼獨獨這件事，不勸勸皇上呢？」李斯沉吟道：「我何嘗不想勸諫皇上呢？可是這幾年來，皇上身居深宮，連朝政都不管，我連見他的機會都沒有。」趙高故作同情狀，說：「我雖時刻侍候在皇上左右，可我的話他根本不聽，只聽你們丞相的。那我仔細候著，一旦皇上空閒，我就通知您進宮求見。」李斯說：「全仗趙大人的一片厚意了。為了大秦江山，你我當盡臣子之責。請趙大人務必見機召老夫覲見皇上！」然而，趙高自從離開丞相府後，再無音信。眼看邊關軍情緊急，李斯夜不能寐，整日在宮門口請求覲見秦王。

而此時的深宮內，秦二世正醉眼迷離，懷擁美女，舉杯痛飲。殿內舞女婆娑舒袖，樂池內笙簫婉約。趙高則侍候在一旁，與皇上同樂。

秦二世喝得興起，還走下龍床，到舞池與宮娥共舞。

正當秦二世玩到興頭上時，趙高突然叫人通知李斯：「皇上現在正有空閒，請丞相馬上求見。」在宮門外的李斯得此口信，很是高興，趕緊將奏章遞與殿門的錦衣衛士，要求覲見秦二世。

舞罷一曲的秦二世此刻正擁著絕色美女狂飲，忽聞李斯求見，十分惱火：「丞相真是敗我雅興，不見！」錦衣衛士將奏章退與李斯，李斯仰天長歎：「大秦江山危在旦夕啊！」隨即欲闖宮求見。

秦二世聞聽李斯闖宮求見，大怒。趙高頓時喜上心頭，立即上前附耳對秦二世說：「大王，李斯來者不善。臣聽說李丞相早就對皇上滿腹不滿，認為皇上持政不如先帝，不懂治國之道，痛罵我大秦氣數已盡啊！」

秦二世聽後震怒：「這個李斯，我與先帝都待他不薄，他竟敢如此犯上，咒我江山！」趙高趁機進讒言：「剛才他還在宮門口大呼大秦危在旦夕，妖言惑眾呢！」秦二世拍案而起：「果真如此，要這等丞相有何用？」趙高趕緊把宮門錦衣衛士喚進，問道：「剛才李丞相在外高喊什麼？」錦衣衛士忙伏地答道：「皇上不見丞相，李丞相十分著急，便仰天歎道大秦江山危在旦夕。」秦二世聞言，立即傳旨：「來人，把犯上作亂的李斯抓起來，關入天牢！」錦衣衛士馬上領旨出宮捉拿李斯，將其押入天牢，李斯不久後便被斬殺。

而詭計多端的趙高在「上屋抽梯」之計得逞後，不久即被秦二世封為丞相。

第二十九計：樹上開花

【原典】

借局布勢一，力小勢大二。鴻漸於陸，其羽可用為儀也三。

【注釋】

一、借局布勢：局，局面，此處指局詐；勢，陣勢。句意為借助某種局詐的辦法，布成一定的陣勢。

二、力小勢大：力，力量，用在這裡指軍隊的兵力。勢，聲勢。句意為兵力弱小，但聲勢造得很大，也可使陣勢顯出強大的樣子。

三、鴻漸於陸，其羽可用為儀也：鴻，大雁；漸，漸進；陸，這裡指天際的雲路。此句意為，大雁在高空的雲路上漸漸飛行，那美麗豐滿的羽毛，讓它顯得更加雄姿煥發，這是值得人們效仿的。

【譯文】

借助恰當的時機或別人的局面，布成有利的陣勢，把我方的小力量裝點成大勢力，這樣可使兵力弱小的陣容顯得強大。這就像鴻雁高飛，橫空列陣，全憑羽毛豐滿的雙翼增加氣氛，助長氣勢。

【解讀】

樹上開花，是從「鐵樹開花」轉化而來的。鐵樹，常綠喬木，原產熱帶，不常開花，尤其在移植北方後，往往多年才開一次花。因此，此說法比喻事情非常罕見或極難成功。

「樹上開花」作為一種計謀，來自古代戰例，是指借助某種外在力量對敵人進行懾服。這就像某樹上本無花，卻可以把彩色的綢絹剪成花朵貼在樹枝上，人為地使它有花開在其上，從而製造出逼真完美的效果。如果不仔細看，是辨不出真假的。

因此，「樹上開花」之計可以理解為以下幾種含義：

一、借樹開花。借助別人的樹因利乘便，開花結果。之所以要借樹開花，主要是因為自家的樹還太弱小，無法開花。

二、借雞生蛋。借用別人的力量，便可以在不增加自己投入的情況下，實現自己原本不能實現的目的。

三、狐假虎威。自己的力量比較弱小，但還想嚇唬或迷惑對方，於是可以千方百計地假裝出強大的氣勢，讓本來並不強大的力量，在對方面前顯現出非常強大的聲威氣勢。

四、虛張聲勢。此計所造成的聲威氣勢，其實只是一種虛假的力量。作為一種虛幻的假象，它不會對敵人產生真正的威脅，但足可以達到讓敵人在心理上受到威懾的效果。

五、巧妙偽裝。運用本計策的一方必須偽裝得完整逼真，不露出半點破綻，否則，最後結局最慘的必然是自己。

由此可見，此計推及到具體的軍事運用上，一方面可以將精銳力量布置到友軍的陣地上，給原本虛弱的友軍人為地製造強大的表面聲勢；一方面則可在自己力量尚小之時，借友軍的勢力或借某種因素製造假象，讓自己的陣營看起來強大。也就是說，此計主張善於借助各種外在因素來為自己助勢，從而造成敵人在判斷上的失誤，讓其不敢貿然來戰，並以此從心理上懾服敵人。

而當敵人運用樹上開花之計時，我們應採取如下防範對策加以應對：

一、探明真偽，謹防上當。擺出開打的架勢，但並不是要真的打起來，而只是一種試探。這種較量不僅可以獲得比較全面的情報資料，而且在不至於冒太大風險的情況下，就可以靈活機動地變換戰略戰術：如果發現對方是虛張聲勢，我們可就勢打下去，讓它苟延殘喘，直到一敗塗地；相反，則可迅疾撤退，不損一兵一卒。

二、離間破勢，逐個擊破。一旦發現敵方同其友軍已經透過互相利用或互相聯合形成一種勢不可擋的威力，應當立即想辦法分化離間他們的關係，然後採用或拉或打、各個擊破的方法，破解對方的聲勢。此時，不可消極逃跑，更不可死打硬拚。另外，我們在實行離間分化的同時，還可以充分地對形勢中的可借之局加以利用，從而變被動為主動。

三、以牙還牙，將計就計。當敵人用「樹上開花」之計來對付我們，企圖將我們嚇退時，我們應該「以其人之道，還治其人之身」，將計就計也來個「樹上開花」，迷惑對方，絕不可消極應戰。這樣，雖然我們搞不清對方的虛實，但也可使對方摸不清我們的虛實，把原來只有我們恐懼的被動局面，轉變為兩頭都緊迫的較為主動的情勢。

【兵家活用】

虞詡增灶惑羌兵

「樹上開花」，比喻極難實現的事情。它是一種無中生有之術，藉以混淆觀樹者的視聽，或達到施計者的其他目的。

西元一一五年，羌人進犯武都郡。漢元帝急命虞詡親率三千騎兵日夜兼程，奔赴武都郡救援。虞詡一班人行至離陳倉二十里處，忽聽密林中一陣鼓響，五千羌兵突然出現在前面擋住其去路。

虞詡急忙下令掉轉馬頭，回到山腳安營紮寨。羌兵遠遠望見漢軍卸下馬鞍在山坡上歇息，因為不知虛實，沒敢貿然出擊，便匆忙撤退。

虞詡見羌兵退走，忙命將士上馬繼續趕路。這一帶是羌人聚居之地，地勢又很險惡。虞詡率三千騎兵，冒著凜冽的寒風，日行二百餘里。

行軍途中，虞詡讓將士每天將駐地鍋灶增加一倍。眾人疑惑，問道：「從前孫臏與龐涓作戰，曾增兵減灶，大人為何偏偏相反？」虞詡說：「敵眾我寡，我只能用樹上開花計來迷惑敵人了。」羌人得知漢軍西進，立即集中兵力予以追擊。途中，他們發現漢軍營地的鍋灶每日成倍增加，不禁大驚，以為有武都郡部隊進行接應，於是趕緊掉轉馬頭，抄小路溜走了。

這天，虞詡率騎兵進入武都郡內的赤亭城，突然發現周圍山頭早已埋伏下了無數羌兵，形成了難攻的包圍之勢。他便急命士兵緊閉城門，準備迎戰。

漢軍在赤亭與羌兵相持了十餘天，難分勝負。虞詡下令將士用強弓放箭，然而箭還未射到羌人陣前就落了下來。羌兵無不大笑，以為漢軍根本不會用弓箭。隨後，羌兵將領將騎兵排成密集的行列，向漢軍發起猛攻。

此時，卻聽漢軍陣地裡鼓聲大作，虞詡的強弓手萬箭齊發，羌兵紛紛栽於馬下，傷亡慘重。

此後，虞詡又命他的三千騎兵穿上藍衣從東門出來，又換上黃衣從西門進去，如此往返，持續數日。羌兵首領遠遠望去，以為漢軍兵力眾多，無以抵擋，便下令連夜撤退。誰知剛撤到第一座山口，羌兵便遭到漢軍伏擊，倉皇而逃。逃到第二座山口時，漢軍又衝殺過來，羌兵頓時大亂，自相踩踏，死傷無數。

至此，虞詡的三千騎兵威風凜凜地進入了武都郡。

此例中，虞詡多次使用「樹上開花」之計，先是日增鍋灶，後是假裝不會放箭，最後則用三千騎兵假扮強大兵力，將羌兵迷惑得得意忘形，盲目行動，最終大敗，可謂深諳用兵之道！

【商場活用】

白蘭地暢銷美國

「樹上開花」就是教人學會借助外力的謀略。在現代商戰中，同樣有許多將此謀略用實、用活的例子。

法國的白蘭地酒曾在國內和歐洲暢銷不衰，但有一段時間卻難以在美國市場大量銷售。為佔領巨大的美國市場，白蘭地公司不惜耗資數萬專門調查美國人的飲酒習慣，並制定出了各種推銷策略，但終因促銷手段單一，收效甚微。

這時，有一位名叫柯林斯的推銷專家，向白蘭地公司總經理提出了一個推銷妙法：在美國總統艾森豪六十七歲壽辰之際，向總統贈送白蘭地酒，藉機擴大白蘭地酒在美國的影響，進而順利打開美國市場，達到「樹上開花」的效果。

白蘭地公司總經理採納了這個建議。於是，公司首先向美國國務卿呈上一份禮單，寫道：「尊敬的國務卿閣下，法國人民為了表示對美國總統的敬意，將在艾森豪總統六十七歲生日那天，贈送兩桶窖藏六十七年的法國白蘭地酒。懇請總統閣下接受法國人民的心意。」隨後，他們把這一消息在法美兩國的各大報紙上做了連續登載。平地一聲驚雷，白蘭地公司將向美國總統贈酒的新聞，一下子成為美國千百萬人街談巷議的熱門話題。

贈酒當天，白宮前的草坪上人頭攢動。四名英俊的法國青年，身著法蘭西宮廷侍衛服裝，抬著禮品緩緩步入場地。人群中頓時歡聲雷動，總統的生日慶典突然變成了為法國白蘭地酒舉行的歡迎儀式。

從那以後，美國各地迅速掀起了白蘭地酒的爭購熱潮。一時間，國家宴會、家庭餐桌上都擺上了法國的白蘭地酒。終於，白蘭地酒成功地入主了美國市場，白蘭地公司的收益也因此大幅度增加。事後，白蘭地公司總經理一再感歎：「一本萬利啊！一本萬利！」白蘭地公司看準了總統生日慶典的絕佳時機，經過精心安排，讓總統在不知不覺間便做了一次該產品的潛在推銷員，難怪白蘭地公司總經理要連呼「一本萬利」。

依附於人們欽仰的事物或人物，讓自己的產品也受到眾人的青睞，這就是「樹上開花」之計在商戰中的妙用。

萬國製針創奇蹟

「樹上開花」計謀，是一個「借」力之計。商戰中，有時並非完全靠自己的實力取勝，而主要是憑藉自己的智慧。

一九五〇年初，廣島的手縫針最高年產量曾一度達到六十億根。但後來由於需求量的減少，不少針廠慘遭淘汰。倖存下來的針廠不斷推行自動化，積極開闢國外市場，業務反倒進一步擴大起來。萬國製針公司就是其中最典型的一家。

萬國製針公司創立於一九一八年，專門生產手縫針。他們是如何適應形勢變化的呢？該公司總經理頗有見地地說：「由於人們生活方式的改變，手縫針的需求量無疑會相對地減少。但對於某一家企業來說，手縫針的銷售量卻不一定減少。世界各國經濟發展水準是高低不一的，發展中國家對手縫針的需求量仍然很大。除此之外，雖然家庭婦女自己縫製衣服的機會減少了，但是，將縫製裝飾品、手提包、自己喜愛的服裝作為業餘愛好，卻在女性中日益流行起來，這種情況導致了對手縫針新的需求。因此，我們增加了各種式樣、規格的針來滿足人們的這種需要。當然，由於各國習俗不同，對手縫針的樣式、規格要求也不同，對包裝的喜愛亦各有千秋。於是，我們將工作的重點放在了規格、式樣和包裝的改進上。總之，在市場發生變化的時候，關鍵是看你如何見縫插『針』，贏得市場，戰勝競爭對手。」

因此，萬國製針公司生產的手縫針型號多達二十多種，每種型號按照針的長短又分為七、八種甚至十多種規格。此外，為了外觀別致，並且穿針方便，針鼻部分還都被鍍成了金黃色。有的針甚至有兩個穿線孔，或者一樣大，或者一大一小，分別用以穿粗線和細線。

在包裝上，萬國製針一改傳統的外用黑紙、內用鋁箔包針的舊模式，創造了新穎美觀的折疊賀年卡樣式。形狀有圓的、長方的，有的外觀像花籃，有的像婦女用的小提包。打開包裝一看，彩色的鋁箔上插著一組組不同型號、規格的針，針與針之間還留有一定的距離。既美觀又方便取用。此外，為了使用更便捷，每包針裡還附有一個用薄鐵片和細鐵絲做的穿線器。

這樣一來，不但顧客方便了，萬國製針公司的銷售量也提高了，即便適當地提高價格，消費者也都能欣然接受。由於外觀豐富了，也漂亮了，有的家庭婦女或青年女學生們還會將其作為了互相饋贈的禮品。

不難看出，此例中的手縫針雖然是一種體積極小、價格極低的產品，萬國製針公司卻能借助型號、規格、包裝，布成龐大而豐富的銷售陣勢，在吸引更多消費者的同時，也提高了其競爭能力。在手縫針蕭條的不利形勢下，仍能不斷成長、發展，這就是「樹上開花」之計的妙用。

【處世活用】

假皇帝拉旗行騙

「樹上開花」一計中，作為「花」的依傍，對「樹」的選擇是否精當，關係到此計謀能否被成功運用。所以，在選擇「樹」時要小心審慎，一旦被對方看穿，以假示真的目的就很容易泡湯。

唐懿宗經常微服私訪，尤其鍾意到寺院遊覽。於是，一些遊手好閒的人便決定利用這點，來假裝皇帝實施行騙。

一天，這夥人聽說當地的官員在大安國寺內寄存了上千匹蘇州產的綾綢，便聚在一起籌劃如何下手。最後，他們選出一個相貌酷似皇帝的人，讓他穿上皇帝私訪時常穿的衣服，帶著幾個僕人，大搖大擺地便來到了大安國寺。

當時，恰巧寺內有兩個窮困潦倒的乞丐，假皇帝很慷慨地給他倆一些錢，便打發他們走了。很快，其他乞丐們便接二連三地上前向假皇帝討要錢物。假皇帝身上帶的錢施舍完了，便對寺院裡的和尚說：「寺院裡有什麼東西，可否借我一用？」和尚看到眼前的人是私訪的皇帝，大吃一驚，隨後畢恭畢敬地說：「寺裡有別人寄存的一千匹綾綢，任由萬歲處置。」接著，和尚打開櫃門，把綾綢全都拿了出來。假皇帝一揮手，幾個僕人立刻便將綾綢搬走了。

臨行前，一個僕人還對和尚說：「明天早晨到朝門來找我，我帶你入宮，皇上是不會虧待你的。」和尚第二天一大早便去朝門查訪，結果根本沒人接待他，他這才明白自己上當受騙了。

騙子拉大旗，作虎皮，冒充皇帝騙走寺院裡的綾綢，是典型的「樹上開花」之計。此例中，皇帝是騙子所憑藉的「樹」，騙走綾綢的行為便可視為「開花」的結果。

第三十計：反客為主

【原典】

乘隙插足，扼其主機一，漸之進也二。

【注釋】

一、主機：籌謀劃策、發號施令，掌握大權的關鍵之處、首腦機關。

二、漸之進也：漸，徐徐而進。意思是天下的事情凡是行動盲目而急躁，就會誤入邪途；凡是冷靜而順乎客觀規律，就會登入正道。一步步循序漸進，達到顯要的位置，就是行而有功的道理。

【譯文】

趁著對方有漏洞就趕緊插足進去，扼住其關鍵要害，掌握其首腦機關，巧妙地循序漸進，達到自己的目的。

【解讀】

「反客為主」的原意是，主人不善於待客，反而受客人招待。客有多種：暫客、久客、賤客，這些都還是真正的「客」，可是一到了漸漸掌握了機要，就已經變客為主了。古語中將這個過程分為五個步驟：爭客位、乘隙、插足、握機、成功。此過程就是變被動為主動，將主動權逐步地掌握到自己手中來。

要理解此計，可以從以下幾方面進行把握：

一、先發制人，變被動為主動。當我們處於被動局勢或自身力量弱小時，可以積極採取率先發動進攻的辦法來爭取主動。在軍事上，一般表現為「先發制人，後發制於人」，只有先下手，壓制住對手，才能有效轉變被動局面。

二、轉攻為守，讓對方變主動為被動。首先發動進攻，深入對方陣前挑起事端的為「客」；而在自己的陣地上進行防禦的則為「主」。做「客」的遠道而來，不僅會因長途跋涉而疲憊不堪，還會因遠離根據地而難以供應物資。而為「主」的一方則以逸待勞，「飽有餘」。

如果我們是「客」方，為了改變這種不利的局面，就要變客為主。其方法是挑逗敵人來向我進攻，而我們則轉攻為守。如此，既達到了同敵人交戰的目的，又能將有利的條件留給我們自己，將不利的條件轉嫁給對方。總之，轉攻為守，不僅具有了選擇地利的主動權，也增加了戰勝敵人的有利因素。

三、喧賓奪主，取代主人位置。即大聲說話的客人搶佔了主人的位置，後用來比喻外來的佔據了原有的事物位置。這種含義就是主張在有機可乘的時候，先插進一隻腳，然後慢慢地用力把對方擠出去，而後取而代之，成為主人。

四、兼併盟軍，為己所有。一般指藉著援助盟軍的時機，打入盟軍內部，等站穩腳跟後，再慢慢地支配並控制盟軍，做到步步為營，最後順手把大權奪取過來。

即逐步蠶食，循序漸進。

因此，軍事上的「反客為主」，一般來說就是尋找敵人防禦上的漏洞，趁機插入其腹地而攻其要害，控制敵方的指揮系統、首腦機關或要害部位，利用有利時機，變被動為主動，盡可能地掌握戰爭的主動權，達到兼併或者控制他人的目的。

當然，對於敵人的「反客為主」之計，我們應採取如下的防範對策來應對：

一、儘量不給對方可乘之隙。俗語：「蒼蠅不叮無縫的蛋」。其實蒼蠅不是不想叮，而是它根本無從下口，想叮也叮不到。因此，反客為主的突破口就是「乘隙插足」。敵人之所以能插足進來，主要就是因為我們露出了可「叮」的縫隙，即可供利用的條件。而為了不給敵人可乘之間隙，做事就要小心謹慎，防患於未然。如果出現某些問題，也要及時發現，及時彌補。或者有了問題也要善於掩蓋、隱蔽，不讓客方輕易發現。

二、避免讓對方掌握機要大權。敵人一旦已經插足進來，成為常客，他下一步就必然會向「掌握首腦機關」進軍。這時，我們絕不能對其輕易相信，過分信任，更不能隨便地將機要大權相托或相讓。

三、切忌礙於情面，留客入住。對於那些不請自來的「客人」，我們往往會礙於情面，不便驅逐，然而結果必然貽害無窮。這些不速之客大多都懷有不可告人的祕密，而他們為了能爭得主位，常常會不擇手段，什麼招數都使得出來。此時，我們會很容易被其迷惑，將他們認作朋友，熱情款待。其結果必然是他們變「客」為「主」，掌控我方大權，無情地揮刀將我們砍於馬下。

四、將計就計，轉敗為勝。一旦發現己方位置被人用「反客為主」之計所取代，切忌自暴自棄，任其所為。這樣只會助長敵人的囂張氣焰，讓自己一敗塗地。

此時，我們應該採取理智的做法：「以其人之道反治其人之身」，重振旗鼓，時刻準備再次出山，重新奪回主人之位。

【處世活用】

大唐高祖登基稱帝

隋煬帝大業三年秋，李淵（唐高祖）連結突厥，率兵三萬從太原出發，打著尊立代王的旗號，興起義師，向關中進發。

不料當大隊人馬行至賈湖堡處時，遇大雨滂沱，不能行軍，只得暫時駐紮下來。這時，李淵忽然接到軍報，稱魏公李密領眾數十萬，歷數隋煬帝的十大罪惡，並布告天下，起兵反隋。

李淵得知這一消息後，不禁大吃一驚，便急忙與兒子李世民商量對策。世民說道：「李密兵多勢大，不宜與之對敵。不如暫且假意與他聯絡，也可使我軍免除後顧之憂。」李淵應允了世民的獻策，隨即命人給李密寫信，希望與之結成同盟，共圖大事。

信送出去不久，便收到了李密的回信。李密在信中言詞十分傲慢，雖然表示願意結為同盟，但自稱是盟主，並要李淵親自去河內與其締結盟約。

李淵父子二人看了李密的回信，心中很是忿忿不平。但李淵轉念一想：迫於勢力懸殊，還是忍讓為好，便又對李世民說道：「李密狂妄自大，即便訂了盟約也未必會實行。如今我們正進軍關中，如果斷然拒絕結盟，與他絕交，結果只會又增加一個敵人，對我們不利。倒不如暫忍一時，先以卑謙之詞對他大加讚賞一番，讓他更加志氣驕盈，以安住他的心。這樣既可以利用他為我軍塞住河洛一線，牽制住隋軍，又可以使我軍專意西征。此計豈不是兩全其美？日後，待我軍平定關中後，便可『據險養威』，看著他與隋軍鷸蚌相爭，讓我軍坐收漁人之利，這樣豈不更好？」

李世民非常贊成父親的用計，於是便再要人給李密寫信，大意是：「現在天下大亂，亟須有統一之主。您李密德高望重，統一之主自然非您莫屬。我李淵年事已高，對您誠心擁戴。只希望您登位之後，依然封我為唐王就感激不盡了。」李密收到李淵的覆信，心裡美滋滋的，別提有多高興了，於是滿口答應了李淵的要求。這樣，李淵便免除了後顧之憂，揮軍西進了。一路上，李淵攻霍邑、臨汾，直取長安，並把十三歲的代王侑擁立為皇帝，改元易年。第二年，隋煬帝被弒，李淵又逼迫代王侑退位，自立為帝，稱唐高祖。

且說李密自與李淵結盟後，率兵東進，所到之處，攻城掠地，節節勝利。除東都一地被隋將王世充堅守受阻外，其餘如永安、義陽、弋陽、齊郡等地，以及趙魏以南、江淮以北所有揭竿諸軍都望風歸附。隨後，李密繼續強攻東都，與王世充最後決戰。

此時，唐高祖李淵也派李世民、李建成領兵來到東都，名義上為援兵，實際上是來爭地盤的。李世民和李建成派兵從中阻撓李密的進攻，以致東都久攻不下。

李密躊躇滿志，決心攻下東都自立為王，最後卻因他驕傲自大，剛愎自用，不聽裴仁基與魏徵等人的再三忠言勸告，兩次中了王世充的詭計。東都城下之戰，竟然大敗。無奈之下，數十萬大軍只剩下二萬人馬跟隨李密惶惶退入關內投奔唐王李淵。

此時的李密還料想，李淵會念昔日結盟之情和滅隋之功，給自己封以臺閣之位，說不定有朝一日，自己還能東山再起呢！可誰料，這時已「反客為主」的唐主李淵卻點封了他一個光祿卿的閒職，另外還賜了一個邢國公的空頭爵號，這讓李密大失所望，滿腹怨言。

且說李密降唐以後未得重用，心中很是不滿。這一切李淵心中都有數，但表面上卻假裝格外關懷，稱李密為弟弟，並把舅女孤獨氏嫁給李密為妻，也是想盡可能穩住他的心。如此，李淵的「反客為主」才得以成功實施。

第六套：敗戰計

敗戰計，就是在己方陷入危局，而敵人又恰恰無比強大部署十分周密的情勢下，我方不得不採取的一些藉以自保的手段；抑或是己方已經戰敗，為圖報仇復興而施用的顛覆勝利一方，將優勢轉到己方的辦法。

第三十一計：美人計

【原典】

兵強者，攻其將；將智者，伐其情[一]。將弱兵頹，其勢自萎。利用禦寇，順相保也[二]。

【注釋】

一、將智者，伐其情：將智者，足智多謀的將帥；伐其情，從感情上加以進攻和軟化，抓住對方思想意志的弱點加以攻擊。

二、利用禦寇，順相保也：禦，抵禦；寇，敵人；順，順勢、順利；保，保存保全。全句是說此計可利於抵禦敵人，將其瓦解，進而順利地保全自己。

【譯文】

敵人的士卒強健，兵力強大，就要對付他們的將領；將領英明，且足智多謀的，就要從情感上去腐蝕他的鬥志，挫敗他的意志。將領鬥志衰退，士兵必定頹廢、消沉，他們的戰鬥力自然減弱，形勢也必定自行萎靡。利用這個計策來抵禦敵寇，可以順利地扭轉局勢，保全自己。

【解讀】

美人計，原意是指用女色誘惑敵人，用美人對付敵人。愛美之心人皆有之，甚至有人會因愛美而癡迷。有人為了得一美人，更是不惜犧牲金錢、地位乃至道德法律和原則。因此，美人計很早就被兵家利用，成為勝敵的一個重要策略。

美人計用在戰爭中，作為實施軍事目的的一種輔助手段，絕非對誰都有效。此計通常在行為放蕩者身上更有奇效，中計者也往往是那些好色之徒。雖然美人計是腐朽之計，但作為計謀，卻總是能屢屢見效。

而對於用軍事行動難以征服的敵方，尤其是對敵方的主帥，要用情感作為糖衣炮彈去消磨其意志，使敵人貪圖安逸享受，喪失戰鬥力，從而趁機取勝。而這一計策，不能只從字面上理解，而應理解為可以憑藉任何敵人信賴的人、物或事，來左右敵方，使其精神渙散，意志消退。總之，這是一種以柔克剛的損敵謀略。

而我們在使用美人計時，應注意以下幾個問題：

一、要依照對方的喜好，巧妙物色「美人」。俗話說：「蘿蔔青菜各有所愛。」人的喜好不同，我們施計時需要著手的方向也就不同。要充分依對方的具體好惡，選擇他樂於接受的「美」。美人計中所用的「美人」，只有在當對方能欣然接受之時，才會產生預期的巨大威力。

二、要巧設迷魂陣，引敵入圈套。想讓「美人」被對方接受，我們所侍奉的方式也很關鍵。如果方式靈活、巧妙，一切都做得順理成章，天衣無縫，不露痕跡，敵人便不會產生疑惑，必然放心大膽地接受過來。

三、「美人」只是克敵制勝的工具，卻無法決定成敗。美人計一般都作為達到最終目的的輔助手段，它的主要目標是摧毀對方的精神壁壘。要想徹底殲滅敵人，常常還要依靠武力決戰。所以，在施用美人計的時候，還要積極創造或尋找時機發動武力進攻，進行配合，切不可僥倖依靠此一計謀，便想獲取勝利。

而如果敵人運用美人計，我們也應該採取如下對策加以應對：

一、提高警覺，遠離陷阱。我們始終都要堅信，天上不會掉餡餅而只會掉陷阱。如果有人在不欠我們人情的情況下，突然主動地送「美人」來，那麼我們就要認真分析一下，在這「美人」背後是否有陰謀存在。如果發現有可疑之處，就應立即警覺起來，遠遠躲開敵人的圈套。

二、巧妙運用反間計，反其道而行之。一旦發現敵人用美人計來「竊取」我們的重要情報，我們也可用反間計來應對。所謂反間計，就是指收買或利用敵方派來的間諜為我效力。這裡所說的間諜也是「美人」的一種。

「美人」可以指人，也可以指物。如果是人，我們就「攻心」，人皆有感情，「美人」也非冷血動物。我們完全可以曉之以理，動之以情，對其收買和感化。如果敵人送來的是物，我們可假裝中計而收下。暗地裡卻可反間，給敵人來個措手不及。

三、分析「美人」利害，果斷採取相應策略。如果發現「美人」對壯大我們的實力是不可缺的，不妨先收下來，再依情況嚴加防範。假如「美人」對我們並非至關重要，就要毫不猶豫地將其拒之門外，以防其擠進門來施展妖法。在已掌握了一定的證據時，要當場拆穿敵人的陰謀，不能手軟，更不可被其光怪陸離的表像所迷惑。

四、修煉身心，磨練意志，抵禦各種誘惑。「蒼蠅不叮無縫的蛋」，如果蛋完好，沒有變質和發臭，怎會引來蒼蠅？人也是如此，如果一點香餌就可引你上鉤，那麼你必然會被叮咬；如果心誠志堅，不貪聲色，思想上有一道鋼鐵般的壁壘，那麼，無論何種糖衣炮彈，都無法將你撼動。所以，防範美人計的重要環節就是培養自己堅定的意志，讓自己無縫可叮。

起來。

【兵家活用】

英「美人」騙密報

「美人計」，在中國古代就已經很盛行，也很奏效。而在國際上，從近代開始，此計也逐漸風行起來。

第二次世界大戰期間，一位名叫辛西亞的女間諜服務於英國情報機構。她曾利用自己出眾的姿色，非凡的智慧和勇氣，獲取了敵國大量的政治、軍事情報，為英國政府在第二次世界大戰中制定有利的政治、軍事策略，立下了汗馬功勞。

這位一九一〇年出生於美國的女性，從一九三七年開始，就成為了地道的英國專業情報員。她的出色工作，讓指揮英國間諜活動的斯蒂勞森非常滿意，因此經常得到英國間諜機關的首肯和嘉獎。一次，辛西亞接受了一項新的任務：設法取得法國維琪政府駐華盛頓大使館和歐洲之間定期來往的全部郵件，包括全部的來往信件及電報。經過一番觀察與打探，辛西亞發現，大使館負責新聞工作的布魯斯，是個四十多歲很有風度的中年男子。

他曾在一九四〇年與英國皇家空軍有過良好的關係，對維琪政府很忠誠，但不喜歡德國人。

於是，辛西亞決定以一個同情法國維琪政府的美國女記者的身份，要求採訪法駐美大使。這樣，辛西亞就可以先找負責新聞事務的布魯斯上尉，與其取得聯繫。主意打定，辛西亞刻意化妝一番後，立即前往法國駐美大使館。辛西亞的美貌和氣度，深深地吸引了布魯斯，給布魯斯留下了深刻的印象。

在辛西亞初次到法使館的第二天，布魯斯便讓人送來了鮮花和請柬，邀請辛西亞與他共進午餐。很快，辛西亞又在她的寓所接待了布魯斯，兩人不久便相見恨晚，打得火熱。但是，火熱歸火熱，溫情歸溫情，由於職業的緣故，以及對法國維琪政府的忠誠，布魯斯對自己的工作總是守口如瓶，讓辛西亞一時無法取到任何情報，這急壞了蹲在紐約的斯蒂勞森。

而此時，恰巧發生了一件對辛西亞極為有利的事。法國維琪政府為了緊縮財政開支，決定大力裁減外交人員，而布魯斯正好也被列在裁減人員名單中。布魯斯正和辛西亞打得火熱，因此他對被裁很不滿，極力請求大使留他。最後，大使以只發給他一半薪水為條件勉強留下了布魯斯。

但是，過慣了上流社會生活、揮金如土的布魯斯，怎麼可能接受這種條件？於是，布魯斯決定回國。辛西亞的上司在得知這一情況後，決定由英國情報機關出錢，透過辛西亞「補回」布魯斯的薪俸，好讓布魯斯繼續留在大使館，以便日後為英國出力。

辛西亞找到布魯斯，假稱已經極其迷戀他，離不開他了，希望他繼續留在使館任職，並暗示可以在經濟上給予其幫助。布魯斯的職業習慣讓他開始懷疑辛西亞的動機，並向辛西亞提出了種種疑問。辛西亞意識到要想矇騙布魯斯，實屬不易，於是決定索性孤注一擲，果斷地承認自己在為美國情報機構做事，藉此獲得布魯斯的同情和幫助。隨後，辛西亞還溫柔地暗示布魯斯，只有這樣他們倆才能繼續待在一起。最後，布魯斯就範了。此後，布魯斯便開始毫無怨言地為辛西亞提供她所要的任何信函電報、文件及其他情報。

時間轉眼到了一九四二年，邱吉爾政府決定在年底進攻法屬北非地區和馬達加斯加，這就迫切需要弄到維琪政府海軍的通訊密碼。斯蒂勞森把這一任務交給了辛西亞。密碼藏在機要室的保險櫃裡，除了大使和負責密碼的軍官，其他人根本無法看到，以至於連布魯斯都認為這是個異想天開的任務。

辛西亞只好鋌而走險，自己去找譯電員。譯電員是個年輕的伯爵，極其狡猾老到。他從辛西亞那裡得到「好處」後，不但不履行承諾提供幫助，還決定告發辛西亞。如果辛西亞出事，布魯斯便也脫不了關係。布魯斯此時除了與辛西亞同舟共濟之外，別無他法。

於是，布魯斯採取了先發制人的做法，首先向大使告發了譯電員對辛西亞的非分要求，還稱伯爵常常在背後散布大使的桃色新聞，惹得大使頗為惱怒。一氣之下，大使把伯爵調離了機要室。隨後，布魯斯千方百計地協助辛西亞偷出了密碼。

盟國得到通訊密碼後，在一九四二年六月順利攻克了馬達加斯加，爾後又在阿爾及利亞和摩洛哥順利登陸，而盟軍在北非幾乎沒有遇到維琪政府的任何抵抗。按照盟軍一位軍官的說法，是辛西亞取得的密碼，徹底改變了戰爭的進程。

可以說，盟軍的這一美人計，其效果不亞於對任何一次戰役的精心謀略。

劉邦軍設計智逃

古人認為，面對實力強大，而將帥又很明智的敵人，你是不可以與他作正面交鋒的。因為交鋒的結果只能是以卵擊石，落得個慘敗的下場。這時的形勢就決定了弱的一方必須暫時對敵表示順從，而另圖他謀。用物質或美女誘惑敵人，尤其是腐蝕其主要人物，使其貪圖安逸享受，以致做出錯誤的決策，這就是「美人計」。

西漢初期，韓王姬信勾結匈奴單于反叛。漢高祖劉邦御駕親征，卻被冒頓帶兵圍困在白登城。雖然左右謀臣猛將眾多，但漢軍被困孤立，外無援兵，只得束手待斃。

軍中最有智謀的陳平被高祖接連招去幾次，也始終想不出好的計策。於是，只好勸高祖暫時忍耐，慢慢想辦法。轉眼已過六天，高祖更覺煩悶。自思陳平往日多智，如今尚無計議，看來真要困死在這裡了。正思量著，忽見陳平滿臉喜氣地進來，告訴他自己已有一策。

陳平說：「聽說匈奴王冒頓平時最寵愛他的妻子閼氏，對其寸步不離，凡事也必聽她擺布，始終不敢納別室。我們可以在閼氏身上打主意。我身邊有一畫家叫李周，連夜畫了一幅美人圖。只需給他一些錢，讓其混進敵營活動，並乘機將珠寶和美人圖獻給閼氏，求她轉告冒頓，願獻此美人給他。如此，我們就可以解圍了。」高祖依計而行，即派李周前去匈奴國。

李周假冒番兵，混入敵營，用金錢買通了左右。見到閼氏後，他把珠寶獻上，稱是漢王奉贈的。隨後，又取出美人圖，懇請閼氏轉給冒頓。閼氏見了這批珠寶，已是目眩心迷，立刻收了起來。然後順手展開畫冊，見繪的是一個美貌絕倫的人兒，不禁起了妒意。便問：「這幅美人圖有什麼用？」李周答：「漢帝被冒頓所困，情願罷兵議和，所以想把珠寶送給你，而後將身邊的中國第一美人獻給冒頓。」閼氏面帶慍色，說：「知道了，你把圖帶回去吧，回去告訴漢帝，讓他儘管放心好了。」很快，閼氏便對冒頓說：「聽說漢朝已起大軍，前來救主，明天就到了。」「有這麼回事？」冒頓驚恐地問。

「難道我的情報比不上你？」「難不成我會說假話？」閼氏嗔怒道：「兩主相鬥，不敗也傷。你想想，漢朝地大人多，即使這一仗我們勝了，也不過是多得一點東西而已，也不可能徹底征服他們。而萬一打敗了，你我就無法長相廝守了。」說罷假聲哭泣起來。

這一套眼淚攻勢，讓冒頓心軟了：「照你的意思應該怎麼辦？」「依我看，漢帝已被困了六七日，而軍中尚不示驚，恐怕是有神靈相助，雖危也安。我們乾脆順從天意，放他一條生路吧。」冒頓點頭應允。

第二天，韓王姬信得到此消息後，忙勸冒頓：「劉邦已被圍困七天了，眼見就能將其困死，現在放他走無異於放虎歸山，這樣會後患無窮啊！聽說劉邦欲差人獻美女給你，你就告訴他，見了美女方才撤兵；若無美女，則下令攻城。我相信他是沒有這個美女的，就算有，劉邦這個好色的流氓也不會情願獻給你。他一定只是為了騙你放他一條生路而已。」

冒頓聽了姬信的話之後，果真差人到城下喊話：「你漢家既說有美人，可叫她站在城頭上給我們大王看看嗎？有美人便放你們走，否則便不手軟！」

此話奏知高祖，高祖忙找陳平來說：「冒頓現在真要人了，怎麼辦？」陳平沉著地說：「我料到他會有此一招，早就叫人做好了幾個木偶，並且打扮得像天仙一般了。既然他要看，就到傍晚時分，擺放在城頭上，叫他燈下看美人吧。」

等到傍晚，陳平先下令讓將士安排好突圍準備，然後將十多個木偶人推上城頭去，並用扯線開始擺弄「美人」動作。冒頓在城下一看，頓時覺得這些美人像是月中天仙，便暈乎乎地下令道：「讓路！」於是，劉邦率軍匆匆順路逃了出去。冒頓見漢兵已退出了，便叫人上城去取「美人」。近前一看，燈光下卻只有十幾個木偶靠在城垛上，這才明白已經中了陳平的「美人計」。

此例中，陳平曾先後兩次對閼氏和冒頓使用「美人計」，實屬機智幹練，運籌帷幄！

【處世活用】

希特勒施小計除政敵

人們常說：英雄難過美人關。於是利用美色來對付他人，謀取利益，或者達成願望中的事，層出不窮。從某種意義上來說，美人比任何武力都更有威力。而政治爭鬥，同樣如此。

希特勒的獨裁、專斷，在一九三五年自封為「德國領袖與總理」之後，變得更加變本加厲，已然聽不進任何的反對意見。時任戰爭部長兼武裝力量總司令的布隆貝格，是一位資深的元帥，因此敢於向希特勒提出不同的意見。

一九三六年三月，當希特勒命令國防軍進駐萊茵非軍事區時，布隆貝格就提出了自己的意見。他認為，法國可能會因此而向德國開戰，建議希特勒立即停止在萊茵地區的行動，並儘快將開入的部隊撤回原駐地。

一九三七年，當希特勒宣布自己要侵佔奧地利與捷克斯洛伐克的計畫後，布隆貝格又提出了反對意見，認為這樣做會引起英法的干涉。希特勒對布隆貝格的反對意見極為震怒，他強壓怒火，下定決心，要除掉這個討厭的部長。

希特勒的親信戈林當時任空軍元帥，是布隆貝格的下屬。他表面上極力討好這位武裝力量總司令，暗中卻積極與希特勒配合，設計讓他自己走入陷阱。布隆貝格當時已經五十九歲，但一直過著單身生活，從未結婚。戈林得知他與一位出身卑微的婦女關係密切，來往甚多，就開始極力促成他們的婚姻。其實，布隆貝格清楚地知道，當時第三帝國對高級軍官的擇偶有嚴格的規定：出身低微的人不宜做軍官的配偶。因此，他和那位婦女一直是保持著祕密的關係。

而戈林巧舌如簧，力勸布隆貝格元帥打破當時的舊習與成見，表示像布隆貝格這樣資歷深厚的元帥在婚姻問題上不必要受任何規定的限制。在戈林的反覆勸說下，布隆貝格終於做出了結婚的決定。

一九三八年一月十二日，在布隆貝格的婚禮上，希特勒和戈林還故作熱情地做了證婚人。但婚後幾天，戈林就開始在軍官中大肆散布，稱布隆貝格太太的出身太壞，做一名軍官和戰爭部長的配偶很不合適。

消息傳開，一時間弄得滿城風雨。這時希特勒便趁機開始向布隆貝格施加壓力，說他既然選擇了這種配偶，就不足以做部下的表率，希望他能妥善處理這件事。布隆貝格別無選擇，最後只有辭職一條路可走。

希特勒僅用一條「美人計」，便除掉了一位敢與自己意見相左的高級軍官，可見他也的確是深諳此計的威力。

第三十二計：空城計

【原典】

虛者虛之一，疑中生疑二。剛柔之際三，奇而復奇四。

【注釋】

一、虛者虛之：第一個「虛」為名詞，意為空虛，與實相對，或指在軍事力量上不敵對方；第二個「虛」為動詞，使動，意為讓它顯露虛弱的樣子。

二、疑中生疑：前一個「疑」指可疑的局勢，後一個「疑」指懷疑。

三、剛柔之際：敵眾我寡、敵弱我強的緊急關頭。

四、奇而復奇：奇妙之中更顯奇妙。

【譯文】

在自己兵力虛弱之時，不加掩飾，還故意讓對方看到自己防備空虛的樣子，就會讓敵人不知底細，對我們的實力產生懷疑，從而認為我們是在弄虛作假。剛強和柔弱碰撞的時候，用這種陰弱的方法對付剛強的敵人，屬於奇法中的奇法。

【解讀】

空城計的實質是說，本來是空虛的，再以空虛來表現，就會讓人對本來的空虛懷疑不信，反倒以為我們是有實力的。這就好比本來是實在的，再以實在來表現，反而會讓人不相信他的實在一樣。這一計謀既反映了人的心理特徵，又富有辯證的意義。

虛虛實實，兵無常勢，變化無窮。在敵強我弱之時，當然最好不要以卵擊石，要充分把握對方主帥的心理及性格特徵，利用各種辦法來迷惑對方。敵方指揮官越是小心謹慎多疑，所得的結果就會越好。而「空城計」又是一種危險性極高的計謀，是懸而又懸的險策。若被對方識破，後果將會不堪設想。所以在大多數情況下，它也只能用作緩兵之計。要想真正取勝，最終也還是要憑藉真正的實力。

此計謀有以下特點：

一、**「虛而虛之」，以便讓敵人「疑中生疑」**。何為「疑中生疑」呢？一般來說，雙方交戰，總是要互相隱瞞真實情況，所謂「兵不厭詐」。而對敵方的情況卻要反覆地進行分析研究，不能完全憑自己的直覺，隨便做出判斷。這種不輕易相信對方的做法即為「疑」。

而在遇到對方反常用兵的情況時，除了要進行正面的分析外，還有必要進行反面的分析。這就是所謂的「疑中生疑」。心理學上講，人的心理常常有一種固定的心理定式。當這種定式被打破之後，人們往往會心無定向，惶惶然而不知所措。因此，結局常常是將假象誤以為假。

二、「實而虛之」，迷惑敵人，讓其中計。本來是強大的、準備充分的，卻偏偏裝出虛弱無力的樣子，讓敵人誤以為我方兵力空虛而且有隙可乘。

「實而虛之」主要有兩個目的：積蓄力量，等待時機。為了更大或者更遠的目標，暫時隱藏起自己的實力和鋒芒。這種暫時的遮蔽是為了爭取時間，積蓄力量，一旦時機成熟，就發動突然進攻，讓對方措手不及，防不勝防，這是其一。再者，是為了誘惑敵人進入自己設計的圈套。在我方兵力強大，並已設好埋伏的情況下，如果希望敵人能夠進到我們的包圍圈內，就要表現出弱小可欺的樣子，不讓敵人懼而遠之。總之，只有讓敵人覺得在我們身上有利可圖時，才會輕易地將其引誘過來，這是其二。

當敵人運用空城計時，我們可採用如下措施加以應對：

一、多次試探，以明虛實。無論多麼狡猾的兔子，都無法逃過獵人警覺的眼睛。而我們的敵人就如同狡猾的兔子，但無論他使用什麼伎倆，「虛而虛之」也好，「實而虛之」也罷，都難逃我們的反覆試探。

試探的方法有很多種，比如我們可以用打草驚蛇之法進行偵察，以求探明敵人兵力部署的強弱虛實。這種試探最好能重複幾次，一次兩次的話，敵人可能偽裝得很像，不會露出任何破綻，但絕對經受不住來自各個方面的多次試探。如果敵人對我們的試探一直不作任何反應的話，就說明他們已經發現了我們的意圖。此時我們可以隨機應變，將計就計，看準機會來一個「無中生有」，讓其措手不及，無力以對，只好乖乖束手就擒。

二、與敵相持，以定虛實。在經過多次試探之後，如果我們依然不能做出正確的判斷，就可以採用在「空城」之外，耐心守候，以靜觀其變的方法來探其虛實。

凡採用「虛而虛之」計謀的人，因其自身的力量弱，所以心理上也多多少少會「虛」，他時時刻刻都得承受強大的心理壓力。所以，這決定了敵人不可能偽裝太久，時間一長他總會堅持不住，難免露出馬腳。

此時，如果我們守在敵人周圍，不攻不撤，打起無煙的「持久戰」，敵人就會因無法堅持而露出自己的真面目。如此一來，我們很快便可識破敵人，將其一舉攻下。

三、全面分析，以辨虛實。為了辨別敵人向我們展示的情況是真還是假，我們要做全面的分析。所謂的「全面分析」，就是既要從時間上進行縱向分析，也要從空間上進行橫向分析；既要根據各種情況分析其絕對實力，也要根據敵我的對比分析其相對實力。只有這樣，我們才能做出正確的判斷，而不至於被敵人的假象蒙蔽。

【兵家活用】

鄭國智退楚軍

「空城計」，其精要在一個「空」字，運用「空」來達到自己的目的。這是一種更為詭詐、危險的策略。幾千年來，用兵打仗都是一種詭詐的行為，不可讓敵對一方知道自己軍隊的詳情。因此在用兵打仗上，往往是，能攻的裝作不能攻，要打的裝作不要打，要在近處行動的裝作在遠處行動，要在遠處行動的則裝作在近處活動。

春秋時，楚國的令尹（宰相）公子元，其哥哥楚文王死了之後，屍骨未寒，他便對寡嫂——朝野聞名的第一美人息嬀開始心懷企圖。但因限於叔嫂名分，不敢登堂入室，強行接收，他便想出了一個「慢火煎魚」的方法。

很快，他便在息嬀寢宮附近，大築館舍，日夜歌舞，奏靡靡之音，藉以挑動嫂嫂的春心。他還買通了近侍人等，就地觀察，隨時向他報告嫂嫂的反應。

一天，息嬀聽到這種熱鬧之聲後，便問左右：「這是哪裡來的舞樂呢？」內侍告訴她：「夫人，你還不知道嗎？這是令尹為你開的舞會呀！他同情夫人太寂寞了，想讓夫人聽聽音樂，開開心！」息嬀把雙眉一蹙，似乎明白是怎麼回事了。她思索了一會，感慨地自言自語道：「我的丈夫文王，生前不尚軍事，未曾向國外揚威，弄得聲望日下，受人悶氣。算起來，已經有十年了。阿叔身為令尹，不想辦法圖強，重振國威，偏偏為我一人開起舞會來，真不知是什麼企圖！」

內侍把這番話告訴了公子元。公子元見她開始有了反應，心裡大喜，便奮然而起，激昂地嚷起來：「嫂嫂是女流，尚且不忘國家大事。我身為堂堂令尹，反而把國事忘了。好，既然嫂嫂有此主意，那我非打個勝仗，向外耀武揚威一下，給她看看不可！」於是，公子元立即調兵遣將，傾國動員，浩浩蕩蕩地殺奔鄰國——鄭國去了。

鄭國兵力遠不及楚國，忽遇強鄰侵犯，一時不知所措。鄭文公慌忙召集大臣堵叔、師叔、世子華和叔詹等召開御前緊急會議，商討對策。堵叔皺起眉頭先發表意見：「楚兵強盛，如猛虎下山，我國根本不是它的對手。不如認下低微，跟他們納款講和算了！」旁邊的師叔一聽，心裡暗罵一聲「投降主義」，卻又不好罵出口，便委婉地說：「照鄙人之見，敵人雖強大，但卻孤立。我國和齊國有軍事同盟，我國有難，齊國一定會發兵援助的。目前，唯有固守，等候盟邦前來解圍才是上策！」「不。」少壯派世子華霍然跳將起來說，「水來土掩，兵來將擋，楚兵進來，要殺他個片甲不留！」此時，只有叔詹不開口，默默沉思著。

「老先生的意見怎樣呢？」鄭文公回頭問他。

叔詹乾咳一聲，說：「依老臣愚見，三位的高論之中，我最贊成師叔的意見。我估計，敵人不久就會撤去的！」「不見得這般容易吧！」鄭文公說：「這一次是公子元親自督師，我看他是不會主動撤退的！」「據我所知，」叔詹說，「楚國歷次出兵，都從未出去過這麼多軍隊的。這次，公子元的動機，不外乎想討好他的嫂嫂，在女人面前抖抖威風。也就是說，只要一個小小的勝利，裝裝門面罷了。」不一會兒，他忽又嚴肅起來，堅決地說：「這一仗，看來是很可怕的。諸位放心，楚兵若來，老臣自有退兵之計。」說話間，探子來報，說敵人已經破關，直搗皇城。先行部隊越過了市郊，快要進城來了。

此消息像晴天一聲霹靂，眾人聽罷面面相覷。主和的堵叔慌慌張張地說：「敵軍已近，來不及從長計議了。要麼講和，要麼立即逃避，我們先躲到後方再說！」「且慢！」叔詹馬上制止：「老夫自有妙計！」叔詹馬上令軍隊統統進入城內，大開城門，商店照常營業，百姓來往如常，不許稍露半點慌張神色。

楚兵的先鋒部隊果然很快便到了。先行官一見這般模樣，街上鎮定異常，城頭上又沒有絲毫動靜，便疑惑起來，料定對方必有準備，故意擺下這條詭計，騙自己入城去而後再包圍殲滅。心想還是等主帥到來再請示吧，便下令全軍就地紮營。

不久，公子元率大軍到了。先行官報告情況，說城中如此如此，這般這般！公子元一聽也吃驚起來，立即走到高地察看一番。只見城內似乎到處埋伏著軍隊，刀劍林立，旗幟整齊。於是心裡躊躇，總猜不出是什麼緣故。

隨後，後衛統帥也遣人帶來了情報，說齊國已聯合了宋魯兩國，發起大軍來解鄭國的圍了。

公子元大驚，急忙對各將領說：「齊國如果截擊我軍的退路，那麼就前後受敵，勢非崩潰不可！」諸將又主張速戰速決，先把鄭京攻下了再說。公子元最終沒有採納這條意見，他所想到的並不是什麼軍事價值，而是：「萬一失利的話，有何臉面去見嫂嫂呢？」於是公子元暗傳號令，人銜枚，馬摘鈴，連夜拔寨回國。同時，他又怕鄭軍會乘機隨後追擊，於是便讓所有的營寨保持不動，遍插旗幟，以疑惑鄭兵。

最後，公子元在悄悄溜出了鄭境之後，才叫大軍鳴鑼擊鼓，奏起凱歌班師回去。

此時，叔詹正在督軍巡城，徹夜未眠。到天明，遙望楚營，一點兒動靜都沒有。

只見一群飛鳥在低空盤旋，其中不乏有作俯衝狀的，便大叫起來：「楚兵撤走了！」大家還不相信，問他怎會如此清楚，這般肯定。

「那還不明顯！」叔詹指著楚營告訴他們：「凡是軍隊駐紮的營地，必定擊鼓壯威。你們看！那裡不是有飛鳥盤旋找東西吃，或在帳頂上爭吵嗎？這已是證明營裡連一個人影都沒有了。我早已料定齊國會出援兵來的，楚軍得到了風聲，怕被夾攻，所以連夜撤走了。哈哈！我用空城計迷惑他們，他們也用空城計來欺騙我……」不久，齊國等聯軍果然出現了，見楚軍已盡數撤退，無敵可擊，便也撤軍回國。這時，大家才佩服起叔詹的機智和勇敢來。

此例中的「空城計」是給那些實力空虛而又遭受壓力、走投無路的人一個啟示：此計屬於冒險行徑，有時的確可蒙混過關，但生死之權還是掌握在對方手上的。因此，非到最後關頭最好不要使用。

諸葛亮空城退司馬懿

如上文所述，「空城計」是非常高明的欺詐手段，然而它只能在瀕於絕望、滅頂之災已迫在眉睫，已經無法再用其他計謀去誘惑敵人、麻痺敵人、抑制敵人的形勢壓迫之下，才可冒險「虛者虛之」，暫時將敵方矇騙，讓其難測己方虛實，以致不敢貿然進攻，從而保全自己，贏得時間。諸葛亮的西城「空城計」，就收到了這一效果。

但諸葛亮在使用此計時，有其不得已的理由。當時，諸葛亮為進軍收復中原，恢復漢王朝，兵出祁山。然而卻得知曹魏重新起用司馬懿後，司馬懿用計斬殺降將孟達，領兵前來與蜀軍對壘。諸葛亮深知司馬懿此人精通兵法，必能取街亭，斷蜀軍咽喉要道。於是命馬謖、王平等立刻前往守街亭，以保蜀軍安全。誰知，馬謖一意孤行，不遵諸葛亮所囑，也不聽王平的勸阻，沒有當道安營，致使曹魏兵馬圍攻得手，失了街亭。

諸葛亮聞街亭失守之報，仰天長歎，頓知大勢已去，只能作退兵之策。於是，他急令大將關興、張苞、張翼、馬岱、姜維等分頭設伏，以保大軍安全撤退，一邊又密令大軍暗中收拾行裝，準備啟程。同時，他派出心腹，分路通知天水、南安、安定三郡官吏軍民，儘快向漢中撤退。

諸葛亮分撥完畢，便先帶五千兵退去西城搬運糧草。忽然，十餘次飛馬報到，均報司馬懿親率十五萬大軍，正往西城奔赴而來。此時，諸葛亮身邊已經沒有一員大將，只剩下一班文官。所帶的五千兵，已分一半先運糧草去了，只留兩千五百名軍士在城中。眾官聽得此消息，盡皆失色，典糧官更是驚得連手中的帳簿都掉到了地上。

隨後，諸葛亮登上城頭向來路望去，果然看到塵土漫天，魏兵分兩路往西城殺來。沒有大將的兩三千軍士，怎能抵禦瞬間可至的十數萬虎狼之師？諸葛亮眉頭一皺，頓時計上心來。只聽得他一聲令下：「將旌旗盡皆隱匿；諸軍各守城鋪，如有妄行出入，及高言大語者，斬之！大開四門，每一門用二十軍士，扮作百姓，灑掃街道。如魏兵到時，不可擅動，吾自有計。」諸葛亮本人則披鶴氅，戴綸巾，與兩個小童攜琴一張，上到城門敵樓前，憑欄而坐，焚香操琴。那司馬統領的曹魏大軍前軍來到城下後，看到西城如此模樣，都止步不前，不敢貿然進城，於是慌忙將此情形報告給了司馬懿。司馬懿笑了笑，說他不信真有此事。

講歸講，司馬懿還是命令大軍停下，自己驅馬向前往西城看去。果然，諸葛亮端坐在城樓之上，笑容可掬，焚香操琴。左旁還站有一個童子，手捧寶劍，右邊也站了一個童子，手執麈尾。城門內外，二十多個老百姓，旁若無人，只管低著頭在那裡灑掃。

司馬懿仔細看過之後，心中大疑，便到中軍傳令：「將後軍作前軍，前軍作後軍，迅速往來路退走。」司馬懿的二兒子接到命令，提出了不同的看法：「莫非是諸葛亮無軍，故作此態？父親何故便退兵？」司馬懿說：「諸葛亮向來謹慎，不曾弄險。今大開城門，必有埋伏。我兵若進，中其計也。汝輩豈知？宜速退。」司馬懿大軍退後，孔明立即帶領一群文官、軍士及西城百姓，盡數撤往漢中，最終化險為夷。這就是諸葛亮成功運用的一次「空城計」。

由此可見，「空城計」是緊急情況下採取的冒險之策。用諸葛亮自己對此事的話：「吾兵止有二千五百，若棄城而走，必不能遠遁。得不為司馬懿所擒乎？」然而要用此計，主帥必須高度智慧，確實要能做到知己知彼。諸葛亮不僅深知己方已十分空虛，無力抵禦虎狼之師，甚至連逃走都已不可能。同時，他又料定司馬懿對他的評價是一生小心謹慎，從不弄險，不打無把握之仗。因此，司馬懿在看到諸葛亮端坐撫琴，城門大開的情景時，定會認為諸葛亮是故弄玄虛，布下千軍萬馬恭候他的來臨，誘騙他上鉤，讓他進入包圍圈。除此之外，司馬懿為人優柔寡斷，生性多疑，定會懷疑諸葛亮怎麼會白白送一座空城給他司馬懿。

諸葛亮就這樣憑他的大智大勇，知己知彼，在此戰中成功了。

【商場活用】

哈瑞爾空城奪市場

商戰中的「空城計」，也是為了造成對方對己方的錯誤判斷，以致出現空隙。己方尋隙對其進攻，便可從而獲得勝利。這實在是商場的常理常法。

美國的威爾森・哈瑞爾公司，經過反覆研製，成功地推出了一種噴霧清潔劑，隨後準備籌措資金投入大批生產。這種噴霧清潔劑取名為「處方四〇九」。由於它簡便耐用，去汙力強，很適合清潔玻璃窗及其他家用，很快便被消費者所接受。一九六〇年代初，其在美國市場已有五〇％以上的佔有率。

像其他任何商品一樣，在宛如戰場的商場中，一種暢銷產品的出現，必然會引來蜂擁而至的競爭對手參與角逐。

「處方四〇九」的成功導致眾多牌子的清潔劑紛紛擠入競爭市場，其中最有實力的是一種叫「新奇」的噴霧清潔劑。

「新奇」清潔劑是由美國波克特甘寶公司生產的。這家公司是有名的雜貨業大王，財力雄厚，有長期的經營歷史和豐富的競爭經驗。看到「處方四〇九」雖已風靡全美，產品品質也很好，但主人不過是財微勢弱的小公司，波克特甘寶公司認為要吞占其市場簡直易如反掌。於是，他們決意投入大量資金，成功研製一種能與「處方四〇九」相抗爭的新型噴霧清潔劑，用更為優良的包裝面市，一舉大獲全勝。

而威爾森・哈瑞爾公司面對這樣一個強大的競爭者也並沒有束手無策，相反卻一如往常般鎮定。他們決定冷靜而周密地觀察、調查，以特殊的策略去克制「新奇」。

哈瑞爾公司瞭解到，「新奇」推出的第一個試驗市場是丹佛市。這個城市亦是「處方四〇九」行銷最佳的市場。於是，哈瑞爾公司在此地做了周詳的布置。一天，丹佛市一家專售清潔劑的商店一如往日，照常開門營業。售貨員把最後一瓶「處方四〇九」交給一位顧客後，另外的三位顧客急著問道：「處方四〇九還有嗎？」不僅是這家店，全市的各個商店也都如此，一時間「處方四〇九」難求。這讓習慣使用這個牌子的顧客們十分煩惱。

而這樣的「脫銷」正是威爾森・哈瑞爾公司的策略：在「新奇」馬上要登場的前一兩天，有意與零售商們打招呼，聲稱最近幾天因需求量大而暫停供應「處方四〇九」。

結果，「新奇」在該市場一出現，各家庭主婦為了應急，便一擁而上搶購起這個新牌子來。這樣很快便銷售出了一大批貨物。試驗市場旗開得勝的消息迅速傳回總部，波克特甘寶公司的決策者於是決定全面投入生產，迅速向全美國市場推廣。

哈瑞爾公司看到勁敵正如自己所料，掉入了自己的圈套，便決定馬上展開行動——將小瓶裝和大瓶裝的「處方四〇九」包裝在一起，並以低價出售。除此之外，還大做廣告，聯繫其全國的經銷網一起為這些特價品促銷。

主婦們看見自己日常用慣了的清潔劑突然如此便宜，便紛紛爭購，結果是大多數家庭和用戶在半年內都不必再買清潔劑了。而波克特甘寶公司此時卻被蒙在鼓裡，繼續按原計劃大規模投入生產，並耗費巨額資金開始在全國各大城市大張旗鼓地為「新奇」做廣告。

就在波克特甘寶公司的老闆樂悠悠地等待「新奇」的經營捷報時，得到的回饋訊息卻是一連數月，「新奇」的銷售狀況都不佳，沒有多少人問津。不久，「新奇」噴霧清潔劑便在商店的貨架消失了，此後再沒有出現過。

隨後，哈瑞爾公司大力地促銷並組織供貨活動，牢牢地佔據了清潔劑市場的主要位置。

因此可以說，有準備才有機會制服他人，沒有準備就很容易被他人制服。從商亦如此。哈瑞爾公司提高警惕，知己知彼，使出奇策妙計，將對手引入陷阱，最終取得勝利。

第三十三計：反間計

【原典】

疑中之疑[一]。比之自內，不自失也[二]。

【注釋】

一、疑中之疑：疑，疑心，懷疑，動搖決心，猶豫不決。句意為在敵方給我方設置的疑陣中再反設一層疑陣。

二、比之自內，不自失也：比，輔助，親比，親密相依。意思是，利用敵人派來的間諜為我服務，我方就可以避免遭受損失。

【譯文】

在敵方的疑陣中布置我方的疑陣，即反用敵方安插在我方的間諜傳遞假情報。這樣敵方的間諜不僅無用，而且還會成為禍害。如此就不會導致我方自己的失敗。

【解讀】

反間計，「間」就是間諜，即刺探情報的人。而「反間」通俗一點說，就是巧妙地讓敵人的間諜反過來為我所用。原文的大意是說：在疑陣中再布疑陣，讓來自敵人內部的間諜歸順於我，使敵內部自生矛盾，己方就會萬無一失，甚至能增加戰鬥力而制勝。戰爭中，使用此計的頻率是比較高的。

要明白「反間」的作用，首先要瞭解「間諜」的重要性。

戰爭中，為了爭取主動權，佔據上風，敵對雙方都會盡可能地瞭解與掌握敵方的力量、戰術等多方面情況。所謂知己知彼，百戰百勝，的確有它的道理。知己，就是清楚自己的實力和任務；知彼，則是瞭解敵人的實力與企圖。知道自己的情況很簡單，可要瞭解敵人的內部情況就會很難很難，除了從周邊一些管道瞭解之外，主要手段就是透過諜報人員來獲取了。

除此之外，每一方都有只想知道對方情況，而不想讓對方過多瞭解自己的心理，於是，就產生了反諜報的活動。反諜報的一個重要內容就是反間活動，或者反間計。

反間的應用分為兩種情況：一種是發現了敵人派到我方的間諜，並不揭穿他，而是巧設計謀，誘其上當，這樣報告給敵方的情報都是假的，對方就會按我方的意圖和計畫行事；另一種情況是，揭破敵方的間諜，但並不簡單地處置，而是對其勸導收買，讓他繼續給上級提供情報，當然情報也都是假的。

而在運用此計時，我們要注意以下一些問題：

一、**通俗地講，反間計就是借敵人自己的手來打他自己的臉**。那麼，如何巧妙地利用敵人的間諜呢？利用敵人的間諜並非易事，巧妙地利用他們是解決問題的關鍵。因此，我們要深入瞭解每個間諜的特點，並根據他的具體喜好給以好處，金錢、權位，抑或美女。只要是他愛的，我們都一一滿足。這樣，他們就會在利益的誘惑下，忘記自己原本的立場，轉而站到對我們有利的一邊，被我所用。

二、**分散敵人，使其轉強為弱**。如果我軍兵力集中在一處，敵人兵力卻分散在十處。這就相當於用十倍於敵的兵力去攻擊敵人，這樣我軍無疑佔優勢，而敵人就轉為了劣勢。能夠集中優勢兵力攻擊處在分散劣勢的敵人，與我軍當面作戰的敵人就少了很多。這就是分散敵力的重要意義。

那麼，怎樣才能將敵人的力量徹底分散呢？這也是我們運用此計謀時應思考的問題。解決此問題行之有效的辦法就是分化離間，即從心理上，根本性地把敵人分散開來。這時，無論敵方哪部分遇到危難，其他部分都只能袖手旁觀。這樣一來，敵人的實力無論多麼強大，都會因其內部分崩離析而導致失敗。

而當敵人採用反間計時，我們應採取以下防範措施進行應對：

一、**在選擇間諜時要慎重，反覆審查，及時發現疑點，並及時將有問題的人員淘汰出局**。凡我們派出的間諜，不但要具有做間諜的基本能力，更要有堅定的立場。要「威武不能屈，富貴不能淫」，經受得住各種考驗。因此，除了派出之時要對其考察，在以後的活動中也要反覆進行考察，發現疑點要及時對其審問，將其淘汰出局。只有這樣，才能有效防止自相殘殺的悲劇發生。

二、為防情報洩露，要讓間諜「蒙在鼓裡」。必要的時候要「愚士卒之耳目，使之無知」，藉此來防範萬一。凡屬重要資訊，特別是關鍵時刻的重要資訊，都絕對不能隨便洩露出去。不僅對所有的無關人員要嚴加封鎖，對有可能接觸對方人員的間諜也要嚴加保密。

三、多方印證，多處考究，以證實所獲情報的真實性以及防止間諜被收買利用。我們可以多方位地派出若干間諜，讓他們從不同的側面獲取情報。這樣，我們不但可以得到主體的訊息，同時還可以讓各方面的資訊互相印證。一旦有人叛變，我們就可以馬上發現；一個間諜出了問題，其餘的立即可以彌補空缺。

需要注意的是，即使我們派出的間諜未被收買，他所獲取的情報也不一定就是很可靠的。敵人很有可能已發現我方的間諜，但假裝不知，故意向我們的間諜透露虛假的情報。因此，我們要對獲取的情報反覆推敲考究，做出準確的判斷，以防上當受騙。

【兵家活用】

高仁厚反間平邛州

反間計是一種「以其人之道，還治其人之身」的計謀。當發現敵人派來間諜對我們進行刺探和破壞時，可以利用優厚的待遇將其收買，讓他為我們所用，取得出奇制勝的效果。

唐朝，邛州副將阡能率兵叛變，企圖擾亂四川一帶。都招討使高仁厚奉命率兵前去平反。就在出發的前一天，有一個賣麵的小販突然來到高仁厚營中，鬼鬼祟祟，四處打探消息。巡邏的士兵發現他形跡可疑，便抓起來對其進行審問。原來，這個小販竟然是阡能派來探聽虛實的間諜。於是，將士們把他押到了高仁厚的營帳。

高仁厚立刻命人給這個小販鬆綁，好言相勸，希望他能說出來意。最後，小販終於說：「我是村中的百姓，阡能把我的父母、妻子都關進了監獄，讓我來偵察一下您軍中的情況，回去後好放了我全家。否則，就會將我全家滿門處死。我實在不是心甘情願做這種事情的，懇請將軍饒我一條小命。」說罷，立即跪地磕頭求饒。

高仁厚聽罷，說：「如果你說的是實情，我怎麼能忍心殺掉你？我現在就放你回去，並且搭救你的父母妻子。不過，我救了你的一家，你也應當為我做點事情。你回去後就對阡能說：『高尚書的軍隊明天出發，並無多少兵力，只帶了二百人。』然後呢，你再對寨子裡的人講：『高尚書很可憐你們這些百姓，說你們只是受賊寇要脅，身不由己。他準備饒恕你們的罪過，並拯救你們。等高尚書發兵來時，你們只要放下武器投降，他就會派人在你們的背上寫下歸順兩字，然後放你們回家安居樂業。高尚書所要殺的只是阡能等人，他是不會讓百姓受到牽累的。』」間諜連連點頭，稱回去後一定按計行事。

第二天，高仁厚率兵到達雙流。阡能得知後，立即派大將羅混擎把守雙流以西的五寨，並在野橋箐埋伏下千人兵力，準備迎擊官軍。高仁厚偵察到此情況後，馬上派遣自己的間諜換上百姓的衣服混入對方陣營，用前一天對小販說過的話煽動對方的士兵。

這些人聽到此話後高興得大喊大叫，連忙脫下軍裝前來投降。高仁厚一面安撫他們，一面派人在他們背上寫上「歸順」二字，並讓他們回去煽動寨中尚未降服的人。不久，那些未投降的人便也爭先恐後地跑來投降了。

羅混擎見勢不妙，慌忙越過壕溝狼狽逃跑，隨後被他的部下活捉獻給了高仁厚。仁厚下令燒毀了叛軍的五寨及軍事設備，卻將叛軍的旗幟留了下來。

第二天，高仁厚召集降卒們說：「我本來打算馬上讓大家回家去，可是前面各寨的百姓都還不瞭解我的心意。現在，煩請你們做先行，過了山口，到達新津寨後，把你們背上的字給他們看，勸他們也前來投降。等到了延貢後，你們就可以四散回家了。」隨後，高仁厚取出羅混擎的旗幟，倒繫在旗桿上，讓這些百姓在行走中一面揮動旗幟一面高喊：「羅混擎已經被活捉了！大隊官兵馬上就要到這裡來了，你們趕快像我們一樣去投降吧！」降卒們依計行事，果然誘降了阡能部將句胡僧所設下的十一寨人馬。

後來，高仁厚每攻下一寨，便依這種反間計謀去誘降下一寨的叛軍。最後，高軍出兵僅六天，就順利平定了阡能等人的叛亂。

【商場活用】

日本人用心良苦竊技術

「反間計」在軍爭中成功運用，能收到奇效。而在現代商戰中，運用「反間計」、「疑中之疑」的原理，同樣能夠蒙蔽競爭對手和顧客，讓中計者摸不清頭腦，而被我方利用，增加取勝的把握。

十九世紀中葉，日本人為竊取英國紡織技術，用的就是「反間計」的謀略。整個過程中，日本人不僅讓英國人糊糊塗塗，摸不著頭腦，還巧妙地利用了英國人的力量，圓滿完成了任務。

十九世紀，英國首先爆發了技術革命，隨後誕生的紡織機械，讓英國的紡織工業得到了迅速發展。當時，英國紡織工業的工藝、技術、機械，其先進性都是世界上首屈一指的。這就讓其成為了西方各國窺視的目標，而英國為了永執紡織工業的牛耳，不得不竭力保守自己的技術祕密。

布拉澤公司是英國紡織工業的佼佼者，規模大、技術工藝精，產品質也好，其產品暢銷了全世界。因為經營狀況非常好，布拉澤公司的職員、工人的收入都相當可觀。每天中午，公司的職員和工人都喜歡到公司對面的一家英國人飯店吃午飯。因為附近僅此一家飯店，儘管飯菜價格比較高，但還是顧客盈門，熱鬧非凡，且天天如此。

後來，附近新開了一家飯店，飯店從經理、廚師到侍者都是清一色的日本人。這家飯店價格比英國人開的飯店便宜，飯菜還味美可口，服務品質也堪稱上乘，因此很吸引客人。就這樣，在這個區域，英國人開飯店的獨家生意很快便被打破了。

日本飯店開張後，開始只有少量圖新鮮、貪便宜的工人和下層職員去吃午餐。

有時候，一些布拉澤人忘記帶錢去，日本飯店不僅給他們賒帳吃，招待也跟對別人一樣熱情，沒有絲毫看不起，而且過後這些人即使忘了還債，飯店也不深究。日本飯店的名聲就這樣逐漸傳遍了整個布拉澤公司，來這裡吃飯的人也慢慢多了起來。

最後，就連一些工程師之類的高級職員也慕名而來了。

漸漸地，布拉澤人的午餐重心便轉移到了這家日本飯店。日本飯店生意興隆後，飯菜照樣可口、價格照樣低廉、服務照樣熱情，對高級職員的款待照樣很「特殊」。時間一長，飯店的全體員工便和布拉澤公司的上上下下建立了良好的私人關係，幾乎無話不談。

幾年過去了。一天，布拉澤人像往常一樣去日本飯店吃午餐時，卻發現飯店員工都愁眉不展，悶悶不樂。後來才明白：原來，因飯菜賣價低，進料價格上漲，加上許多欠款收不回來，飯店早已出現虧損，一直靠借貸維持。最近還款期將到，一清算才知道，只有關閉，將飯店拍賣，才夠抵債。現在是連大家的回家路費都沒有了著落。

布拉澤人對此都很同情，有人提議：「我們公司不正缺人嗎？你們可以先去我們公司工作，然後再考慮回家的事。」那些已經成為飯店常客的高級職員，因為受過飯店的「特殊」款待，這時也極力向公司推薦。公司經不起高級職員的一再舉薦，最後終於答應讓這些日本人進廠工作，只是不准進廠房，只能在廠房外做搬運原料、包裝袋、紗錠等粗活。

這些日本人進廠後，非常守本分，每個人都遵守紀律，做事也積極主動，從不和公司爭待遇，同時，還會用請客送禮來報答推薦他們的恩人——布拉澤公司的高級職員。沒多久，公司的管理人員對這些勤勞的日本人慢慢消除了戒備，不僅開始允許他們自由進出所有的廠房，有的甚至還被安排到了技術部門工作。

幾年後，這些日本人先後提出希望回家成親的請求，公司也都予以理解並同意了。於是，日本人交代了工作，辦好護照，相繼結伴回國了。布拉澤人做夢都沒有想到，這家日本飯店從經理到侍者，其實都是日本一流的青年紡織專家，他們是到英國來刺探英國紡織工業的先進技術的。

回國後，他們把獲得的全部東西複錄了下來，然後仔細消化吸收，反覆推敲。最後根據日本的具體情況，取其精華，設計出了一套在當時來說相當先進的工藝及配套的紡織設備。從此，日本的紡織工業得以迅速騰飛。英國的紡織品業也多了一個強有力的東方競爭對手。

日本人設「飯店」，布下「疑陣」，然後假意「關閉」，就是在疑陣上再加一層迷霧，即「疑中之疑」。布拉澤的高級職員們，誰也不會料到他們居然成了日本人的「反間諜」吧。

【處世活用】

鍾世衡巧除兩害

反間計最重要的是設疑，以疑對疑，以假對假。要做到「我知道你，而你不知道我」，將「水」攪得渾渾的，讓對方不明所以，這才是最高明的。

北宋時，元昊在西北建立了党項族的國家——西夏。其心腹大將野利剛浪陵和野利遇乞經常率兵侵擾宋地。於是，宋將鍾世衡一心想除掉這兩個禍害。而野利剛浪陵得知消息後，便派浪埋、賞乞、媚娘三人向鍾世衡詐降。鍾世衡瞭解到三人的真實意圖後，認為與其殺掉他們，不如利用他們來行一番反間計。

於是，他佯裝完全不知情，故意委派他們以官職。表面上對其十分重視，暗地裡卻派人對他們嚴加監視。

一天，鍾世衡對好友王嵩說：「我想派你去西夏行反間計，你能勝任嗎？」王嵩欣然應允，表示絕對不辜負好友的這份信任。於是，鍾世衡給野利剛浪陵寫了一封信：「剛浪大王，你派來的浪埋、賞乞、媚娘三人，我已為他們安排了官職。朝廷知道你有心歸宋，已任命你為夏州節度使。速速行動吧！」鍾世衡讓王嵩把這封信帶給野利剛浪陵，同時帶去了一幅烏龜與棗同席的畫。

野利剛浪陵見信後大吃一驚，問王嵩這幅畫是什麼意思。王嵩說：「這幅畫是早（棗）歸（龜）

來的意思。大王若想歸來就該儘早行動。」野利剛浪陵此時卻冷笑道：「鍾世衡把我當成小孩子了嗎？拿這種把戲來玩弄我。」為表對主子的誠心，野利剛浪陵把王嵩帶到了元昊處。

元昊看完信和畫之後，下令把王嵩推出去斬首。王嵩並不慌張，反而大笑說：「人人都說夏王多疑，我以前還不相信，現在看來此話不假啊。如果不是剛浪大王先派人前去投降，鍾使君怎會無緣無故派我來送信。現在我朝已任命剛浪大王為夏州節度使，而剛浪大王又突然改變了主意，夏人還真是多詐！」

元昊根本不知道野利剛浪陵派人去詐降的事，聽了王嵩的話，便對野利剛浪陵產生了懷疑。為驗證自己的猜測，元昊便派親信冒充野利剛浪陵的部下去會見鍾世衡。鍾世衡經由西夏俘虜，得知了來人的真實身份，便像以往一樣對「野利剛浪陵」的人熱情款待，還與其約定了野利剛浪陵投降的日期。那人回去後據實彙報，元昊聽後大怒，立即殺了野利剛浪陵。

鍾世衡為讓元昊再把野利遇乞也殺掉，便命人在西夏邊境設立祭壇，在木板上刻下祭文：野利剛浪陵和野利遇乞有意歸順本朝，不想大事未成。剛浪大王已遇害身死，在此設立祭壇悼念。

看見西夏人來了，鍾世衡手下的士兵慌忙點燃紙錢和木板，倉皇而去。木板上的字不會很快燒掉，於是西夏人拿其回去交給元昊。元昊看後信以為真，便把野利遇乞也殺了。

此例中，鍾世衡利用元昊的心腹大將野利剛浪陵派出降兵詐降一事，將計就計，提供假情報給元昊，利用其親手將野利剛浪陵和野利遇乞兩名大將處死，實屬巧妙！

岳飛反間除敵

用「反間計」，需要有高超的智慧和過人的膽識。智不高者識不破來間者，從而也就無法利用和收買敵方派來的間諜，更難以做到讓其為我所用；而才智不高者也不能大膽籌劃，小心實行，果斷實施反間計。

南宋時期，金兀朮與劉豫一起包圍了廬州。劉豫原是南宋將領，後來卻降服了金國。南宋抗金將領岳飛，得知金兀朮對劉豫十分妒忌後，決定藉此用反間計除掉劉豫。

恰巧，此時軍中捉住了金兀朮的一名密探，岳飛決定就借這位密探來實施他的反間計。於是，他命人把那位密探帶上大堂，沒有施用任何刑罰，而是假裝認錯了人，責備那密探說：「你不就是我軍派到劉豫那裡去的王斌嗎？當時讓你與劉豫約定用計誘捉金兀朮，怎麼遲遲不見你歸來？我後來還又專門派人到劉豫那裡去探問情況，得知劉豫已經答應用和金兀朮共同進犯長江為誘餌，在清河將其活捉。你一去就沒有了消息，竟然到現在才被人抓了回來，居心何在？還不快快從實招來！」

那密探聽了岳飛這一番話，便如墜入雲裡霧中，六神無主了。但他為了求生，慌忙假稱自己正是王斌，並表示要戴罪立功，希望大將軍寬恕。

岳飛於是寫了一封信，信中提到與劉豫共謀活捉金兀朮一事，並且用蠟把信封好，最後交給了那名密探。

期間，還囑咐他路上小心，速去速回，不得延誤。

那密探回去後便立即把信交給了金兀朮，金兀朮看後不禁大吃一驚，隨即火速報告金主，廢掉了劉豫。

就這樣，岳飛不費一兵一卒，用小小的一計「反間」，就輕而易舉地除掉了金兀朮的得力幫手劉豫，手段實在高明。這不僅避免了作戰，節省了不少成本，而且也為日後打敗金兀朮掃清了障礙。

第三十四計：苦肉計

【原典】

人不自害，受害必真；假真真假，間以得行一。童蒙之吉，順以巽也二。

【注釋】

一、人不自害，受害為真；假真真假，間以得行：一般情況下，人是不會進行自我傷害的。如果受害，那必然是真實情況。利用這種常理，我們可以假作真，以真作假，如此，離間之計便可實行了。

二、童蒙之吉，順以巽也：不懂事的孩子天真幼稚，順著他的特點逗著他玩耍，就能把他騙得柔順服從。

【譯文】

人從來不會自己傷害自己，如果受到傷害必然是真的，同時別人也會認為是真實被害。那麼，如果我方此時以假作真，讓敵方信而不疑，便可從中使用離間之計了。這就如同矇騙幼童一樣，對敵方進行矇騙，讓他們被我方操縱。

【解讀】

苦肉計，就是先把自己折磨一番，利用血淚去爭取接近敵人，暗地裡卻陰謀顛覆。此計的特點是，為了取信於敵人，進行自我傷害，以假亂真，從而麻痺敵人，贏取勝利。因此，此計其實是一種特殊的用間計，旨在趁機鑽入敵人的內部，騙取敵將的信任，從而實現我方的意圖。而之所以能成功，原因之一便是「人不自害」，這是人們的一種心理定勢。

而施行苦肉計時一定要慎重，自我傷害是非常痛苦的事情，成功率也較低。如果敵人還是鐵石心腸或者多謀善斷，就更不容易上鉤。最後即便是勉強成功了，勝利的果實中也包含了自己太多的血淚，代價太慘重。

因為危險性很大，一旦施用時被識破，不但自我傷害之苦要白白忍受，連性命都有可能保不住，落個弄巧成拙的悲慘結局。因此，非到萬不得已，一般不提倡使用這個非常危險的謀略。

而在非得運用此計的情況下，也要注意以下一些問題：

一、利用對方的情感騙取信任。正所謂「惻隱之心，人皆有之」。人是情感動物，因此敵人也會富有同情心。如果我們把自己傷害得異常痛苦、可憐，就會博得對方的同情，取得對方的信任，這實在是情理之中的事。

二、離間敵人，將其徹底擊毀。這是苦肉計的第二個步驟，即打入敵人內部後暗中進行離間分化活動，以便達到出奇制勝的效果。這也是實施苦肉計的關鍵一環。

三、自我殘害，加害於人。即偷偷地將自己傷害，然後嫁禍於他人，使別人蒙辱或受到重重懲罰，甚至致人於死地，以達到自己的目的。這是卑鄙陰謀的運用，一般只用於權位相爭者之間。

當然，敵人運用苦肉計時，我們可以採取如下措施加以應對：

一、莫做第二個「東郭先生」。一隻狼落難了，可憐兮兮地來向東郭先生求救，好心的先生救了牠，狼脫離危險後，卻狠心地把自己的救命恩人吃掉了。這個故事告訴我們，在我們施與同情和憐憫時，一定要看準對象，不可盲目給予恩惠。

對方就算真的受到些迫害，我們也應有充分的防備。一般情況下，我們會一時難分真假，此時，寧可把真當成假，也絕不能把假當成真，而錯施憐憫，讓東郭先生的可悲結局在我們身上重演。這是對付敵人苦肉計最直截了當的辦法。

二、全面分析，辨別真偽。敵人在運用此計謀時往往會打著投降的幌子，來矇騙我們。這時，我們一定要小心警惕，對那些以受迫害為名前來降服的人，進行全面的分析。經過反覆的分析判斷後，方可確定敵人的真實意圖。

三、對於降敵，我們只可利用不可重用。對投降過來的人，如果對其真假一時把握不準，而其又有可利用的價值時，不妨對其只利用而不重用。這樣，不僅可以變害為利，讓敵人反為我服務，而且不予重用，還可使其很難找到可乘之機。最後，苦肉計難以實施，白流了血，白受了罪，白費了心機，卻只落得「竹籃打水一場空」的結局。這是對付敵人的苦肉計最有效的辦法。

【兵家活用】

要離刺殺慶忌

運用「苦肉計」，就是要假裝受迫害，以便打入敵人內部，再乘機進行間諜活動。如果這種假裝受迫害的行為能讓敵方以真情回報，那麼「苦肉計」成功的概率就會更高。

春秋時，姬光殺君即位，利用專諸刺殺王僚，而後自立為吳王闔閭。

吳王僚的兒子慶忌，逃奔在外，招賢納士，聯合鄰國，等待時機，乘隙伐吳報仇。

闔閭素知慶忌健步如飛，快馬莫及，勇猛非常，萬人莫敵。今聞有此企圖，深為憂慮，想派人去行刺，可一時又找不到恰當的人選。

一天，伍員（子胥）為他聘來了一位勇士，名叫要離。

闔閭一見要離身高不足五尺，腰大貌醜，大失所望，很不高興地問：「你是大夫介紹的勇士要離嗎？」

要離回道：「臣細小無力，當風則伏，背風則倒，沒有什麼大勇。但若大王有所差遣，臣必盡我所能！」

闔閭聽了，更不高興。伍員知其意，便說：「好馬不在高大，只要能負重遠行就是良馬。要離形貌雖醜，卻非常機警能幹，一定會勝利完成王命！」

闔閭見伍員力薦，便邀要離到後宮去談，要離問：「大王心中所患，要差遣小人之事，是不是慶忌呢？想讓我刺殺他？」闔閭笑著說：「慶忌是個了不起的人，他身材高大，走如奔馬，矯健如神，萬夫莫當，恐怕你制伏不了他。」

要離說：「善殺人者，在智不在力。臣只要有機會能接近慶忌就可以把他殺了！」闔閭問：「慶忌是聰明人，怎肯輕易接近人呢？」

「我有辦法要他接近我。」要離滿懷信心地說，「他現在正在招收亡命之徒，圖謀不軌，我正可詐是罪臣，投奔於他。大王請斬我的右手，殺我的家人，這樣慶忌就難有不相信之理了。」「你無罪，我怎可對你下此毒手？」闔閭皺了皺眉頭說。

要離慷慨激昂地說：「臣聞與妻子樂，不盡事君之義的，是不忠。貪戀家室，忘君之憂者，不是義士所為。我能全忠全義，就是毀了全家，也是甘心的！」伍員從旁慫恿，說：「要離為國忘家，真是忠烈之士，若在成功之日，追討他的功業，旌表他的妻子，讓其名揚後代，便是一舉兩得的義舉！」闔闔想了良久，最後點頭應允。

第二天，伍員攜要離入朝，保薦要離為將軍，率兵進攻楚國。闔閭聞奏，怒斥伍員：「看要離身矮力微，殺雞無膽，騎馬無威，怎能做官帶兵？真是胡說八道，豈有此理！」要離跟著啟奏：「大王可謂忘恩到極點了，伍員為王安定江山，王卻不替伍員報楚王之仇……」闔閭拍案大怒說：「這是國家大事，非一般人所知，你居然還當面責辱寡人？」立即下令把要離的右臂砍了，押他入獄，拘他妻子。伍員歎息而出，群臣莫名其妙。

過了幾天，伍員暗叫獄官放鬆對要離的監視，使得要離趁機逃出監獄。於是，闔閭下令把要離的妻子斬首，棄市示眾。

要離離開吳境之後，一路上逢人訴冤，訪得慶忌在衛國，便跑到衛國去求見。慶忌疑他詭詐，不肯收容。要離便把衣服脫下來，慶忌見他已被斬了右臂，方才相信。

便問他：「闔閭既然砍了你的手，把你變成殘廢，來見我究竟有什麼意圖？」要離說：「臣聞闔閭殺公子父親，奪了王位。現在公子聯結諸侯，想復仇雪恨，所以特跑來投靠。雖然不能衝鋒陷陣，但做嚮導還可以，我對吳國的山川形勢還是相當熟悉的。這樣，公子報了仇，我亦雪了殺妻之恨，可心滿意足了。」慶忌猶未深信。剛巧有心腹人來報告，說要離的妻子已經被闔閭斬首示眾了。

要離一聽，大哭起來，咬牙切齒地遙指闔閭大罵。這樣，慶忌方才深信不疑。

「闔閭目前有伍員和伯嚭為謀士，練兵選將，國內大治。我兵微力寡，又何以和他抗衡，泄胸中怒氣？」慶忌問。

要離說：「伯嚭乃無謀之輩，沒有頭腦的飯桶，不足為慮；只有一個伍員還算個人才，智勇俱備，但今已是與闔閭貌合神離了。」「怎講？」

「所以，公子知其一，不知其二。」要離說：「伍員之所以盡力幫助闔閭，目的在借兵伐楚，報其父兄之仇。但現在楚平王已死，仇家亦亡，闔閭安於王位，天天只顧酒色，不想替伍員復仇了。就以眼下的事來說，伍員保薦我伐楚，闔閭便當場指責他，還殺雞儆猴地加罪於我，故伍員怨恨闔閭已為勢所迫成了。老實說，我這次能越獄逃跑，亦是伍員買通獄官的，他曾囑咐過我：『你此次先見公子，察看動靜如何，若肯為我伍員報仇，願為內應，以贖過去殺君之罪。』公子不乘此時發兵入吳，更待何時？以後怕是再無報仇的日子了。」說完大哭，猛在地上撞頭。

「好，好！」慶忌把他勸止：「我聽你的話，一定會在最短的時間內起義！」慶忌把要離帶回根據地艾城，作為心腹，委他負責去訓練軍士，修治兵船。

三個月過去了，慶忌在要離的慫恿之下，大舉義旗，出兵兩路，水陸並進，一路浩浩蕩蕩地殺往吳國去。

慶忌和要離同坐一艘船，駛到中流，後船忽然跟不上。要離對慶忌說：「公子可在船上坐鎮，船工看見就不敢不使力了。」慶忌坐在船頭上，要離隻手持戟侍立。忽然山上起了一陣怪風，要離轉身佯裝離開，忽然一戟猛插在慶忌的心窩上，直穿後背，慶忌身材魁梧，兩手倒提起要離在水中溺三次，再抱他放在膝上，苦笑著說：「你可算是個勇士，連我都敢行刺！」慶忌左右侍衛都想把要離刺死，慶忌說：「此乃能士也，放他走好了。」說罷，便因流血過多，倒地而死。

要離見任務已經完成，便也奪劍自殺了。

此例中，要離為使「慶忌」相信自己，不惜代價地犧牲自己的身體與親人，用這幕「苦肉計」讓慶忌對他完全放棄了提防，最後終於完成了刺殺慶忌的使命，可謂用心良苦！

【商場活用】

木村捨腿偷技術

「苦肉計」就在於一個「苦」字。不苦，不夠苦，是很難成為「苦肉計」的。真正地苦自己，而且讓對方看得到你的「苦」，從而產生出一種其本性與生俱來的東西——同情心和憐憫心，方可達到自己的各種目的。

一九六〇年代初，日本的汽車工業遠遠落後於美國。為振興汽車工業，日本一家汽車公司決定從高級職員中選送一批人才到美國學習。名義上是學習，實際上是為了獲取美國有利的技術情報。

木村便是這批人中的一位。他在美國學習了一年多，但美國公司從來都不讓他靠近關鍵的設備。眼看就要回國了，木村心急如焚。

這天，木村接到了日本公司發來的電報。電報內容如下：「木村先生，如果你拿不到我們需要的東西，本公司就將考慮不再錄用你了。」這封電報如雪上加霜，讓木村更加沉悶起來。

晚上，他一個人來到酒館裡喝酒。半夜裡，他搖搖晃晃地走在大街上，想到自己馬上就要失業了，突然產生了自殺的念頭。就在這時，一輛高級轎車迎面開了過來，木村藉著酒勁，一頭便撞了過去。汽車司機見狀慌忙剎車，可是已經來不及了，車輪從木村的一條腿上碾了過去，他一下子便昏了過去。

等木村醒來時，他發現自己躺在醫院的病床上，旁邊坐了幾位美國人。

原來，木村是被美國一家汽車公司總經理開車撞倒的。總經理的祕書連問木村有什麼要求。木村一聽，頓時心頭一亮，有了主意。他提出了要到這家美國公司當個清潔工的要求，總經理毫不猶豫地便答應了。

此後，這家美國公司便多了一個十分賣力工作的日本清潔工。一年後，木村向公司提出了回國探親的要求，公司為他買了飛機票。

回到日本，木村從假腿中取出了微型底片，把它交給了原來工作的那家公司老闆。兩年之後，這家日本公司生產的汽車，就以其先進的技術和卓絕的性能成功打入了美國市場，讓美國人大吃一驚。

直到有一天，當美國汽車公司的總經理在談判桌上見到日本公司的首席代表——只有一條腿的木村先生時，這才恍然大悟，明白是怎麼回事了。

「苦肉計」施用於商場上，主要有三種意圖：一是獲取經濟情報；二是進行產品銷售宣傳；三是管理企業。木村的目的就在於獲取經濟情報，而從其最終獲得的成果來看，木村用一條腿換來了半壁江山，真是不虛此舉。

【處世活用】

相如夫婦巧獲接濟

在生活中，如果能抓住對方的弱點，迎合對方之好惡心理，順著他的特點去行事，是不是就可以誘騙對方了呢？

「苦肉計」考慮的就是這個問題。

司馬相如是西漢時著名的文學家，同時也是一位風流才子。他與才女卓文君的愛情故事，成為了千古流傳的動人佳話。

司馬相如原本是梁王劉武的門客。劉武死後，他便回到了家鄉成都。有一次，他到臨邛的財主卓王孫家做客時，偶遇了卓財主在家守寡的女兒卓文君。兩人一見鍾情。卓文君不顧父親反對，乘著夜色與司馬相如私奔到了成都。卓財主知道後氣得暴跳如雷。

他倆到成都後，日子窘迫不堪，於是不得不回到臨邛，硬著頭皮向卓王孫請求接濟。卓財主怒氣未消，哪裡肯給錢？最後，司馬夫婦經過商量，很快想出了一條「苦肉計」。

他倆把身邊的車、馬、琴、劍和首飾全都變賣後，用得來的錢在距卓府不遠的地方租了一間房，開了一家小酒鋪。酒鋪剛開張，吸引來了不少人。

而酒鋪之所以熱鬧，倒不是因為他們的酒菜物美價廉，而是人們都想親眼目睹這兩個遠近聞名的落難夫婦如何鬧笑話。然而，司馬夫婦一點兒都不覺得難堪，相反地，他們心裡十分高興，因為他們辦酒鋪的目的——給頑固不化的老爺子丟人現眼已經達到了。

很快，臨邛城裡的人便都紛紛開始議論起這件事。大多數人表示對司馬夫婦很同情，而責備卓財主刻薄無情。卓財主是一個愛臉面的人，沒過幾天，他便受不住這些風言風語，轉而答應資助女兒和女婿了。

卓財主送給他們一百個奴僕，一百萬貫錢。司馬夫婦得到這些財物，謝過了卓財主，關閉了酒鋪，便雙雙回到成都，成了那裡知名的富戶。

若干年後，漢武帝讀了司馬相如寫的〈子虛賦〉，大為讚賞，於是立即召見了司馬相如，並留他在宮中做官。

人人都知「文君當壚」這一段佳話，卻少有人能看出其中蘊含的微妙。身為富賈一方的卓王孫，怎能忍受自己的女兒當壚賣酒呢？為了顧惜自己的顏面，他也只能在無奈之下同意自己的女兒與一「門客」結為夫妻。

這株開在封建時代的愛情之花顯然得益於「苦肉計」的運用，只不過苦的並不是肉，而是猶如千金之軀的臉面。

亨利王設計除教皇

「苦肉計」主張，要將假的變真，真的變假，讓對手看不清你，你心裡卻清楚得很。這樣，方可達到你的目的。

中世紀的歐洲，教權高於王權，教皇是各國國王的太上皇。因此，國王登基和加冕都要由教皇主持。接見的時候，也是教皇坐著，國王屈膝敬禮。步行時，教皇騎馬，國王則要牽馬帶路。

一〇七六年，德意志神聖羅馬帝國國王亨利與教皇格里高利曾經爭權奪利。亨利王想擺脫教廷的控制，擁有更多的獨立性。教皇則想加強控制，將亨利王的權力剝奪殆盡。亨利王甚至召集德國教區的主教們召開了一次宗教會議，宣布廢除格里高利的教皇職位。

這個行為氣壞了教皇，於是他在羅馬召開了全歐基督教大會，宣布開除亨利王的教籍。一時間，歐洲各國掀起了反對亨利王的浪潮，德國的封建主起兵造反，讓亨利王處在了四面楚歌的艱難境地。

亨利王面對危機，被迫妥協。一〇七七年一月，他帶著兩個隨從，騎著毛驢，冒著嚴寒，翻山越嶺，千里迢迢來到羅馬，向教皇請罪。教皇卻故意不予理睬，在亨利王到達之前，就先躲到了遠離羅馬的卡諾莎行宮。

亨利王無奈，只好繼續前往卡諾莎拜見教皇。到了卡諾莎，教皇又叫人緊閉城堡大門。當時大雪紛飛，天寒地凍，身為帝王之尊的亨利王屈膝脫帽，接連在雪地上跪了三天三夜，最後教皇才開門相迎，饒恕了他。

亨利王的「卡諾莎之行」為他保住了教籍，讓他的王位沒有受到任何影響。回到德國後，他集中力量整治內部，擊破了造反的封建主。在陣腳穩固之後，亨利王又立即出兵進攻羅馬，以報跪求之辱。教皇最終棄城逃跑，客死他鄉。

不難看出，施展「苦肉計」的目的在於騙取對方的信任，趁其放鬆戒備之時，再作打算。亨利王就是憑藉這一點，不惜帝王之尊，長跪三天三夜，保全了自己的王位，最後打跑了教皇。可見，施展「苦肉計」的關鍵在於肯下血本，足夠真誠，就能有所成效。

第三十五計：連環計

【原典】

將多兵眾，不可以敵，使其自累[一]，以殺其勢[二]。在師中吉，承天寵也[三]。

【注釋】

一、自累：自相拖累，自相牽制。

二、殺其勢：殺，減弱、削弱、刹住。勢，勢力、勢頭、氣勢。句意為減弱、刹住敵軍來勢洶洶的勢頭。

三、在師中吉，承天寵也：軍中有英明的將帥，指揮就能夠巧妙得當，讓敵人難以預測，用兵作戰猶如承天神相助一樣。

【譯文】

敵方兵力強大，不能硬打，應當運用謀略，讓他們自相箝制，以削弱他們的實力。三軍統帥如果用兵得法，就會像有天神保佑一樣，克敵制勝。

【解讀】

所謂連環計，顧名思義，就是一種多步驟或多環節的計謀。即計中有計，多計並用，計計相連，環環相扣。一計用來累敵，一計用來攻敵，那麼，即使智謀再高、力量再強的敵人都能被制服。

戰場形勢複雜多變，在對敵作戰時使用計謀，是每個優秀指揮員所追求和依賴的。而雙方指揮員往往都是有經驗的老手，只用一計，很容易就會被對方識破。相反，一計套一計，計計連環，不但能迷惑敵人，而且能收到很好的效果。

因此，連環計旨在用巧妙的方法拖累敵人，給敵人造成包袱，讓其失去行動自由，不戰自亂，進而達到減弱其力量，而我方或乘機進攻，或乘機撤退的效果。

而連環計的運用，最重要的就是布局。只有布局周密完整，沒有破綻漏洞，才能完美地施展。如果其中一環一計出現問題，就很有可能造成牽一環而動全域、缺一計而棄前功的不良後果。因此，只有那些思慮周到，組織能力強，能將主客觀因素充分結合起來的運籌者，才不會因百疏一密而導致功虧一簣。

我們在使用此計謀時應把握如下要點：

一、將各環有效地結合起來。單一的計謀往往無法達到預期的目標，而運用連環計正好可以彌補這一缺憾。各計謀之間相輔相成，便可做到一條計策失敗，另一條計策馬上接著實施，不讓行動被迫中止下來。

二、掌握各環的特點，將其揉為一個有機整體。任何奇謀妙計，都需要有相應的條件作為基礎，計謀講求連貫、配套，有系統性和系列性。如果胡亂搭配，最後也會以失敗告終，而收不到出奇制勝的效果。

三、巧使敵人「自累」，以耗其力。讓敵人「自累」是此計謀的關鍵，即在敵人內部製造矛盾，並擴大或激化他們的矛盾，使得其內部發生變亂，產生內耗，進而虛弱力量。讓敵「自累」，有其固有的優勢，不但方便省力而且對敵人的破壞性極強，效果極佳。

四、以利誘敵，予以重負。當我們不能在敵人內部製造矛盾使其「自累」時，就要根據敵人貪利的心理特點，主動為其準備某些利益，讓他們為了撈取利益而干擾或破壞掉原來的行動計畫；或使其僅僅抓住的這些利益，留而無用，棄而可惜，形成一個難以卸掉的大包袱，讓他們難以發揮自身的優勢。

而當敵人運用連環計時，我們可以採用如下措施加以應對：

一、「走為上」，逃離敵人環環相扣的計謀。敵人在使用此計時，我們往往會因為一時難以察覺而被敵人相互扣用的多個計謀所困擾，陷於應接不暇的被動狀態，窮於應付。一旦我們發現自己陷入了這種極端被動的局面，應及早逃離現場，「走為上」，以保存自己的實力。和敵人一味硬拚，吃虧的不是敵人而是自己。

因此，見機逃走無疑是保全自己實力的一計良策。

二、內部要團結，避免讓「內鬥」耗費自己的實力。軍爭中，為了共同的敵人，懷有深仇大恨的人都能聯合起來一致對敵，何況是自家人呢？「鷸蚌相爭，漁翁得利」，自相殘害，敵人就會從中取利。因此，在內部發生矛盾的時候，不要總想著把對方置之死地而後快，而要清楚地看到雙方共同面對的嚴峻形勢，意識到互相之間的共同利益。大敵當前，矛盾雙方誰也不會獨自倖存，只有聯合起來才能克敵制勝，而不至於被敵人利用，陷入其設置的陰謀裡無法脫身。

三、抵擋各種誘惑，以防上當受騙，誤了戰局。敵人在讓我們「自累」的企圖無法得逞時，很可能會換用別的伎倆，比如抓住我們貪圖小利益的心理加以利誘。

如果此時我們意志薄弱，見利忘義，同室操戈，就會正中其下懷；或者如果小的恩惠迷惑了我們的內心，我們一時糊塗就會做出錯誤的決斷，甚至是打破我們的行動計畫和戰局，因小失大。

因此，要嚴格要求自己，抵擋敵人的誘惑，做到「富貴不能淫，威武不能屈」，讓敵人的計謀無法得以實施。

【兵家活用】

連環設計的諾曼第登陸

「連環計」，就是一計復一計，一計套一計，環環相扣，一點空隙也不留。要直至獲勝，達到目的方可甘休。

在諾曼第登陸戰役中，面對德軍堅固的「大西洋壁壘」和惡劣的戰場環境，為取得戰場上的主動權，順利完成「霸王行動」計畫，盟軍曾先後實施了一連串計策，最終取得了諾曼第登陸的成功。

為了保證「霸王」作戰的順利進行，讓德國人無法瞭解到盟軍登陸的真實意圖，盟軍設計了一個名為「堅忍行動」的欺騙策略，最終讓德國人相信盟軍主攻地點不在諾曼第，而是在英吉利海峽較窄水域對面的加萊地區。

此外，盟軍在登陸開始後，又用了一些蒙蔽方法讓德國人相信這只是一種牽制性進攻，因此德軍在加萊發起了更大規模的進攻，二十五萬人的部隊最終被牢牢地吸引在了塞納河以北，無法支援諾曼第戰場。這是盟軍採取的「聲東擊西」計。

為了達成「堅忍行動」，盟軍又虛設了一個由十二個師組成的美國「第一集團軍群」。司令部設在了與加萊地區隔海相望的多佛附近，司令官是當時深受德國人關注的巴頓將軍，以此來吸引德軍更多的注意力。

隨後，盟軍有意讓德國飛機偵察到在「第一集團軍群」的集結地域內有大量的飛機、坦克及各種保障設施，在附近海域有大量的登陸艦船在集結裝載的假象，好讓德軍相信的確有一個集團軍群正在英格蘭東南部集結。這是盟軍的「無中生有」計謀。

除此之外，為了減輕正面登陸海灘的壓力，盟軍又巧妙地在德軍後方投下了二百個與真人一般大小的假傘兵，並空投了數千支假步槍和機槍。假傘兵離機開傘後，所帶假手榴彈馬上落地爆炸，假步槍和機槍墜地後發出的爆炸聲，造成了很大的聲勢。很快，德軍高級指揮機關的作戰地圖上便布滿了傘兵標記，一時間難辨真偽，不知所措。

而這次欺騙行動，不僅為真正的空降部隊順利著陸做了很好的掩護，而且成功地建立了空降場。這是盟軍的「調虎離山」計。

英吉利海峽的氣候條件惡劣且複雜。為了尋找理想的登陸時機，同時避免被德軍過早發現，盟軍在制定登陸日期及時間這個問題上與德軍打起了「資訊差」。

首先，他們在戰前轟炸了幾乎所有的德軍氣象設施，並充分發揮取得制空權的優勢，全面阻止德軍偵察機獲取到即時的氣象資訊；其次，盟軍成立了專門的氣象委員會，高度關注氣象變化情況，並最終在六月六日凌晨，抓住短暫而有力的戰機，果斷發起了攻擊。

此時，失去「知情權」的德軍官兵，由於無法獲取氣象變化的即時情況，一味地沉浸在惡劣天氣帶給他們的安全感中，而失去了應有的警惕，就連隆美爾也回家去為太太慶祝生日了。最後，直到盟軍官兵全都登上了諾曼第海灘，德軍才恍然大悟，原來這是盟軍的「瞞天過海」計。

盟軍上述計策的使用構成了一個計策集。這個計策集圍繞著一個共同的總目標——實現出其不意的突然性登陸而展開。諾曼第登陸每個單計策又都有各自明確的分目標，系統設計，分步實施。可見，這個計策集的使用正是盟軍成功登陸的祕訣所在。

曹操平定叛亂

「連環計」之巧，在於巧施計謀，使敵人自相牽制；「連環計」之高，在於接連用計，計謀迭出，計中有計，環環相扣，往往讓對手防不勝防。

西元二一一年，馬超、韓遂舉兵反叛曹操，殺奔到關中重鎮潼關。

七月，曹操領兵前來平叛。曹操屯兵在潼關附近後，便做出一副強攻的架勢，暗地裡卻派大將徐晃、朱靈趁夜偷渡蒲阪津，在西河紮起了營寨。隨後，曹操引兵渡河北上，佔據了渭口，並多設疑兵，把兵力偷偷運過河，集結於渭地。

表面上，曹操命令士兵挖掘甬道，設置鹿砦，做出防守的樣子。馬超多次率兵挑戰未能成功，再不敢輕易發動進攻，最後不得不請求割地講和。曹操聽從賈詡的規勸，假裝同意了馬超的求和條件。

此時，韓遂前來求見曹操。韓遂與曹操本是同年孝廉，又曾於京中一起供職。

韓遂此行的目的就是為了遊說曹操退兵，曹操卻故意裝傻，與他只言當年舊事，撫手歡笑。馬超得知韓遂與曹操相談甚歡後，不免對韓遂起了疑心。

幾天後，曹操送給韓遂一封多處被塗改過的書信，這讓馬超的疑心更大了。而就在馬超對韓遂處處防備之時，曹操突然對馬超發動了大規模進攻。先是輕兵挑戰，而後更以重兵前後夾擊，最終使得馬超、韓遂大敗。

戰鬥勝利後，有人向曹操詢問作戰策略。曹操說：「敵人把守潼關，我若進入河東之地，敵人必然會引軍把守各個渡口，那樣的話我們就無法渡過西河。因此，我先把重兵彙集在潼關，吸引敵人調全部兵力來守。這樣，敵人在西河的守備就勢必空虛，徐晃、朱靈才能夠得以輕易渡河。我在率軍北渡時，因徐晃、朱靈已佔據了有利地形，敵人便不敢與我爭西河。過河之後挖掘甬道，設置鹿砦，堅守不出，不過是假裝示弱，以驕敵人之兵而已。待敵人求和時，我假意許之，讓敵人不做防備。而我軍一旦發動進攻，敵人便會丟盔卸甲，無力抵抗了。用兵講究變化，不能死守一道。」

從曹操的這段故事裡我們可以看出，在平定馬、韓之亂中，曹操先後用了「暗渡陳倉」、「反間計」、「調虎離山」、「欲擒故縱」等計策。可見，曹操不愧是一位「連環計」的運籌高手。

【商場活用】

島村連環獲利

無論是軍爭，還是商戰，連環計都確實是克敵制勝的謀略。但運用「連環計」，計與計之間要連接緊密，不至於讓人看出相接之痕；且一計要比一計更高明，更接近獲全勝。因此，更需計算嚴密。

日本的島村芳雄在成為島村產業公司及丸芳物產公司的董事長之前，只是一個包裝材料店的普通幫工。他就是依靠施展一環扣一環的「連環計」，取得了今天的成功。

一次，島村從女性幾乎都用以繩索為提手的手袋，突然感悟到興許繩索可以為他提供發家致富的機會。於是，他千方百計地籌集夠了計畫所需的基本資金，費盡心血，又設計出「原價銷售法」，並成立了丸芳商會，開始全面經營繩索。

他先是到產麻地岡山的麻繩廠，將該廠適合紙袋用的麻繩，以每條五角錢的價格大量購進，然後按原價轉銷給了東京一帶的紙袋生產廠。

「島村的繩索確實便宜」，這讓島村很快便聲名遠揚。於是，成百上千的訂貨單便從各地源源不斷地飛到了島村手裡。一年後，島村名聲大振，生意興旺。

島村在商界順利出名後，便開始實施自己的第二步計畫。

他拿著進貨發票找到了一家與他來往已久的紙袋廠老闆：「我和你們做了這麼久的生意，可是到目前為止，都沒賺到你們一分錢。雖然我很樂意繼續為你們效勞，但依照這種情況，我真的沒法經營下去了，請你們為我考慮一下，給予一些關照。」紙袋廠廠商看過麻繩廠的發票後，立刻就被島村的誠實感動了。考慮到自己直接進貨，也要費工費時費錢，還未必能進到這麼便宜的貨，而且繩索對自己的產品價格和利潤影響甚微，於是該廠老闆就很爽快地把進貨價提高了五分錢。

隨後，島村把該廠商的新價格訂單拿到其他紙袋廠去，除訴說了一模一樣的苦衷之外，又加上了「承蒙他們考慮到我的困難，給我提了五分錢的價，也請你們也給予相應的關照」之類的話。島村的遊說很成功，別的紙袋廠也都相繼提高了進價。至此，島村知道自己已經獲得了很大的銷售優勢。

於是，他開始實施他的第三步計畫。

他拿著紙袋廠原來的訂貨單和他原來開去的發票來到了岡山，找到麻繩廠的廠商：「你五角錢一條賣給我的繩索，我一直是照原價賣給用戶的，所以才能得到這麼多的訂貨單，你的業務也因此才能擴大。我們的合作一直很愉快，所以我很願意繼續向你們進貨。但是，如果還像現在這樣無利而賠本，我就無法再經營下去了。請你為我考慮，加以關照。不然我就只能是關門倒閉，另找出路了。」麻繩廠廠商看了島村帶來的訂貨單和發票存根後，為島村的誠實大吃一驚。考慮到像島村這樣大的主顧不容易拉到，如果島村轉從別的麻繩廠訂貨，自己損失會很大；派人去向這些用戶推銷，恐怕也不一定有這麼好的效果。何況一年來，由於訂貨多，生產規模擴大，自己的成本已有所下降。於是，他當即答應島村，每條麻繩降價五分錢銷給他。

從此，島村每賣出一條麻繩，就能賺到一角錢，獲得約二〇％的毛利。島村的麻繩經營規模越做越大，以至後來又開始涉足更為考究的塑膠、緞、絹等質地的繩索經營。很快，島村產業公司及丸芳物產公司的生意越做越紅火。

島村所使用的「連環計」，第一步是用「李代桃僵」打入生產者與需求者之間；第二步則是用「拋磚引玉」得到紙袋廠廠商讓出的利潤；第三步則用「上屋抽梯」計，迫使麻繩廠廠商讓出部分利潤。一環緊扣一環，終於讓島村獲得了成功。

【處世活用】

俾斯麥建立統一帝國

事實證明，國外也有不少使用連環計的案例。俾斯麥統一德國，便是「連環計」在政治上的一例妙用。

十九世紀上半葉，普魯士成為了德意志各邦中力量最強的王國。俾斯麥在擔任普魯士首相後，提出要透過戰爭結束德意志四分五裂的封建割據狀態，最終實現統一。

當時的國際形勢對俾斯麥發動戰爭十分有利：俄國在克里米亞戰爭中力量遭到削弱，此時尚未恢復元氣；奧地利因在克里米亞戰爭中沒有支持俄國，反而與英法結成同盟，致使俄奧之間的關係變得緊張起來；當時法國的力量比較強大，英國害怕法國獨霸歐洲，於是支持普魯士，將法國牽制住；而法國則希望普奧之間迅速交戰，好在普奧兩敗俱傷後坐收漁利。

俾斯麥就是認清了這種形勢，才決定採用「連環計」，施展其外交手段，在各國間製造衝突，然後逐個擊破，一舉掃除統一德意志的外部障礙。

首先，俾斯麥打算用「欲擒故縱」的計謀，對付德意志各邦中實力最強，而又明裡暗裡要與普魯士爭奪統一領導權的奧地利。

一八六三年，俾斯麥以丹麥軍隊開進了德意志聯邦成員國荷爾斯泰因公國和石勒蘇益格公國為由，煽動拉攏奧地利出兵，共同打敗了丹麥軍隊。隨後，普魯士佔領了石勒蘇益格公國，俾斯麥大大方方地將荷爾斯泰因公國送給了奧地利。俾斯麥此舉最少達到了三個目的：一是把奧地利與丹麥的關係變僵了，此後一旦普魯士轉向對奧地利開戰，丹麥是不可能援助奧地利的；二是在聯合對丹麥作戰中，俾斯麥乘機摸清了奧地利軍隊的底細，為下一步戰勝奧地利打下了很好的基礎；三是荷爾斯泰因公國不同奧地利接壤，因此雖然名義上被劃給了奧地利，在當時的情況下，奧地利也很難有效地對其實行統治。

而在發動對奧地利的戰爭之前，俾斯麥擔心法國插手，便極力爭取讓法國在這次戰爭中保持中立。為此，俾斯麥採取了「抛磚引玉」的外交手腕，反覆向法國暗示：戰爭結束後，普魯士將無償劃給法國一定的領土。

如此穩住法國後，俾斯麥便又與奧地利的仇家——義大利結成了同盟。

一切準備就緒，一八六六年六月，俾斯麥悍然發動了對奧地利的戰爭。一邊是蓄謀已久的虎狼之師普魯士軍隊，一邊是幾乎毫無準備的奧地利弱小之軍，在戰場上，普魯士軍隊勢如破竹，奧軍則孤立無援，全線崩潰。

但是此時，俾斯麥清醒地認識到，打垮和摧毀奧地利並不是他的目的，實現全德意志統一才是他的最終目標。法國是一直反對德意志統一的國家，它才是普魯士最危險的敵人。

於是，俾斯麥說服反對者，毅然地主動撤兵，結束了普奧戰爭。其目的在於讓奧地利對俾斯麥懷有感激之情，以便在後來發動的普法戰爭中保持中立態度。此後，俾斯麥在外交上進一步孤立法國。終於，巧改「埃姆斯電文」的舉動，激怒了法國。

一八七〇年七月十九日，普法戰爭全面爆發。這場晚來的戰爭最後以法國的全面失敗而告終。俾斯麥終於「偷梁換柱」，掃清了統一路上的最後一個障礙，於一八七一年一月十八日向世界宣布，正式建立統一的德意志帝國。俾斯麥一個接一個的計謀，環環相扣，節節得勝，終於實現了他的統一帝國夢想。

第三十六計：走為上

【原典】

全師避敵一。左次無咎，未失常也二。

【注釋】

一、師：古代兵制，二千五百人為師。全：保全，保存軍事實力。

二、左次無咎，未失常也：古時兵家尚右，因此右為前，指代前進；左為後，指代退卻。此句意為，根據實際情況，讓部隊後撤，這是沒有過失可言的。以退為進，有時不失為常道。

【譯文】

以退為進，待機破敗，這是不違背正常法則的。為了保全軍事力量，避免自己的滅亡，退卻就是一種明智的舉動。雖然退居次位，但免遭災禍，這也是一種常見的用兵之法。

【解讀】

「走為上」的意思，並不是說此計在三十六計中是最高明的計謀，而是說當處於劣勢時不要硬拚，及時撤退，尋找時機再戰才是上策。這種「走」和「逃」是不能相提並論的。

「走」是在敵強我弱的形勢下，保存實力，主動撤退。

「逃」則是膽小怯懦，稍遇挫折便喪失鬥志，望風而逃。

而「走」之所以是良策，是因為在寡不敵眾時，往往只有幾種選擇：或求和，或降服，或死搏，或撤退。而這些方案中，求和必然要妥協；降服勢必喪失節操；死搏註定犧牲；唯有撤退可以保全自己，保證日後可以捲土重來，這是最佳選擇。

因此古人說，「走為上」。

無論哪一種戰鬥，文也好，武也罷，誰都不會常有必勝的把握。在戰鬥過程中的小勝小敗、若隱若晦狀態以及瞬息萬變之勢，不機警便無以應對，不變通就不能達權。眾人皆知，戰爭中要爭取的並非一時的得失，而是最終的勝利。而最終的勝利往往屬於能堅持到底的人。所以，「不走」並非英雄，「走」也並非懦夫。

而我們在運用此計時應注意以下問題：

一、千萬別拿雞蛋和石頭碰。敵人實力強大而我方實力虛弱時，敵我雙方的較量就如同石頭碰雞蛋。如果死拚，我們必然會弄得頭破血流，而敵人則不會受太大的損失。既然如此，我們何苦要損兵折將、一敗塗地呢？不如一走了之，「留得青山在，不怕沒柴燒」。不妨索性來個大撤退，留住實力，以備東山再起。

二、要知難而退，不可一味莽撞。這裡的知難而退，不是主張消極應對，不是讓我們一遇到困難就縮手縮腳，前怕狼後怕虎。而是一旦發現事情實在做不成，就不要硬著頭皮去做，要見機而動，及早放棄，不白白浪費時間和精力。即「見可而進，知難而退」，「知其不可為」而不為。也就是要按客觀規律辦事，不可不顧實際情況，一氣亂闖。

三、要把握時機，急流勇退。在與敵人作戰時，要善於觀察戰機，做到進退自如。戰場如此，官場亦如此。然而，要做到急流勇退並非易事。它不但要求我們要果斷行事，還要保有勇氣和魄力。更重要的是，我們要能夠克服自身的弱點，割捨得掉既得的利益。而後選擇適當的時機，從容「走」掉，讓敵人捕捉不到我們的蹤跡。

四、要分散敵人的力量，以退為進，各個擊破。我們應清楚地認識到撤退並不是最終的目的，退卻著實是在為下一輪的進攻做準備。這裡的「走」通常有兩種情況：一種是如前面所述，我方沒有能力與敵人對抗，以「走」避之，保存實力。而另一種情況，主要並不是因為力不可支，而是出於引誘和調動敵人考慮，以迂為直。透過偽裝的退卻，誘敵深入我們事先設計好的包圍圈，然後各個擊破，最終以少勝多。因此，這種退卻是製造一種懼怕敵人的假象，迷惑敵人，進而將其麻痺。

當然，如果敵人對我們施用此計，我們也應該採取一些措施加以應對：

一、對敵人嚴加看管，以防其逃脫。對敵方警惕，我們不能有絲毫懈怠，一丁點兒的麻痺大意都很可能會留下禍患。而對已到手的敵人，我們要立即就地處決，不留他任何喘息的機會，更不能讓其從我們的地盤逃走。

二、堵截敵人，切斷其退路。如果不小心，讓狡猾的敵人溜走了，不要急於在後面追趕。可以趕到前面，在敵人的必經之路上進行堵截。如果只是跟在敵人的後方追，就只會始終處於被動。此時，即使我們實力很強，也會受制於人。

敵人可能會在撤退的路上設下埋伏，將我們拖垮，也可能轉入對其有利的環境中，還可能與他們的援軍會合起來，這樣，我們就是自取滅亡。

三、放縱敵人，任其天馬行空，最後來個「大掃蕩」。一旦發現阻截已遲，追也追不上，乾脆讓敵人大肆逃跑好了。因為他逃跑後必然會心存僥倖，直至麻痺大意、放鬆警惕，這時我們再來個「大掃蕩」，可謂事半功倍。因此，任敵人逃跑並不是徹底放棄，而是選擇良機，將其一舉擒獲。

【兵家活用】

敦克爾克大撤退

希特勒佔領波蘭之後，並不像英法所希望的那樣，立刻去進攻蘇聯，而是加緊準備向英法的歐洲地盤奪取生存空間。為了迷惑英法，以達到突然襲擊的目的，希特勒故技重施，表面上向世界各國一再呼籲「和平」，暗地裡卻加緊了對英法的戰爭準備。

一九四〇年五月，希特勒集中兵力，迅速地將英法聯軍壓到了法國北部，一個名叫敦克爾克的小海港。

五月二十四日，美國駐英國大使甘迺迪給羅斯福總統發去了一封電報：「一切都已經不可挽回了，只有奇蹟才能拯救英國遠征軍免於全軍覆滅。」羅斯福總統看著這份電報，許久沉默不語。

這天，英國首相邱吉爾所能做的事情也只是用力咬住自己的菸斗，以掩飾內心巨大的沮喪。

而此時，德軍坦克部隊突然在離敦克爾克只有二十英里的地方停了下來，因為他們接到了最高統帥部就地待命的命令。

邱吉爾一時捉摸不透希特勒的用意。不過有一件事，他還是很快便反應過來了。那就是立刻通知海軍部，馬上徵集全國的艦隻，將聯軍火速運過英吉利海峽。

於是，五月二十六日這一天，全英國都接到了同一道來自海軍部的命令：執行發電機計畫。這是聯軍從敦克爾克大撤退的代號。

夜幕中，英國雲集在敦克爾克的船隻已經多達八百多艘，從巡洋艦、驅逐艦到各種帆船、划艇，從皇家豪華艇到骯髒的垃圾船，大小不一，種類繁多。總之，英國所有能在海上漂浮的承載物，全部都被派去了敦克爾克。

剛開始，德國人對英法聯軍的撤走計劃一無所知。後來當他們有所察覺時，便派出德國空軍前去實施干擾。但是，英吉利海峽一直被濃雲籠罩，根本無法投彈。

看來，連上帝都明顯地站在了英國人這邊。

六月三日深夜，德軍開始從陸地進攻敦克爾克。可此時，聯軍已撤走三十五萬人，在海灘上抵抗的只剩下四萬法國士兵。

六月四日，邱吉爾自信地在下議院發表演說：「我們將把戰鬥進行到底。我們會在海灘上戰鬥，農田上戰鬥，街道上戰鬥。我們絕不投降。我相信，今天敦克爾克的成功撤退，將是聯軍明天勝利的開始。」事實證明，敦克爾克大撤退是二戰期間一次著名的撤退，這不是一次普通的撤退，而是一次偉大的撤「走」。因為這一撤，撤出了整個英國的未來。

敦克爾克大撤退是成功的，它保存了盟軍僅有的生力軍，許多法國飛行員及時彌補了隨後的英德空戰中英軍飛行員數量的不足，與英國人民攜手對德軍予以了抗擊。

在一九四四年六月開闢第二戰場時，也正是這三十餘萬盟軍士兵，成為了諾曼第登陸的主力軍，為扭轉戰局做出了重要的貢獻。

而這次撤退之所以會有這麼奇妙的作用，就在於邱吉爾深刻認識到了人在戰爭中所具有的絕對優勢。在己方強攻無力而又固守不能的形勢下，做出了有計劃的組織撤退抉擇，牢牢抓住了不可多得的有利時機，保全了力量，為日後的捲土重來打下了良好的基礎。

【處世活用】

姜維巧「走」避禍

三十六計將「走為上」列為敗戰計，就是要告訴人們：這是在自己處於絕對劣勢之時，為謀求勝利所要設用的謀略。

「退」是為了「進」，這個「走」是暫時的，是如古人云的那種「留得青山在，不怕沒柴燒」的意思。

當姜維在祁山一帶與魏將鄧艾殊死搏鬥時，後主劉禪正在成都，聽信宦官黃皓的話，貪戀酒色，不理朝政。朝中大臣看到後主荒淫，都不免對國家前途憂心忡忡。一時間，賢人紛紛離去，小人卻乘虛而入。

當時，有位名叫閻宇的右將軍，什麼功都沒立過，只因善於巴結宦官黃皓，居然爬到了很高的位置。他聽到姜維在祁山戰鬥不利的消息後，便求黃皓對後主劉禪說：「姜維一次次出兵都毫無建樹，不如讓閻宇代替他。」後主自然聽從，於是便派出使臣，攜了詔書，召回了姜維。姜維此時正在祁山進攻魏軍的營壘，忽然一天連來三道詔書，命他班師。無奈之下，他只好從命。

回到漢中之後，姜維與使臣一起到成都面見後主。後主一連十天都不上朝，姜維心中大惑。這天，他來到東華門，正好遇見了郤正。姜維問他：「天子要我班師，你知道是什麼原因嗎？」郤正笑著回答：「大將軍難道不知道嗎？這是黃皓為了讓閻宇立功，請求朝廷發出詔書召回的將軍。後來又聽說，鄧艾善於用兵，估計閻宇不是他的對手，這事才算擱下不提了。」姜維一聽此言，不由大怒：「我一定要殺掉這個奴才才行！」

郤正制止他說：「大將軍要繼承諸葛武侯的事業，責任大，職權重，不能在此時感情用事。如果鬧得天子都容不下你，那就不妙了。」姜維聽後感激地說：「先生的話很有道理。」第二天，後主和黃皓在皇宮後花園設宴飲酒，姜維領著幾個人便直接進來了。

因為早已經有人為黃皓通風報信，黃皓此時正慌張地躲在花園的一角。姜維來到亭下，叩拜過後主，流著淚說：「臣已將鄧艾圍困在祁山，陛下卻接連降下三道詔書，召我回朝，不知陛下作何打算？」後主不語。

姜維此時又說：「黃皓奸邪狡猾，專擅朝政，和東漢末年那些禍亂國家的宦官沒什麼區別。只有早點除掉此人，朝廷才能得以安寧，中原也才可以恢復。」後主笑著說：「黃皓不過是一個供使喚用的小臣，就算他專權，也不可能有什麼作為。你又何苦把他放在心上？」姜維叩頭說：「陛下聽我一句話，您若今日不除黃皓，災禍很快便會降臨了！」後主有些不高興：「你怎麼連一個宦官也容不下？」

說著，便命人到花園一側找來黃皓，讓他向姜維叩頭請罪。

黃皓一邊哭鼻子抹眼淚，一邊說：「我只不過是伺候皇上罷了，並不曾干預國政。將軍千萬不要聽信外人的傳言而殺我。我這條小命掌握在將軍的手裡，還請將軍可憐一下我。」說完，便又是叩頭，又是哭號。

姜維無奈，憤憤而出。見到郤正，他便把這些情況詳詳細細地告訴了他。郤正說：「依我看，將軍將有大禍臨頭了。將軍若有個三長兩短，國家也就危險了。」姜維說：「請先生教我保國安身的辦法。」

郤正說：「隴西有一個名叫遝中的地方，那裡土地十分肥沃。將軍何不效仿諸葛武侯屯田，告知天子您將前往遝中屯田？這樣，一可以收穫糧食提供給軍中；二可以藉機奪取隴右大片土地城池；三可以讓魏國軍隊不敢對我漢中輕舉妄動。而將軍您呢，因為在外，誰也不敢算計您，因此可以避禍。這就是保國安身的辦法，將軍應該早早去實行。」

姜維大喜，道謝說：「先生的話真是金玉良言。」第二天，姜維便上表後主，要求前去遝中屯田。後主欣然應允。姜維回到漢中，他這一「走」，最終幫他逃過了一場災禍。

【職場活用】

名教練適時而退

運用「走為上」計時，要把適時的「退」，當做取勝的正常決策原則。古人云：「蓋善師者不必戰，以守為戰，亦成也。善者不必進，以退為進也。」軍爭也好，商戰也好，職場也罷，「退」不僅是正確的，而且是必要的。人們應當實事求是去看待它，接受它。絕不能在決策之時、決策之初、決策之前，將「退」看做敗。

一九九〇年，安德斯・通斯特羅姆被瑞典乒乓球隊聘為主教練。因為通斯特羅姆平時對自己的隊員指導有方，加上其戰略戰術比較高明，瑞典乒乓球隊連年凱歌高奏。

在一九九一年的世界乒乓球大賽上，通斯特羅姆率領的瑞典男隊贏得了所有項目的冠軍。一九九二年的夏季奧運會上，他們又一舉奪得了男子單打的金牌，而這塊金牌成為了瑞典在這屆奧運會上獲得的唯一一枚金牌。

然而，就在瑞典國民對通斯特羅姆寄予了更熱切的期望時，他卻突然向外界宣布，自己將於一九九三年五月世界乒乓球大賽結束後辭去瑞典乒乓球隊主教練一職。通斯特羅姆的業績如此耀眼，瑞典乒乓球聯合會也已向他表示「非常願意」延長其雇用合約，那麼，他為什麼要在如此春風得意的時候突然提出辭職呢？許多人對此迷惑不解。

其實，正是通斯特羅姆這些年輝煌的成就，促使他做出了辭職的決定。

通斯特羅姆說：「自從我擔任主教練以來，瑞典乒乓球隊取得了一次又一次的勝利。但是，現在我已經明顯感覺到很難再激發我自己和我的隊員，去爭取新的更加引人注目的勝利。瑞典乒乓球隊需要更新，它需要一個新人來領導。」

不難看出，主教練通斯特羅姆在這裡用的正是「走為上」的計策。在體育賽場上，不可能有永不敗的常勝將軍。因此，通斯特羅姆在感到很難再去「爭取更新的勝利」之時，果斷地退下來，無疑是一種明智之舉。這樣，既可以保住自己在體壇的聲望，又能讓瑞典隊得以更新。如果等到瑞典隊大敗而歸再退下來，留給通斯特羅姆的恐怕就只能是一束殘花了。

古學今用 180

中國第一奇謀
三十六計

海鴿文化出版圖書有限公司
Seadove Publishing Company Ltd.

作者　雅瑟
美術構成　騾賴耙工作室
封面設計　九角文化設計
發行人　羅清維
企畫執行　林義傑、張緯倫
責任行政　陳淑貞

出版　海鴿文化出版圖書有限公司
出版登記　行政院新聞局局版北市業字第780號
發行部　台北市信義區林口街54-4號1樓
電話　02-27273008
傳真　02-27270603
e - mail　seadove.book@msa.hinet.net

總經銷　創智文化有限公司
住址　新北市土城區忠承路89號6樓
電話　02-22683489
傳真　02-22696560
網址　https://reurl.cc/myMQeA

香港總經銷　和平圖書有限公司
住址　香港柴灣嘉業街12號百樂門大廈17樓
電話　（852）2804-6687
傳真　（852）2804-6409

CVS總代理　美璟文化有限公司
電話　02-27239968　e - mail：net@uth.com.tw

出版日期　2025年07月01日　一版一刷

定價　380元
郵政劃撥　18989626戶名：海鴿文化出版圖書有限公司

國家圖書館出版品預行編目資料

中國第一奇謀：三十六計／雅瑟著--
一版，--臺北市 ： 海鴿文化，2025.07
面 ；　公分. －－（古學今用；180）
ISBN 978-986-392-568-2（平裝）

1. 兵法　2. 謀略　3. 中國

592.09　　114007536